MCS-51系列单片机原理及系统设计

刘岩川　主　编

董玉华　刘忠富　韩志敏　副主编

电子工业出版社.

Publishing House of Electronics Industry

北京·BEIJING

内 容 简 介

本书系统地介绍了 MCS-51 单片机的组成结构、工作原理、指令系统、汇编语言程序设计、中断系统、定时器/计数器及串行接口等内容，并在键盘及显示接口、模数与数模转换接口及常用传感器接口方面做了较为详细的介绍。本书最后简要地介绍了单片机系统可靠性方面的知识和常用的处理手段。本书在较为重要的知识点上都配有应用系统实例，且每章都配有一定量的习题与思考题，可帮助读者更好地理解和消化所讲授的内容。

本书可作为大专院校电气信息类专业单片机课程的教材，也可作为从事单片机应用的各类技术人员的参考书。

图书在版编目（CIP）数据

MCS-51 系列单片机原理及系统设计/刘岩川主编. —北京：电子工业出版社，2014.1
ISBN 978-7-121-22021-0

Ⅰ. ①M… Ⅱ. ①刘… Ⅲ. ①单片微型计算机－程序设计 Ⅳ. ①TP368.1

中国版本图书馆 CIP 数据核字（2013）第 283334 号

责任编辑：康 霞
印　　刷：北京盛通数码印刷有限公司
装　　订：北京盛通数码印刷有限公司
出版发行：电子工业出版社
　　　　　北京市海淀区万寿路 173 信箱　邮编 100036
开　　本：787×1092　1/16　印张：19　字数：486.4 千字
版　　次：2014 年 1 月第 1 版
印　　次：2024 年 1 月第 10 次印刷
定　　价：39.80 元

前　言

与半个世纪前相比，当今社会无论是在工业生产还是日常生活方面都发生了巨大的变化，而带来这一变化的众多因素之一便是计算机技术。功能强大的计算机系统使信息处理进入智能化时代，这让工业控制更加精准，使人们的日常生活更加便捷。作为计算机的一个重要分支——单片机在这场巨变中发挥了重要作用。由于单片机具有成本低、体积小、功能强等特点，使其在生产生活的方方面面得到了广泛的应用。在嵌入式系统中，单片机发挥着极其重要的作用。在工业生产装置、办公自动化设备和家用电器等领域，随处可见单片机的身影。单片机已经成为智能装置的核心部件。

随着微电子技术的飞速发展，单片机的各项性能指标得到了极大的提高。Intel 公司第一代单片机 MCS-8048 使用 6MHz 晶振，具有 16bit 通用 I/O 和 1KB ROM，以及 64B RAM。今天的单片机，其晶振已经达到几十兆赫兹，通用 I/O 达到六七十位。有些厂家生产的单片机还集成了高速高精度 A/D 和 D/A 转换器、可编程放大器及包括 USB 接口在内的各种通信接口。

目前的单片机市场林林总总，性能价格各不相同，但 MCS-51 系列兼容机型仍然占有相当大的市场。尽管单片机的变化非常大，但是其结构和原理万变不离其宗。考虑到读者理解程度及单片机课时的限制，本书仍选择结构较为简单的 MCS-51 单片机芯片作为样机来介绍 51 系列单片机的结构及工作原理、汇编语言程序设计及常用接口电路等。对于初学者来讲，MCS-51 仍是一个非常好的教学模型，而且学好 MCS-51 可以达到举一反三、触类旁通的效果。

本书分为两篇，原理篇主要讲述单片机原理，应用篇主要介绍单片机相关的接口及应用技术。为了能使读者快速入门，本书专门设置了微型计算机基础一章来介绍计算机相关的基本概念和基础知识，以降低初学者的学习难度。书中每章都附有例题及习题与思考题，特别是在应用篇，尽量安排实际系统加以分析讲解，以帮助读者尽快进入系统学习。目前国内很多高校的信息与控制类专业对单片机技术非常重视，除单片机原理课程以外，很多学校还辅以独立设置的单片机实验及单片机课程设计，以强化学生对该技术的掌握。为满足各种教学环节的需求，除了单片机原理和汇编语言部分以外，本书利用一定的篇幅较为详细地介绍了单片机系统的应用，以满足实验和课程设计等实践环节的教学需求。本书适合作为大专院校电气信息类专业单片机课程的教科书及课程设计参考书，同时对于那些对单片机技术感兴趣的自学读者也是一本很好的参考教材。

本书共 15 章。第 1 章由李绍民编写，第 2 章由李厚杰编写，第 3、4 章由张秀峰编写，第 5 章由郭金来编写，第 6 章由刘忠富编写，第 7 章由陈晓云编写，第 8 章由付立军编写，第 9、10 章由刘岩川编写，第 11 章由韩志敏编写，第 12 章由赵凤强编写，第 13 章由丁纪峰编写，第 14 章由董玉华和刘忠富编写，第 15 章由谢春利编写。全书由刘岩川统稿。

由于作者水平有限，书中难免有不当之处，敬请读者批评指正。

编者

目　录

原　理　篇

原 理 篇

第1章 微型计算机基础

计算机由于其运算精度高、速度快、存储容量大及成本低等特点使其在各领域的应用得到快速发展。目前，作为一种高速的信息处理设备，计算机几乎渗透到人类社会的每个环节，从现代化的工业生产到人们日常的工作和生活，计算机都扮演者非常重要的角色。

计算机可分为巨型机、大型机、小型机和微型机。巨型机具有极高的运算速度和极大的容量，用于国防尖端技术研究、空间技术、天气预报、石油勘探等海量的数据处理。大型机具有极强的综合处理能力，可同时支持上万个用户、几十个大型数据库，主要应用在政府部门、银行、大公司、大企业等。与巨型机和大型机相比，小型机规模小，结构简单，广泛应用于工业自动控制、大型分析仪器、测量设备、企业管理、大学和科研机构等。微型机技术在近十年内发展速度迅猛，平均每2～3个月就有新产品出现，1～2年产品就更新换代一次，平均每两年芯片的集成度可提高一倍，性能也随之提高一倍。微型机应用于办公自动化、数据库管理、图像识别、语音识别、专家系统及多媒体技术等领域，目前已经成为城镇家庭的一种常规电器。在微型计算机家族中，单片机已经成为一个独特的分支。本章将简要介绍计算机的工作原理和单片机的发展概况及其主要产品和特点等。

1.1 计算机中的数制

数制是数的制式，是人们利用符号进行计数的一种方法。由于计算机使用只有两个状态的数字电路来记忆和处理信息，所以计算机内部最终都要转换成二进制数或者二进制的编码。为了方便读写和记忆，在撰写计算机文本时还经常用到十六进制、十进制等。本节介绍计算机常用数制的表示形式及各种数制之间相互转换的方法，并简要介绍常用信息编码。

1.1.1 计算机中常用的数制

1. 十进制

十进制是在日常生活中最常使用的数制。在书写十制数时，只有数字本身即可，如 169。有时为了避免和其他进制混淆，在数字后加下标 10 或者加后缀 D，如$(169)_{10}$或 169D。十进制共有 10 个基本数码：0、1、2、3、4、5、6、7、8、9，它的基数是 10，即逢 10 进位。

任何一个十进制数都可以写成以 10 为基数的按权展开的多项式，即

$$S=A_1\times10^{n-1}+A_2\times10^{n-2}+\cdots+A_n\times10^0+A_{-1}\times10^{-1}+A_{-2}\times10^{-2}+\cdots+A_{-m}\times10^{-m}$$

式中，A_1、A_2、A_3…表示各位上的数字；10^i 为该位的权。

2．二进制

二进制数在书写时在数字后加下标 2 或者后缀 B，如（1001010）$_2$ 或 1001010 B。二进制共有 2 个基本数码：0、1，它的基数是 2，即逢 2 进位。

任何一个二进制数都可以写成以 2 为基数的按权展开的多项式，即

$$S=A_1\times2^{n-1}+A_2\times2^{n-2}+\cdots+A_n\times2^0+A_{-1}\times2^{-1}+A_{-2}\times2^{-2}+\cdots+A_{-m}\times2^{-m}$$

式中，A_1、A_2、$A_3\cdots$ 表示各位上的数字；2^i 为该位的权。

3．十六进制

十六进制数在书写时在数字后加下标 16 或者后缀 H，如（1A05）$_{16}$ 或 1A05H。十六进制共有 16 个基本数码：0、1、2、3、4、5、6、7、8、9、A、B、C、D、E、F。十六进制数的基数是 16，即逢 16 进位。

任何一个十六进制数都可以写成以 16 为基数的按权展开的多项式，即：

$$S=A_1\times16^{n-1}+A_2\times16^{n-2}+\cdots+A_n\times16^0+A_{-1}\times16^{-1}+A_{-2}\times16^{-2}+\cdots+A_{-m}\times16^{-m}$$

式中，A_1、A_2、$A_3\cdots$ 表示各位上的数字；16^i 为该位的权。

为方便起见，现将十进制、二进制和十六进制的对照表列于表 1.1 中。

表 1.1 常用数字用不同数制表示对照表

整　　　　数			小　　　　数		
十进制	二进制	十六进制	十进制	二进制	十六进制
0	0000	0	0	0	0
1	0001	1	0.5	0.1	0.8
2	0010	2	0.25	0.01	0.4
3	0011	3	0.125	0.001	0.2
4	0100	4	0.0625	0.0001	0.1
5	0101	5	0.03125	0.00001	0.08
6	0110	6	0.015625	0.000001	0.04
7	0111	7			
8	1000	8			
9	1001	9			
10	1010	A			
11	1011	B			
12	1100	C			
13	1101	D			
14	1110	E			
15	1111	F			

由表 1.1 可以看出，4 位二进制数刚好对应 1 位十六进制数，由于十六进制读写简单，所以在读写时经常用十六进制来代替二进制。

1.1.2 各种数制之间的转换

1. 二进制数和十进制数之间的相互转换

（1）二进制数转换成十进制数

要把二进制数转换成十进制数，只要把二进制数写成基数为 2 的按权展开多项式之后进行计算即可。例如：

$(1101)_2 = 1×2^3+1×2^2+0×2^1+1×2^0 = 8+4+0+1 = (13)_{10}$

$(10110.101)_2 = 1×2^4+0×2^3+1×2^2+1×2^1+0×2^0+1×2^{-1}+0×2^{-2}+1×2^{-3}$
$= 16+0+4+2+0+0.5+0+0.125 = (22.625)_{10}$

（2）十进制数转换成二进制数

十进制数转换成二进制数时需将整数和小数分开进行转换。

整数部分采用除以 2 取余法，即用 2 连续去除要转换的十进制数，直到商小于 2 为止。然后，将余数按照最后得到的为最高位，最先得到的为最低位的方式排列起来即可。例如，将十进制数 100 转换成二进制数，采用短除法：

```
2│ 100          余数
  2│ 50          0（最低位）
    2│ 25         0
      2│ 12        1
        2│ 6       0
          2│ 3      0
            2│ 1     1
              0      1（最高位）
```

即 100D = 1100100B

观察二进制数按权展开式：$1100100B = 1×2^6+1×2^5+0×2^4+0×2^3+1×2^2+0×2^1+0×2^0$

如果将等号右侧每次除以 2 时，最低位二进制数便是余数。

小数部分采用乘 2 取整法，即用 2 连续去乘要转换的十进制小数，直到所得积的小数部分为 0 或满足所需精度为止。然后，把每次乘 2 后得到的整数按照最先得到的为最高位、最后得到的为最低位的方式排列起来，便得到我们要转换的二进制数。例如，将十进制数 0.625 转换成二进制数：

```
乘 2 取整：          整数部分
        0.625
   ×       2
        1.250         1（最高位）

        0.25
   ×       2
        0.50          0

   ×       2
        1.0           1（最低位）
```

即 0.625D= 0.101B。

与整数部分类似，二进制小数按权展开：

$0.625D=0.101B=1\times2^{-1}+0\times2^{-2}+1\times2^{-3}$

不难看出，若将等号右侧的表达式每次乘以 2，则每次得到的整数便是所求的二进制数。对于同时有整数和小数两部分的十进制数，可以对整数和小数分开转换后再合并起来。例如，把上面两个例子合并起来便可以得到：100.625D=1100100.101B。

任何十进制整数都可以精确转换成一个二进制整数，但不是任何十进制小数都可以精确转换成一个二进制小数。例如，十进制数 0.1 就没有一个精确的二进制数与其对应。

2．十六进制数和十进制数之间的转换

（1）十六进制数转换成十进制数

要将十六进制数转换十进制数，可以将十六进制数写成基数为 16 的按权展开多项式之后进行计算即可。例如：

$$(1AB.C8)_{16}=1\times16^2+10\times16^1+11\times16^0+12\times16^{-1}+8\times16^{-2}$$
$$=256+160+11+0.75+0.03125=(427.78125)_{10}$$

（2）十进制整数转换成十六进制数

十进制整数转换成十六进制整数可以采用除以 16 取余法，即用 16 连续去除要转换的十进制数，直到商小于 16 为止。然后，将余数按照最后得到的为最高位，最先得到的为最低位的方式排列起来，便得到所求的十六进制数。

例如，求十进制数 2901 所对应的十六进制数：

```
16| 2901          余数
   16| 181         5（最低位）
      16| 11       5
         0         11（即 B，最高位）
```

所以，2901D=B55H。

（3）十进制小数转换成十六进制小数

十进制小数转换成十六进制小数采用乘 16 取整法，即将十进制小数连续乘以 16，直到所得乘积的小数部分为 0 或达到所需精度要求为止。然后，把每次乘以 16 后得到的整数按照最先得到的为最高位，最后得到的为最低位的方式排列起来，便得到我们要转换的十六进制数。例如，求十进制数 0.76171875 对应的十六进制数：

```
        0.76171875
      ×          16          整数部分
      12.18750000            12，写作 C
        0.18750000
      ×          16
        3.00000000           3，写作 3
```

所以，0.76171875D=0.C3H。

3．二进制数与十六进制数的相互转换

（1）二进制数转换为十六进制数

由于 4 位二进制数恰好代表 0～15，共 16 种取值，而且将 4 位二进制数看作一个整

体时，它的进位输出恰好是逢 16 进 1，所以二进制数与十六进制数之间相互转换时采用"分组对应"法，即 4 位二进制数对应 1 位十六进制数。

例如，将$(1011101.101001)_2$转换为十六进制数可采取如下步骤：

首先将数据分为整数和小数两部分，即以小数点为界：整数部分从低到高 4 位一组，最高一组如不足 4 位高位以 0 补齐；小数部分从高到低 4 位一组，最低一组如不足 4 位低位以 0 补齐。之后参照表 1.1 即可写出相应的十六进制数了，即

$$(0\ 101\ 1101.1010\ 0100)_2$$

$$5 \quad D \quad A \quad 4$$

所以，$(1011101.101001)_2=(5D.A4)_{16}$。

（2）十六进制数转换为二进制数

十六进制数转换为二进制时采用"等值代替"法，即以小数点为界，将 1 位十六进制数用 4 位二进制数代替，例如，$(8FA.C6)_{16}=(1000\ 1111\ 1010\ .\ 1100\ 0110)_2$

二进制数、十六进制数、八进制数之间的转换方法如图 1.1 所示。

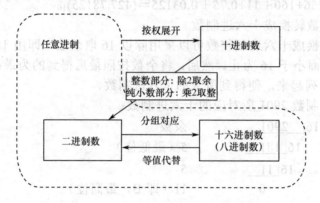

图 1.1　进制之间的转换方法示意图

1.2　计算机中的码制和编码

由于计算机内部只有二进制数据，因此要表示复杂的数据格式及文字信息等时就必须用二进制的编码来表示。例如，有符号数据、高精度数据、十进制数据，以及字符和汉字等，都必须用二进制编码表示。

1.2.1　有符号数的表示方法

有符号数的常用编码形式有原码、反码和补码。任何一种有符号数的编码都必须首先确定编码长度，即字长。有符号数编码所表示的数据大小受到字长的限制。下面以 8 位字长为例，介绍原码、反码和补码。

1. 原码

原码的编码规则是：最高位为符号位，0 为正，1 为负；其余位为数值位，数值位与该数的二进制数表示相同。例如，8 位（含符号）字长的原码：

$[+43]_{原码}=(00101011)_2=(2B)_{16}$

$[-43]_{原码}=(10101011)_2=(AB)_{16}$

2．反码

反码的编码规则是：最高位为符号位，0 为正，1 为负；其余位为数值位，正数的数值位与该数的二进制数表示相同，负数的数值位是其二进制数的按位求反。例如：

$[+43]_{反码}=(00101011)_2=(2B)_{16}$

$[-43]_{反码}=(11010100)_2=(D4)_{16}$

由原码和反码的编码规则可以看出，8 位字长的原码和反码的数值表示范围为+127～−128，并且按照编码规则，数值 0 会出现两个编码，即+0 和−0。这一点无疑是对编码的浪费，因为 0 没有必要加带符号。

3．补码

补码的编码规则是：最高位为符号位，0 为正，1 为负；其余位为数值位，正数的数值位表示与该数的二进制数表示相同，负数的数值位是其二进制数求反后再加 1，俗称变反加 1。例如：

$[+43]_{补码}=(00101011)_2=(2B)_{16}$

$[-43]_{补码}=(11010101)_2=(D5)_{16}$

注意，−128 的补码为$(80)_{16}$。8 位补码的数值表示范围为+127～−128。如果字长为 n，则补码的表示范围为$+2^{n-1}-1～-2^{n-1}$。

如果字长为 n，上述三种编码都可以用解析表达式表示，即：

当 $0 \leqslant N \leqslant 2^{n-1}-1$ 时：

$[N]_{原码}=2^n+N$

$[N]_{反码}=2^n+N$

$[N]_{补码}=2^n+N$

当$-(2^{n-1}-1) \leqslant N \leqslant 0$ 时：

$[N]_{原码}=2^{n-1}+N$

$[N]_{反码}=2^n-1+N$

$[N]_{补码}=2^n+N$

在 n 位字长的有符号数编码运算中，我们称 2^n 为模。由于 2^n 用二进制表示时共 $n+1$ 位，最高位 1，其余位为 n 个 0，所以 2^n 是该计数系统最大数值（n 个 1）再加 1 后产生溢出时的结果。所以，如果 N 大于 0，则$2^n+N=N$。如果 N 小于 0，由于 2^n-1 为全 1（n 个 1），则 2^n-1+N 为求反运算，而 2^n+N 为变反加 1 运算。例如，设 $N=-43D$：

$N=-43D=-00101011B$

$2^8-1+N=11111111-00101011=11010100B$

$2^n+N=11111111-00101011+00000001=11010101$

4．各种编码的运算

通过编码的解析表达式可以看出，三种编码的求解只有补码的正数和负数的计算公式是统一的，而原码和反码的正负数的求法是不同的。

由于补码计算公式为 $2^n+N=N$，故

$$[M+N]_{补码}=2^n+N+2^n+M=（2^n+M）+（2^n+N）=[M]_{补码}+[N]_{补码}$$

上式意味着规定字长的补码连带符号位可以直接运算，结果仍然是补码。但是，这一结论的前提是运算结果没有溢出，即运算结果没有超出该字长所能表示的数值范围，否则结果不正确。

例如：(+39)+(−22)=+17，设 8b 字长，则 $[+39]_{补码}$=(0010 0111)$_2$，$[−22]_{补码}$=(1110 1010)$_2$，运算为：

```
    0010 0111
+   1110 1010
    0001 0001
```

$[+17]_{补码}$=(0001 1000)$_2$。

如果补码运算产生溢出，则结果出错，例如：

(+127)+(+2)=01111111=00000010=10000001

由于+127+2=129 超出了 8 位补码的表示范围，所以其运算结果 10000001（为−127 的补码）是错误的。

补码运算是否有溢出可以通过第六位向第七位的进位和第七位向高位的进位的异或来判断。如果上述异或的结果为 0，则运算没有溢出，否则有溢出。

1.2.2　小数的表示方法

小数在计算机中以定点和浮点两种形式表示。定点数格式简单，运算方便，但数据表示的范围小。浮点数用阶码表示小数的位置，数据表示范围大，但是做加减运算时需要对阶（对齐小数点）。

1．定点数

定点数是指用小数点位置固定的方法来表示数据。如果将小数点固定在最高数据位的左边，则此格式只能表示纯小数；如果将小数点固定在个位数的右侧，则数据为整数。若将小数点固定在中间某一位置，则小数点左侧为整数，右侧为小数。

定点数表示数据的范围很小，例如，对用 $m+1$ 位表示的纯小数来说，其值的范围为：

$2^{-m} \leqslant |N| \leqslant 1-2^{-m}$

2．浮点数

浮点数由尾码和阶码两部分构成，其数值大小等于尾码所表示的数值乘以 2 的阶码次幂。尾码一般用定点纯小数补码表示，阶码则用整数补码表示。

格式为：

阶码 E	尾码 M
x···xx	x···xx

则 $N=M\times 2^E$

在高级语言中，单精度浮点数格式定义为：阶码为 8 位整数补码，最高位为符号位，其余 7 位为数值位；尾码为 24 位纯小数补码，最高位为符号位，其余 23 位为数值位，小数点在符号位的右侧。例如：

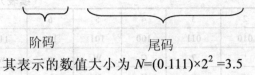

阶码　　　　　　尾码

其表示的数值大小为 $N=(0.111)\times2^2=3.5$

1.2.3　微型计算机中常用的信息编码

1. BCD 码——Binary Coded Decimal（二进制编码的十进制数）

二进制的运算规律简单，但使用二进制数不直观，不习惯。因此，在计算机输入/输出时一般还是采用十进制数。计算机中的十进制数是用二进制编码表示的，一般用 4 位二进制编码表示 1 位十进制数。十进制数的编码方法有很多，最常用的是 8421BCD 码，有时简称 BCD 码，其编码如表 1.2 所示。

表 1.2　8421BCD 编码

十 进 制 数	8421BCD 码	十 进 制 数	8421BCD 码
0	0000	5	0101
1	0001	6	0110
2	0010	7	0111
3	0011	8	1000
4	0100	9	1001

在计算机中，一字节是 8 位，那么用一字节表示 2 位 BCD 码时，称为紧凑型或压缩型 BCD 码；用一字节只表示 1 位 BCD 码时（高 4 位为 0），则称为非紧凑型或非压缩型 BCD 码。

2. 字符编码——ASCII 码

字符是计算机中使用最多的信息形式之一。每个字符都要制定一个确定的编码作为识别与使用这些字符的依据。美国标准信息交换代码（ASCII 码，American Standard Code for Information Interchange）是计算机中使用最普遍的字符编码，其字符集较为完整，现已成为国际通用的标准编码。

ASCII 码表如表 1.3 所示。表中图形字符 94 个，控制字符 34 个。控制字符用于指挥电传打字机动作，不能显示或打印。

表 1.3　ASCII 码表

低 4 位 ＼ 高 3 位		0	1	2	3	4	5	6	7
		000	001	010	011	100	101	110	111
0	0000	NUL	DEL	SP	0	@	P	、	p
1	0001	SOH	DC1	!	1	A	Q	a	q
2	0010	STX	DC2	"	2	B	R	b	r
3	0011	ETX	DC3	#	3	C	S	c	s
4	0100	EQT	DC4	$	4	D	T	d	t
5	0101	ENQ	NAK	%	5	E	U	e	u
6	0110	ACK	SYN	&	6	F	V	f	v

（续表）

低4位	高3位	0	1	2	3	4	5	6	7
		000	001	010	011	100	101	110	111
7	0111	BEL	ETB	'	7	G	W	g	w
8	1000	BS	CAN	(	8	H	X	h	x
9	1001	HT	EM	)	9	I	Y	i	y
A	1010	LF	SUB	*	:	J	Z	j	z
B	1011	VT	ESC	+	;	K	[	k	{
C	1100	FF	FS	,	<	L	\	l	|
D	1101	CR	GS	–	=	M	]	m	}
E	1110	SO	RS	.	>	N	↑	n	~
F	1111	SI	US	/	?	O	←	o	DEL

1.2.4　数据在计算机内部的存储模式

无论何种数据或者是编码在对其进行运算或者处理时都要存储在计算机内存单元中。存储器每个单元都有一个称之为地址的编号，每个单元存储 8 位二进制数据，称之为一字节。对于多数计算机系统来讲，无论运算器或者系统总线的宽度是多少，每个存储单元都是 8 位。

字符串（ASCII 码）在存储器中的存储模式一般是从低地址开始按照字符的先后顺序依次向高地址存放。对于一个超过 8 位的数据来讲，将其存储在连续的地址单元中时有两种存储模式，即小端模式和大端模式。

所谓小端模式（Little Endian）是指数据的低位部分存储在低地址单元中，数据的高位部分存储在高地址单元中。小端模式将地址的高低和数据位权结合起来，高地址单元存放数据权值高的部分，低地址单元存放数据权值低的部分。例如，数据 X=12345678H 按照小端模式存放在 2000H 开始的内存单元中，则 12H 存放在 2003H 单元中，78H 存放在 2000H 单元中，如图 1.2（a）所示。

与小端模式正好相反，大端模式（Big Endian）是指数据的低位部分存储在高地址单元中，数据的高位部分存储在低地址单元中。大端模式对于数据的处理方式类似对字符串的处理。例如，数据 X=12345678H 按照大端模式存放在 3000H 开始的内存单元中，则 12H 存放在 3000H 单元中，78H 存放在 3003H 单元中，如图 1.2（b）所示。

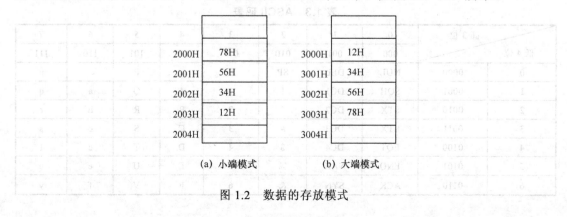

(a) 小端模式　　　(b) 大端模式

图 1.2　数据的存放模式

在常见的计算机系统中，x86 系统、ARM 系统等多采用的是小端模式，而常用的 Keil51 则用的是大端模式，所以本书中例题及作业多使用大端模式存放数据。

1.3　微型计算机硬件基础

完整的微型计算机系统包括硬件系统和软件系统两大部分。硬件系统是指那些由电子元器件和机械装置构成的不可改变的"硬"设备，它们是信息存储和程序执行的载体，如键盘、显示器、主板等。软件系统是指那些能在硬件设备上存储和运行的数据和程序，如操作系统、各种软件及数据等。

1.3.1　微型计算机硬件的基本结构

从数字电路的角度讲，计算机就是一个复杂的时序电路。与时序固定的电路相比，计算机的时序是由存储在存储器中的程序控制的。目前，尽管计算机系统的功能已经非常完善和强大，但就其基本工作原理而言，仍然是存储程序控制。

微型计算机由运算器、控制器、存储器、输入/输出设备五个部分组成。其中，运算器和控制器构成了中央处理器（CPU，Central Process Unit）。这就是所谓的冯·诺依曼计算机结构，如图 1.3 所示。

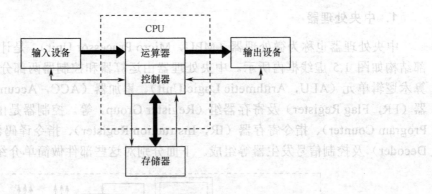

图 1.3　计算机硬件结构

计算机系统采用总线结构，所有部件通过地址总线、数据总线和控制总线与 CPU 相连，如参见图 1.4 所示。

数据总线（DB，Data Bus）为双向总线，是 CPU 和存储器及 I/O 设备之间交换数据的通道，其位数取决于 CPU 的外部总线宽度。

地址总线（AB，Address Bus）为单向总线，是 CPU 送出被访问设备的地址信息的通道。在计算机系统中，每个能够和 CPU 交换信息的设备都有一个区分其他设备的地址，CPU 通过地址编号避免在访问时产生冲突。地址总线的数目决定了可以访问的存储单元数量和 I/O 接口的数量。例如，16 条地址总线的 CPU 可以访问 65536（2^{16}）个存储器和接口单元。

控制总线（CB，Control Bus）是一组控制信号，内容包括 CPU 发出的读写控制信号、系统中断信号等，其中有些是由 CPU 发出的，有些是由外部设备送给 CPU 的。

计算机采用的总线结构使之在系统结构上简单、规范，易于扩展。只要功能部件符合总线要求就可以接入系统。

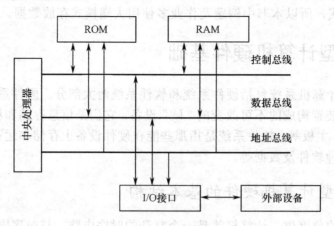

图 1.4　计算机总线结构

1.3.2　计算机的基本工作原理

为了方便理解，本节以一个不含输入/输出接口的计算机模型（图 1.5）为例简要介绍计算机的结构和工作原理。

1．中央处理器

中央处理器也称为微处理器（MPU，Micro Processor Unit），是计算机的核心，其内部结构如图 1.5 虚线框内所示。中央处理器由运算器和控制器两部分组成。运算器包括算术逻辑单元（ALU，Arithmetic Logic Unit）、累加器（ACC，Accumulator）、标志寄存器（FR，Flag Register）及寄存器组（Register Group）等。控制器是由程序计数器（PC，Program Counter）、指令寄存器（IR，Instruction Register）、指令译码器（ID，Instruction Decoder）及控制信号发生器等组成。下面分别对这些部件做简单介绍。

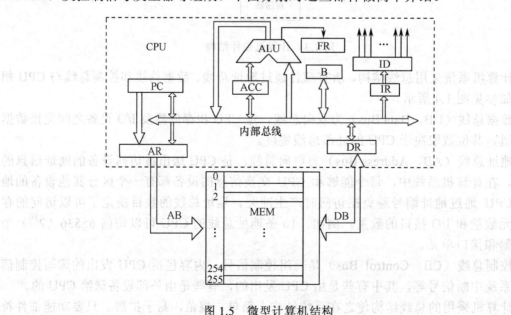

图 1.5　微型计算机结构

算术逻辑单元（ALU）是运算器的核心部件，它在控制器发出的控制信号作用下对二进制数进行算术和逻辑运算。算术运算包括加、减、乘、除、比较、加 1、减 1 等运算。逻辑运算包括与、或、异或、取反、取补等。在 ALU 中还可以实现数据的向左或向右移位。

累加器（ACC）是一个特殊的寄存器。在算术运算中，参与运算的两个数据中的一个要存放在累加器中，运算结果要送回到累加器中。

标志寄存器（FR）用于存放 ALU 运算结果的各种特征，例如，运算结果是否为 0，补码加减法是否产生溢出，二进制加减法是否产生进位或者借位等。标志寄存器是微处理器中的一个重要部件。

程序计数器是指挥程序运行的重要部件，其中存放的是即将执行指令的内存地址（指令存放在内存中）。当程序计数器中的地址送到地址总线后，程序计数器自动加 1，从而又指向下一条要执行的指令地址。

指令寄存器、指令译码器和控制信号发生器是控制器的主要部分。指令寄存器接收从存储器取来的指令操作码，并在整个指令执行过程中一直保存。指令操作码用来指明该条指令完成何种操作。指令译码器对指令寄存器送来的指令操作码进行译码，产生各种逻辑控制信号，以完成指令所规定的操作。

在图 1.5 所示的模型计算机中，B 为通用寄存器，用于暂存数据。由于 CPU 访问寄存器的时间要比访问内存的时间短，所以通常将频繁使用的数据和中间结果暂时存放在寄存器中。在实际 CPU 芯片中，CPU 内部往往设有十几个甚至几十个寄存器，构成寄存器组。

此外，CPU 的外部总线——地址总线和数据总线的出口处分别设有缓冲寄存器，称为地址寄存器和数据寄存器，用于暂存 CPU 输出的地址和缓冲输入/输出的数据。CPU 的内部总线将其内部的所有部件连接起来，以保证数据的有效传输。

2．存储器

在计算机系统中，存储器是不可缺少的组成部分。由于计算机的程序在运行时必须存放在存储器（内存）中，所以没有存储器的计算机是无法工作的。

（1）存储器分类

存储器从功能上可以分为内部存储器（简称内存）和外部存储器（简称外存）两大类。内存是指通过 CPU 地址总线直接控制的存储器，存储介质为半导体存储器。从存储性质上，内存又可分为只读存储器（ROM，Read Only Memory）和随机存取存储器（RAM，Random Access Memory）。两者的主要区别在于前者所存储的信息在芯片不供电时仍然可以保留，而后者在掉电后所存储的信息将全部丢失。外存是指 CPU 通过接口设备与其相连的存储器，如常见的硬盘、光盘、磁带及由半导体存储器构成的 U 盘等。这些存储器的特点是存储量大，但是速度较慢。

（2）内存简介

常见的只读存储器有两种，一种称为掩膜 ROM，这种存储器通过集成电路厂家订制，内容不可更改，一般用于使用量非常大的数据存储芯片。另一种是电可擦除只读存储器 E^2PROM（Electrically Erasable Programmable ROM），它具有 ROM 的非易失性，又可实现在线改写。这种 ROM 芯片具有浮置栅极结构，即场效应管的栅极由绝缘的二氧化硅构成，使其处于浮空状态。浮置栅极通过高压脉冲可以充入电荷，从而使三极管导通或者截止，以此来记忆二进制信息。与 RAM 相比，E^2PROM 的写入时间要长得多，约 10～20ms，所以写入时要设计特殊程序。

随机存取存储器存储单元有两种信息存储方式。一种是动态存储器，用 PN 结结电容是否充有电荷来表示 0 或者 1。由于结电容非常小，电荷很快就会漏掉，所以存储器中设有刷新电路来保证电荷在漏光之前再次充电。信息读出时要有读出放大电路，使结电容是否存有微小电荷能够在外部电路体现出 0 和 1 两种状态。动态存储器的主要特点是集成度高，但速度较慢。另一种存储器是通过类似 RS 触发器结构的电路来存储二进制信息，称为静态存储器。由于需要较多的三极管来构成一个存储位，静态存储器较动态存储器集成度低很多，但速度较快。

图 1.6 给出了一个 RAM 存储器的简单结构示意图。存储器由地址译码器、存储单元、内部总线、读出缓冲器及读写控制逻辑构成。内部总线将所有存储单元的输出端和输入端连接在一起，经外部数据线与 CPU 相连。地址线送给地址译码器的输入端，用于选择内存单元。由于实际存储单元结构略为复杂，为理解问题方便，可以简单地将存储单元理解为一组 D 触发器，它具有数据输入端、数据输出端和脉冲输入端（数据锁存端）。

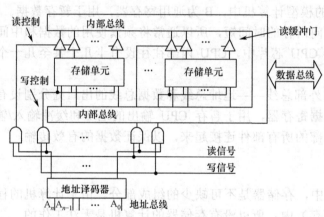

图 1.6　存储器结构示意图

CPU 在读存储器时，首先将地址信号经地址线送给存储器，经地址译码器译码后使某一输出端有效，之后 CPU 发读信号。在译码信号和读信号的共同作用下使选中单元的读控制有效，打开读缓冲门使存储单元内所存信息送至内部总线，之后经外部数据线送至 CPU。CPU 在向存储器写数据时，首先向存储器的地址线发出地址信息，之后将要写入的数据经外部数据线送给存储器，此数据经内部总线送给每个存储单元的输入端。当地址译码器的译码输出有效时，CPU 发写信号。在译码输出和写信号的共同作用下，某一选中单元的写控制信号有效，使得保持在内部总线上的数据写入该单元。由上述工作过程可以看出，尽管内部总线连接到了每个存储单元的输入端和输出端，但是由于地址译码器的存在，无论是读过程还是写过程，都使唯一的内存单元被选中，从而不会发生读出数据冲突或者多重写入。

显而易见，存储器地址线的多少决定了该存储器内存单元的多少，而数据线的位数则决定了一个存储单元所存储的二进制数据位数。大多数计算机系统一个存储单元为 8 位二进制数，称为一字节（Byte）。

3. 指令执行过程

微型计算机的运行是按照预先设计好的程序一步一步执行的。在程序执行之前，要将程序——指令机器码预先存储到存储器中。每条指令机器码的第一个字节所存放的内存地址就是该条指令的程序地址，然后将第一条程序的地址送到程序计数器（PC）中，程序便从此开始自动执行。

一条指令的执行过程一般包括取指令阶段和执行指令阶段。CPU 首先将指令（程序的机器码）从存储器中取出并送入指令译码器，然后进行译码，并根据译码结果来执行这条指令相应的操作。指令执行过程如下。

（1）控制器将 PC 内容送到地址寄存器 AR，然后 PC 的内容自动加 1 指向下一条指令的地址。

（2）指令地址通过地址总线送到存储器，选中存放指令的存储单元。

（3）CPU 发出读指令命令，将选中的存储单元内容——指令机器码送到数据总线。

（4）CPU 从数据总线上读取指令并送入指令寄存器，指令寄存器输出送至指令译码器译码，然后经控制信号发生器发出控制信号。

（5）对于单字节指令，控制信号即进行具体指令操作。对于多字节指令，当取出指令的第一个字节之后，控制器将根据译码的结果再依次取出剩余指令字节，待全部机器码读取完成之后，再进行指令相应操作。

1.3.3　数据的输入/输出

输入/输出对于计算机系统来讲是必不可少的。尽管配有 CPU 和存储器的计算机系统可以运行，但是如果系统中没有输入/输出设备，则这台计算机没有任何意义。因为没有输入/输出既无法将要处理的数据送入计算机，也无法得到计算机的计算结果，所以从计算机使用者的角度希望能够通过某种通道将要处理的信息送到计算机内部，并把计算机的计算结果读出。完成这一工作的便是计算机系统中的输入/输出设备。

输入/输出设备也叫输入/输出端口或输入/输出通道。由图 1.3 可以看出，计算机系统除了 CPU 和存储器以外便是输入/输出设备了。输入设备可以将外部信息传输到计算机内部，如读入键盘是否按下，开关是否闭合等；输出设备是将计算机的内部信息送出，使得使用者能够看见或者再利用这些信息，如计算机送出高电平点亮发光二极管，或者使蜂鸣器报警等。事实上，输入/输出设备像按键和发光二极管等是无法直接接入到计算机系统中的。要使输入/输出设备在计算机系统中能够正常工作，必须附加一些辅助电路，这些辅助电路称为接口电路。为了方便用户，集成电路生产厂家设计生产了多种通用的接口电路，极大地方便了计算机系统的设计和使用。

1.4　单片微型计算机

大规模集成电路技术的飞速发展带动了计算机应用的推广和普及。利用超大规模集成电路技术把微处理器和存储器及常用的接口电路，如 I/O 接口、定时器甚至 A/D 转换器等设备，集成到一块芯片上，便是通常大家所说的单片机（Single Chip Processor）。单片机技术目前已经成为计算机技术的一个独特分支。本节主要介绍单片机的发展概况、单片机的特点和应用领域，以及单片机的主要产品系列等。

1.4.1　单片机的概念

1. 单片机的组成

一个最基本的微型计算机通常由以下几部分组成：（1）中央处理器，包括运算器、控制器和寄存器组；（2）存储器，包括 ROM 和 RAM；（3）并行和串行输入/输出接口；（4）定时器/计数器；（5）中断管理系统。由于单片机将上述部件都集成到一块芯片内部，所以单片机芯片只需在外围附加少量元器件即可构成一个具备基本功能的简单计算机。典型的单片机组成框图如图 1.7 所示。

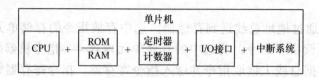

图 1.7　典型单片机组成

2. 单片机的特点

单片机具有集成度高，速度快，体积小，功耗低，系列齐全，功能扩展容易，使用方便灵活，抗干扰能力强，性能可靠，价格低廉等优点，但是由于体积和成本等方面的限制，单片机资源十分有限，在存储容量、接口数量、中断源个数等方面不能和微型计算机相比。此外，在处理速度方面比微型计算机要差很多。

1.4.2　单片机的分类

单片机自 1975 年诞生以来经历了近四十年多的发展，单片机的产品已达 190 多种系列，2000 多种型号。就字长而言，单片机主要有 4 位、8 位、16 位和 32 位 4 种。

1. 4 位单片机

单片机的发展和应用是从 4 位机开始的，其字长为 4 位，每次可并行运算或传送 4 位二进制数据。4 位单片机不仅结构简单，价格低廉，而且功能灵活，既有相当的数据处理能力，又具有一定的控制能力。目前，虽然 4 位单片机的产量仍很大，但在单片机生产中的比重正逐年下降，其主导地位已让位于 8 位或 16 位单片机。4 位单片机主要用于家用电器、民用电子装置和电子玩具等。

2. 8 位单片机

由于受集成度的限制，在 1978 年以前生产的 8 位单片机一般都没有串行接口，并且寻址空间的范围小于 8KB，从性能来看，属于低档 8 位单片机。1978 年以后，随着大规模集成电路工艺水平的提高，一些高性能的 8 位单片机相继问世，如 1978 年 Motorola 公司推出的 MC6805 系列；1979 年 NEC 公司的 μPD78XX 系列；1980 年 Intel 公司的

MCS-51 系列等 8 位单片机。这类单片机的寻址能力达 64~128KB，片内 ROM 容量达 4~8KB、RAM 达 128~256KB，片内除了带有并行 I/O 口外，还有串行 I/O 口，甚至还有 A/D 转换功能，因此这类单片机属于高性能 8 位单片机，它们代表单片机发展的方向，在单片机应用领域中有着广泛的市场。8 位单片机由于其功能强、品种多而被广泛用于国内各个领域。目前，8 位单片机是单片机的主流机种。

3. 16 位单片机

1983 年 Intel 公司研制出 16 位 MCS-96 系列单片机。8096 是整个 MCS-96 系列的代表产品，集成度为 12 万只管/片。内含 16 位 CPU、8KB ROM、232B RAM、5 个 8 位并行 I/O 口、4 个全双工串行口、4 个 16 位定时器/计数器、8 个通道的 10 位 A/D 转换器、8 级中断处理系统。

4. 32 位单片机及 ARM

20 世纪 90 年代，32 位单片机在市场上也初露端倪。准 32 位机，如 Motorola 公司的 M68332SIM 及 Intel 公司生产的性能接近于单片机的 32 位嵌入式处理器 Embedded Processor 80960 已经问世，各公司的 32 位单片机已全面进入市场。

1.4.3 单片机产品简介

1. CYGNAL 公司的 C8051F 系列单片机

Silicon Labs 公司推出的 C8051F 系列单片机是完全集成的混合信号系统级芯片（SOC），具有与 8051 兼容的高速 CIP-51 内核，与 MCS-51 指令集完全兼容。除 51 基本部件以外，C8051F 片内还集成了模拟多路选择器、可编程增益放大器、ADC、DAC、电压比较器、电压基准、温度传感器、SMBUS/IIC、SPI、CAN、USB、计数器/定时器阵列、电源监视器、看门狗定时器（WDT）、JTAG 调试电路等。

2. ATMEL 公司的 AVR MEGA 系列

ATMEL 公司设计生产的 AVR 单片机是目前较为流行的单片机之一，其 ATtiny、AT90 和 ATMega 系列分别对应低、中、高档产品。AVR 单片机具有速度快、片内资源丰富等特点。它采用 RISC 指令集，代码效率比常规 CISC 高 10 倍。AVR 单片机片内具有 1K~128KB 的 FLASH 存储器、64B~4KB 的 E^2PROM、128B~4KB 的 RAM、5~32 条 I/O 线、32 个通用工作寄存器、模拟比较器、定时器/计数器、可编程异步串行口、内部及外部中断、带内部晶体振荡器的可编程看门狗定时器、SPI 串行口、10 位 A/D 转换器等。

3. FREESCALE 公司的 HC/HCS08 系列

FREESCALE 8 位单片机系列从 HC08 系列到 HCS08 系列，再到 2007 年可买到的 RS08 系列，各系列又有不同型号的单片机，其资源各不相同，即使同一型号的单片机也有多种封装形式，其 I/O 口数目也不尽相同。

08 系列单片机内置资源差别很大，FLASH 内存最大可达 60KB，而最小的只有 2KB；RAM 内存最大可达 4KB，而最小只有 128B；最多的 I/O 口可达 50 个以上，而最少的只有 6 个 I/O 口；外围模块的差别则更大。这种差异非常适合于各种不同的应用系统。在实际应用开发过程中，选择合适的单片机是非常重要的。

4．MICROCHIP 公司的 PIC16F 系列

MICROCHIP 的 PIC 系列单片机采用全新的流水线结构、单字节指令系统和 10 位 A/D 转换器，使其具有较高的性价比。PIC 系列单片机具有高、中、低三个档次，可以满足不同用户的开发需要，适合各个领域中的应用。PIC 系列单片机具有功耗低、驱动能力强等特点，其程序、数据、堆栈三者各自采用互相独立的地址空间。

5．TI 公司的 MSP430 系列

MSP430 系列是美国 Texas Instruments（TI）公司于 1996 年开始推向市场的超低功耗单片机。该单片机内部集成了丰富的功能模块，其中包括多通道高精度 A/D 转换器、比较器、液晶驱动器、电源电压检测、硬件乘法器、看门狗定时器、DMA 控制器等。芯片正常工作电压范围为 1.8～3.6V。MSP430 系列单片机具有高速的运算能力，8MHz 总线频率时，指令周期为 125ns。

习题与思考题

1-1　计算机为什么用二进制而不用其他进制？

1-2　归纳出十进制与二进制的互相转换方法。

1-3　把下列十进制数转换成二进制数和十六进制数。

　　①135　　②0.625　　③47.6875　　④0.94　　⑤111.111　　⑥1995.12

1-4　把下列二进制数转换为十进制数和十六进制数。

　　①11010110B　　②1100110111B　　③0.1011B　　④0.10011001B

　　⑤1011.1011B　　⑥111100001111.11011B

1-5　把下列十六进制数转换成十进制数和二进制数。

　　①AAH　　②BBH　　③C.CH　　④DE.FCH　　⑤ABC.DH　　⑥128.08H

1-6　写出下列各十进制数的 BCD 码。

　　①47　　②59　　③1996　　④1997.6

1-7　用十六进制形式写出下列字符的 ASCII 码。

　　①AB8　　②STUDENT　　③COMPUTER　　④GOOD

1-8　下列叙述是否正确：

　　（1）十进制数 9 的 ASCII 码是 39H，BCD 码是 9H。

　　（2）在补码加法运算中，如果两个整数相加结果为负，则必定产生溢出。

1-9　试简要分析浮点数加法和乘法的运算过程。

1-10　计算机由哪几部分组成？各部分的主要功能是什么？

1-11　试举例说明你所了解的产品中哪些功能应该是计算机完成的？

1-12　试简述计算机中运算器、控制器、指令译码器、程序计数器、寄存器及地址总线、数据总线、控制总线，以及存储器等设备的用途，并描述一条指令的执行过程。

第 2 章 51 系列单片机的硬件结构

51 系列单片机是单片机中最为成熟的一类单片机，其功能完备、指令丰富。目前，除 Intel 公司生产的 51 系列单片机外，许多集成电路生产厂商都提供有与 Intel 公司 51 系列相兼容的系列单片机。例如，ATMEL 公司的 AT89 系列、Philips 公司的 8XC552 系列、Silicon Laboratories 公司 C8051F 系列等。这些单片机都嵌有 MCS-51 内核，在结构和指令系统上相互兼容，但在功能和资源上稍有差别。

2.1 51 系列单片机的内部结构

51 系列单片机的典型芯片 8051 内部结构如图 2.1 所示。单片机芯片的核心部件是一个 8 位中央处理单元，它是单片机的心脏，也是单片机内部最复杂的部件，主要由运算器和控制器两大部分组成。此外，芯片内部还设有 4KB 的程序存储器 ROM、128B 的数据存储器 RAM、4 个 8 位双向并行 I/O 接口、2 个 16 位定时器/计数器和 1 个全双工串行通信接口。为了能够使各部件正常工作，芯片内有 21 个特殊功能寄存器用于上述部件设置和控制。I/O 接口除用于输入/输出外还可实现系统的扩展，以达到扩充系统存储器或者 I/O 接口的目的。

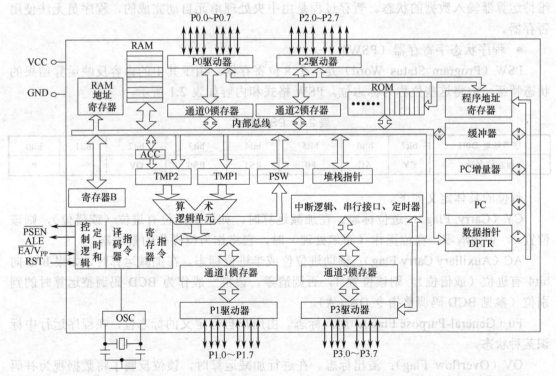

图 2.1　51 单片机内部结构

下面介绍中央处理单元结构。

1. 运算器

运算器由 8 位算术逻辑运算单元、8 位累加器 A、8 位寄存器 B、程序状态字寄存器 PSW、8 位暂存寄存器 TMP1 和 TMP2，以及十进制调整电路和能够用于位操作的布尔处理单元等部分组成，可以实现算术运算和逻辑运算、位操作及移位等功能。

（1）算术逻辑运算单元

算术逻辑运算单元（ALU，Arithmetic Logic Unit）8 位字长，通过内部总线与各寄存器、内存及接口相连，可实现加、减、乘、除、比较等算术运算，以及与、或、异或、循环等逻辑运算，还可以通过布尔处理器实现位处理。算术逻辑运算单元的运算结果影响程序状态字寄存器的相关标志位。

（2）专用寄存器

● 累加器 A

累加器 A（Accumulator）是一个特殊的 8 位寄存器，其特殊性质在于某些指令的操作数和操作结果都存放于 A 中，这一点是其他寄存器或存储器所没有的。

● 寄存器 B

寄存器 B 是一个主要用于乘、除法运算的 8 位寄存器，当然也可以用于暂存其他数据。

● 暂存寄存器 TMP1 和 TMP2

算术逻辑运算单元的输入端设置了两个暂存器（见图 2.1），其用途是在运算过程中维持运算器输入数据的状态。暂存过程是由中央处理单元自动完成的，程序员无法使用暂存器。

● 程序状态字寄存器（PSW）

PSW（Program Status Word）是一个 8 位寄存器。由于其中的内容反映运算结果的状态特征，故将这些位称为标志位。PSW 格式和内容如表 2.1 所示。

表 2.1　PSW 格式

字节地址 D0H	bit7	bit6	bit5	bit4	bit3	bit2	bit1	bit0
标志位名称	CY	AC	F0	RS1	RS0	OV	—	P

每位的具体定义如下。

CY（Carry Flag）：进位标志。在加减运算时，如果最高位有进位（或借位），则该位置 1，否则清零。在位操作（布尔处理）时，它将作为位操作的累加器。

AC（Auxiliary Carry Flag）：辅助进位位或半进位标志。在加减运算时，如果 bit3 向 bit4 有进位（或借位），则该位置 1，否则清零。该位一般作为 BCD 码调整运算时的判别位（参见 BCD 码调整指令 DA　A）。

F0（General-Purpose Flag）：用户标志。由用户自行定义的标志位，在程序运行中标识某种状态。

OV（Overflow Flag）：溢出标志。在进行加减运算时，该位反映了将数据视为补码时的运算结果是否溢出。当 8 位补码运算结果超出表示范围（+127～−128）时，称为溢出，此时该位置 1，否则清零。

P（Parity Bit）：奇偶标志。该位反映了累加器 A 当前内容 1 的个数的奇偶状态，若 A 中 1 的个数为奇数个，则该位置 1，否则清零。

RS1、RS0（Register Bank Select Bits）：寄存器工作组选择位。51 单片机内部有 4 组工作寄存器，每组寄存器都命名为 R0～R7，用户可以通过改变 RS1、RS0 的状态来选择当前的工作寄存器组（参见 2.3.3 数据存储器）。系统复位时，RS1=RS0=0。其组合关系如表 2.2 所示。

表 2.2 RS1 与 RS0 组合关系表

RS1	RS0	当前工作寄存器组	字节地址
0	0	第 0 组	00H～07H
0	1	第 1 组	08H～0FH
1	0	第 2 组	10H～17H
1	1	第 3 组	18H～1FH

（3）布尔处理单元

MCS-51 中的布尔处理单元（Boole Process Unit）是一个位逻辑变量处理单元，它以 CY 为累加器对位变量进行处理，可进行位变量的与、或、非运算，以及位传送等。51 单片机片内凡具有地址的位都可用于布尔处理。

2. 控制器

控制器作为 CPU 的控制中枢控制着指令的读取及译码，发出各种控制信号及完成指令规定的操作。控制器主要由程序计数器（PC）、指令寄存器（IR）、指令译码器（ID）、数据指针（DPTR）、堆栈指针（SP）及定时控制与条件转移逻辑电路等部分组成。

（1）程序计数器（PC）

PC 是一个 16 位的地址计数器，其中存放着将要执行的指令地址。当对外部程序存储器寻址时，PC 低 8 位经 P0 口送出，高 8 位经 P2 口送出。PC 具有自动加 1 的功能，当 PC 内容送至程序地址寄存器后 PC 便自动加 1。所以 PC 中存放的永远是下一条将要读取的指令地址。

（2）指令寄存器（IR）和指令译码器（ID）

IR 用来存放从存储器读出的即将执行的指令代码，ID 则用于指令代码的翻译。译码器把指令译成相应的电平信号，使定时控制电路产生执行该指令所需的各种控制，完成该指令规定的各种操作。

（3）数据指针（DPTR）

DPTR 是一个 16 位寄存器，用于存放访问外部存储器 16 位地址，可以对 64KB 的存储器和 I/O 进行寻址。DPTR 既可作为 16 位寄存器使用，也可作为两个 8 位寄存器分开使用。

（4）堆栈指针（SP）

堆栈操作是存储器访问的一种特殊形式，它按照"先入后出"的原则存取数据，被访问的内存地址放在堆栈指针 SP（Stack Pointer）中。堆栈指针为 8 位寄存器，可指向片内 00H～7FH 任意存储单元，系统复位时，SP=07H。执行堆栈指令后，SP 会自动加 1 或减 1。由于子程序调用或者中断处理将断点存放在堆栈中，所以子程序或者中断的调用或返回也会使堆栈指针产生加 1 或减 1 操作。实际应用中，栈区一般设在数据存储区的 30H～7FH 范围内，所以在编程时往往把 SP 初始化在该区域。

2.2　51 单片机的引脚功能

　　51 单片机具有多种封装形式，包括 PDIP40、PDIP42、PLCC44 和 TQFP44。本节介绍 40 引脚双列直插封装的引脚功能。引脚分布与逻辑符号如图 2.2 所示。

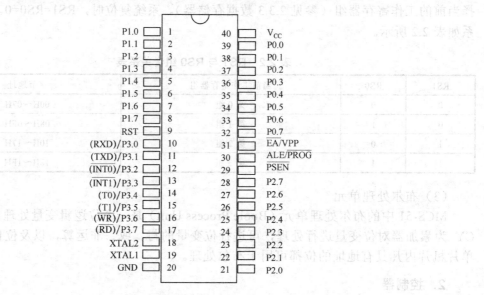

图 2.2　51 单片机引脚图

2.2.1　电源引脚及时钟引脚

　　V_{CC}（40 脚）和 GND（20 脚）：主电源引脚。V_{CC} 输入+5±0.5V，GND 为地端。

　　XTAL1（19 脚）和 XTAL2（18 脚）：时钟引脚。XTAL1 为振荡器反相放大器内部工作时钟电路输入端；XTAL2 为振荡器反相放大器的输出端。当使用芯片内部时钟时，这两个引脚用于外接石英晶体和微调电容，振荡频率为晶振频率，振荡信号送入内部时钟电路产生时钟脉冲信号；当使用外部时钟时，XTAL1 用于接外部时钟脉冲信号，XTAL2 悬空。

2.2.2　控制引脚

　　RST（9 脚）：复位端。时钟电路工作后，该引脚如果输入连续两个机器周期以上的高电平时，芯片系统将进行复位。复位后程序计数器 PC=0000H，单片机将从 0 号单元开始执行程序。

　　ALE/$\overline{PROG}$（30 脚）：地址锁存信号。CPU 访问外部存储器时，ALE 用于将 P0 口输出的低 8 位地址送入锁存器锁存，以实现低位地址和数据的分离。在不访问外部存储器期间，ALE 以 6 倍的系统振荡周期输出脉冲，因此 ALE 可以作为外部时钟源或者用于外部定时脉冲。ALE 可驱动 8 个 TTL 门。在对片内 Flash 存储器编程期间，该引脚还用于芯片内部 ROM 的编程脉冲输入。

　　$\overline{PSEN}$（29 脚）：片外程序存储器读选通引脚。在 CPU 读外部程序存储器时，该引脚用于读选通。$\overline{PSEN}$ 为低电平有效，每个机器周期 $\overline{PSEN}$ 两次有效。当读取内部 ROM

时 $\overline{PSEN}$ 无效。在访问外部数据存储器时，$\overline{PSEN}$ 不输出脉冲。

$\overline{EA}$/VPP（31 脚）：内部或外部程序存储器选择信号。在 51 单片机扩展了外部程序存储器的情况下，如果 $\overline{EA}$ 为高电平，访问程序存储器有两种情况：当指令地址小于 4KB 时，访问内部程序存储器；当地址大于 4KB 时，访问外部程序存储器。若 $\overline{EA}$ 为低电平，则不管地址大小都不再访问内部程序存储器，只访问外部 ROM。在对片内 Flash 存储器编程期间，此引脚还用于＋12V 编程电源的输入。需要注意的是，若加密位 LB1 被编程，复位时会锁存 $\overline{EA}$ 端的状态。

2.2.3 端口（I/O）引脚

51 单片机拥有 4 组并行 I/O 接口，P0、P1、P2、P3。4 组接口除了作 I/O 接口外还兼有其他功能。4 组接口均带有锁存器，但每个接口的结构略有不同。系统复位时，接口锁存器被写入 FFH。

P0.0～0.7（39 脚～32 脚）：P0 口。P0 口是一个漏极开路的 8 位双向 I/O。在访问外部存储器时，低 8 位地址由 P0 口送出，同时 ALE 发正脉冲。P0 口还可以作为普通 I/O 口，每位可以驱动 8 个 LS 型 TTL 负载，但作为输入使用时，需先向口锁存器写 1。

P1.0～1.7（1～8 脚）：P1 口。P1 口是一个带内部上拉的双向 I/O 口，每一位能独立作为 I/O 口线使用。作输入使用时，需先向口锁存器写 1 使输出场效应管截止。P1 口每位可以驱动 4 个 LS 型 TTL 负载。Flash 编程或程序校验期间，P1 口接低 8 位地址。

P2.0～2.7（21～28 脚）：P2 口。P2 口是一个内部带上拉的双向 I/O 口。在访问外部程序存储器或外部数据存储器时，P2 口送出存储器地址高 8 位。P2 口也可以作为普通 I/O 口，每位可以驱动 4 个 TTL 负载。作为输入使用时，需先向口锁存器写 1。Flash 编程或程序校验期间，P2 口接收高位地址和其他控制信号。

P3.0～3.7（10 脚～17 脚）：P3 口。P3 口也是一个带内部上拉电阻的双向 I/O 口，作为普通 I/O 口使用时，每位可以驱动 4 个 LS 型 TTL 负载，在作为输入使用时，需向 P3 口锁存器写 1。除具有普通 I/O 功能外，P3 口还具有第二功能。各引脚第二功能如表 2.3 所示，关于第二功能的详细介绍可参考与功能相关的章节。

表 2.3 P3 口第二功能表

引　脚	第 二 功 能	信 号 方 向	定　义
P3.0	RXD	输入	串行接口数据输入端
P3.1	TXD	输出	串行接口数据输出端
P3.2	$\overline{INT0}$	输入	外部中断 0 信号引入端
P3.3	$\overline{INT1}$	输入	外部中断 1 信号引入端
P3.4	T0	输入	定时器/计数器 0 脉冲输入端
P3.5	T1	输入	定时器/计数器 1 脉冲输入端
P3.6	$\overline{WR}$	输出	外部数据存储器写信号。当 CPU 向外部数据存储器写数据并将数据保持在数据总线时，在此端发一负脉冲，将数据写入存储器
P3.7	$\overline{RD}$	输出	外部数据存储器读信号。当 CPU 从外部数据存储器读数据并将地址信号送给存储器后，在此端发一负脉冲以打开存储器输出缓冲将数据送上数据总线

2.3　51 单片机的存储器结构

计算机系统的存储器结构配置有两种：普林斯顿结构和哈佛结构。在普林斯顿结构中，程序存储器 ROM 和数据存储器 RAM 统一编址，而哈佛结构则是将程序存储器和数据存储器独立编址，各自有各自的寻址结构和寻址方式。51 单片机存储器采用了哈佛结构，其片内集成了 4KB 的程序存储器和 128B 的数据存储器，同时两类存储器都具有64KB 的外部扩展能力，二者寻址互相独立。从物理地址空间看，可分为 4 个存储空间：片内程序存储器、片外程序存储器、片内数据存储器、片外数据存储器。从用户使用角度看，51 单片机逻辑上也分为 4 个存储空间：片内外统一编址的 64KB 程序存储器空间，64KB 片外数据存储器空间，128B 片内数据存储器空间，以及 21 个特殊功能寄存器。本节将剖析 51 单片机的程序存储器、数据存储器及 21 个特殊功能寄存器（SFR）的配置和功能特点。

2.3.1　存储器地址分配

51 单片机存储器编址空间分配如下。

（1）片内 4KB 程序存储器空间，地址为 0000H～0FFFH。

（2）片外 64KB 程序存储器空间，地址为 0000H～FFFFH。

（3）片内 128B 数据存储器空间，地址为 00H～7FH。

（4）片外 64KB 数据存储器空间，地址为 0000H～FFFFH。

（5）21 个特殊功能寄存器空间，地址为 80H～FFH。

（6）位寻址空间，地址为 00H～FFH。

从以上地址空间分配来看，程序存储器片内外低 4KB 地址空间发生了重叠，片内数据存储器低 128B 及特殊功能寄存器 128B 地址与片外数据存储器地址空间重叠。同时，程序存储器和数据存储器地址全部重叠。但是，由于采用了不同的指令形式及不同的控制信号（$\overline{\text{WR}}$、$\overline{\text{RD}}$ 及 $\overline{\text{PSEN}}$）使得不同区域存储空间的访问得以有效区分。

2.3.2　程序存储器

51 单片机具有 64KB 程序存储器寻址空间，用于存放用户程序、数据和表格等。内部程序存储器空间为 4KB，被映射到程序存储空间的 0000H～0FFFH 区间。外部程序存储容量为 64KB，被映射到程序存储空间的 0000H～FFFFH 区间。片内外存储器的低 4KB 只能使用一个，具体使用哪一个取决于引脚 $\overline{\text{EA}}$ 的状态。程序存储器地址配置如图 2.3 所示。

程序存储器的访问有两种形式，一是读取存储器中的指令代码，称为取指，其地址由程序计数器给出；二是用 MOVC 指令读取程序存储器中所存储的数据，地址由 A+PC或者 A+DPTR 给出。当引脚 $\overline{\text{EA}}$＝1 时，如果程序存储器地址范围在 0000H～0FFFH，CPU 访问内部程序存储器；若地址范围在 1000H～FFFFH，则访问外部程序存储器。当引脚 $\overline{\text{EA}}$＝0 时，CPU 总是访问片外程序存储器。

访问片外存储器时，地址低 8 位经 P0 口送出，并在 ALE 控制下由外部锁存器锁存后送给存储器；高 8 位地址数据经 P2 口直接输出。当外部程序存储器选通信号 $\overline{PSEN}$ 有效时，所选中的单元内容送上数据总线，并读入 CPU。

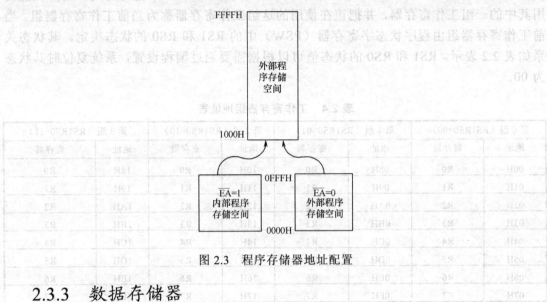

图 2.3　程序存储器地址配置

2.3.3　数据存储器

51 单片机数据存储器分为片内数据存储器和片外数据存储器，两块存储器寻址相互独立，其结构如图 2.4 所示。片外数据存储器（也称外部数据存储器）属性完全相同，没有特殊功能定义，最多可扩展 64KB，地址从 0000H～FFFFH。片外数据存储器访问只能用数据传送指令 "MOVX"。

单片机片内数据存储器（也称内部数据存储器或内部 RAM）有 128B，地址范围为 00H～7FH。除此以外，21 个特殊功能寄存器（用于对硬件的设置和控制）也设于片内，分布在 80H～FFH 地址范围内。与片外存储器访问相比，片内存储器的访问灵活多样。为了区别于片外存储器的数据传送指令，片内存储器的数据传送用 "MOV" 指令实现。内部数据存储器 128B 的属性和结构不尽相同，其可以划分为三个部分：工作寄存器区、位寻址区及通用数据区。片内存储器地址分配如图 2.5 所示。

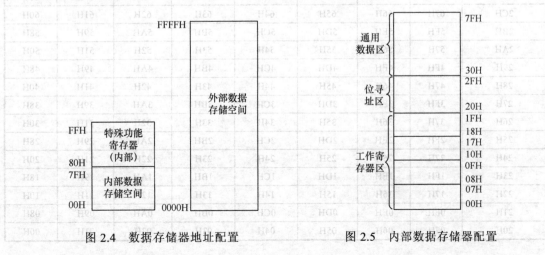

图 2.4　数据存储器地址配置　　　　　　　图 2.5　内部数据存储器配置

1. 工作寄存器区

内部存储器地址从 00H～1FH 的 32 个单元为工作寄存器区，其地址表如表 2.4 所示。该区分为 4 个工作寄存器组，每组有 8 个工作寄存器 R0～R7。任何时间，用户只能使用其中的一组工作寄存器，并把正在使用的这组工作寄存器称为当前工作寄存器组。当前工作寄存器组由程序状态字寄存器（PSW）中的 RS1 和 RS0 的状态决定，其状态关系如表 2.2 表示。RS1 和 RS0 的状态值可以根据需要通过编程设置，系统复位时其状态为 00。

表 2.4　工作寄存器组地址表

第 0 组（RS1RS0=00）		第 1 组（RS1RS0=01）		第 2 组（RS1RS0=10）		第 3 组（RS1RS0=11）	
地址	寄存器	地址	寄存器	地址	寄存器	地址	寄存器
00H	R0	08H	R0	10H	R0	18H	R0
01H	R1	09H	R1	11H	R1	19H	R1
02H	R2	0AH	R2	12H	R2	1AH	R2
03H	R3	0BH	R3	13H	R3	1BH	R3
04H	R4	0CH	R4	14H	R4	1CH	R4
05H	R5	0DH	R5	15H	R5	1DH	R5
06H	R6	0EH	R6	16H	R6	1EH	R6
07H	R7	0FH	R7	17H	R7	1FH	R7

2. 位寻址区

内部数据存储器的地址从 20H～2FH 的 16 字节既可以通过字节寻址来访问存储单元，也可以对存储单元中的每一位进行位寻址操作。位寻址范围从 00H～7FH，共 128 位。位寻址区的位地址分配如表 2.5 所示。

表 2.5　位寻址区的位地址

单元地址	位 地 址							
	D7	D6	D5	D4	D3	D2	D1	D0
2FH	7FH	7EH	7DH	7CH	7BH	7AH	79H	78H
2EH	77H	76H	75H	74H	73H	72H	71H	70H
2DH	6FH	6EH	6DH	6CH	6BH	6AH	69H	68H
2CH	67H	66H	65H	64H	63H	62H	61H	60H
2BH	5FH	5EH	5DH	5CH	5BH	5AH	59H	58H
2AH	57H	56H	55H	54H	53H	52H	51H	50H
29H	4FH	4EH	4DH	4CH	4BH	4AH	49H	48H
28H	47H	46H	45H	44H	43H	42H	41H	40H
27H	3FH	3EH	3DH	3CH	3BH	3AH	39H	38H
26H	37H	36H	35H	34H	33H	32H	31H	30H
25H	2FH	2EH	2DH	2CH	2BH	2AH	29H	28H
24H	27H	26H	25H	24H	23H	22H	21H	20H
23H	1FH	1EH	1DH	1CH	1BH	1AH	19H	18H
22H	17H	16H	15H	14H	13H	12H	11H	10H
21H	0FH	0EH	0DH	0CH	0BH	0AH	09H	08H
20H	07H	06H	05H	04H	03H	02H	01H	00H

　　51 单片机有一个位处理器，它拥有自己的位累加器（CY）、位地址空间和位操作指令。其中位地址空间除了上述 128 位以外还有能够进行位寻址的 11 个特殊功能寄存器中的 88 位。

3．通用数据区

　　通用数据区又称为用户 RAM 区，地址范围为 30H~7FH，共 80 个单元。该区一般用于用户数据的暂存及堆栈区的使用。

2.3.4　特殊功能寄存器区

　　51 单片机把除程序计数器和 4 组工作寄存器以外的其他所有寄存器都称为特殊功能寄存器（SFR，Special Function Register）。SFR 的地址范围为 80H~FFH，理论上可配置 128 字节，但多数机型只配置了 21 个，离散地分布在 80H~FFH 的内部数据存储器地址空间范围内，其分布如表 2.6 所示。未被使用的单元为后续的扩充留下余地。

表 2.6　51 单片机 SFR 分布表

F8H									FFH
F0H	B								F7H
E8H									EFH
E0H	ACC								E7H
D8H									DFH
D0H	PSW								D7H
C8H									CFH
C0H									C7H
B8H	IP								BFH
B0H	P3								B7H
A8H	IE								AFH
A0H	P2								A7H
98H	SCON	SBUF							9FH
90H	P1								97H
88H	TCON	TMOD	TL0	TL1	TH0	TH1			8FH
80H	P0	SP	DPL	DPH				PCON	87H

　　特殊功能寄存器可以分为两类：一类用于芯片内部功能控制，如定时器/计数器功能控制、串行口控制、堆栈控制等；另一类则是用于 I/O 口，即 P0~P3 口。凡是字节地址低位为 8H 或者 0H 的特殊功能寄存器，其寻址既可以进行字节寻址也可以进行位寻址。特殊功能寄存器如表 2.7 所示。

表 2.7　51 单片机特殊功能寄存器表

标 示 符 号	寄存器名称	地　　址	复 位 值	可位寻址
B	乘除运算寄存器	F0H	00H	√
ACC	累加器	E0H	00H	√
PSW	程序状态字	D0H	00H	√

（续表）

标示符号	寄存器名称	地 址	复 位 值	可位寻址
P3	P3 口锁存器	B0H	FFH	√
P2	P2 口锁存器	A0H	FFH	√
P1	P1 口锁存器	90H	FFH	√
P0	P0 口锁存器	80H	FFH	√
IP	中断优先级寄存器	D8H	×××00000B	√
IE	中断允许寄存器	A8H	0××00000B	√
SCON	串行口控制寄存器	98H	00H	√
TCON	定时器控制寄存器	88H	00H	√
SP	堆栈指针	81H	07H	
DPL	数据指针（DPTR）低 8 位	82H	00H	
DPH	数据指针（DPTR）高 8 位	83H	00H	
PCON	电源控制寄存器	87H	0×××0000B	
TMOD	定时器工作方式寄存器	89H	00H	
TL0	T0 计数器低 8 位	8AH	00H	
TH0	T0 计数器高 8 位	8CH	00H	
TL1	T1 计数器低 8 位	8BH	00H	
TH1	T1 计数器高 8 位	8DH	00H	
SBUF	串行口数据缓冲寄存器	99H	××××××××B	

2.4 51 单片机并行接口结构

51 单片机内部设有 4 个 8 位双向并行接口 P0～P3。该接口是单片机与外界信息传递和交流的重要通道。每个端口都可以用作通用 I/O 口，由于受到引脚数量的限制，多数端口具有第二或第三功能。本节将详细介绍 4 个并行接口的结构、工作原理、功能特点及使用注意事项等。

2.4.1 P0 三态双向口

P0 端口为 8 位三态双向 I/O 口，其位结构图如图 2.6 所示。由图可知，P0 口由一个输出锁存器、两个输入缓冲器、一个切换开关、一个输出驱动和输出控制电路组成。其中输出驱动和控制电路由一个非门、一个与门及两个场效应管构成。由于反相器的存在，两个场效应管构成推拉式结构，当 V0 导通时，V1 就截止；当 V1 导通时，V0 截止。输出锁存器由 D 触发器形成，实现输出数据的锁存。两个输入缓冲器中，一个用于读引脚状态，另一个用于读锁存器数据。P0 口在实际应用时既可以用作通用 I/O 口使用，也可以用作地址/数据总线复用，两种功能使用的区分由多路开关控制。下面详细介绍这两种用途的工作原理。

1. 作为通用 I/O 口使用

P0 口作为通用 I/O 端口使用时，多路开关的控制端为 0，多路开关的控制信号一方面使锁存器的 $\overline{Q}$ 输出与端口线接通，另一方面封锁与门使其输出低电平，从而使场效应管 V0 截止，输出端变为漏极开路结构。

当 P0 口作为输出口时，内部数据总线状态在写锁存器信号 CL 有效的情况下写入锁存器，锁存器 Q 端状态经多路开关和漏极开路的 V1 管输出到引脚。需要注意的是，当驱动 NMOS 电路负载时，需要外接上拉电阻。P0 口能驱动 8 个 LSTTL 负载。

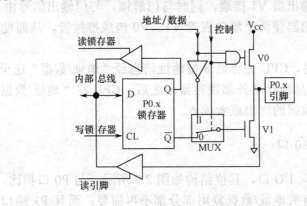

图 2.6　P0 口位结构

当 P0 口作为输入口时，有两种情况：读引脚和读锁存器。当读引脚操作时，需保证锁存器为"1"状态，从而使 V1 管截止，P0 口为高阻态。然后，读引脚的三态缓冲器的控制端有效，引脚信息数据通过内部数据总线送入 CPU。当读锁存器操作时，读锁存器三态缓冲器控制端有效，锁存器内的数据经三态缓冲器送入内部数据总线，完成锁存器的读操作。

51 单片机单纯的读端口操作多为读引脚操作。但有时需要在原端口输出状态的基础上进行改写，此类操作则需要先读入原状态，即锁存器的内容，之后进行运算并将结果重新写入，即所谓的"读—修改—写入"操作。例如，将端口的状态向左移位，或者将端口锁存的数据加 1 等，都需要先将锁存器原状态读入，再进行移位或者加 1 操作，之后再写入锁存器。能够实现"读—修改—写入"操作的指令如表 2.8 所示。

表 2.8　"读—修改—写入"功能指令表

指　　令	指　令　功　能	举　　例
ANL	逻辑与	ANL P2,A
ORL	逻辑或	ORL P1,A
XRL	逻辑异或	ORL P3,A
CPL	位取反	CPL P1.1
INC	加 1	INC P1
DEC	减 1	DEC P1
JBC	当寻址位＝1 时，跳转并清零该位	JBC P2.2,label
DJNZ	端口内容减 1，不等于 0 转移	DJNZ P1,label
CLR PX.Z	端口位清零	CLR P1.2
SETB PX.Z	端口位置 1	SETB P1.2
MOV PX.Z,C	把进位内容送 PX 端口 Z 位	MOV P1.2,C

上述指令中最后三条的操作是先将 8 位端口状态一次性读入，之后修改相应位，然

后再将修改完的结果连同其他 7 位再写入锁存器，也属于"读—修改—写入"操作。

2. 作为地址/数据复用口使用

在访问外部存储器时，P0 口将作为地址/数据复用口使用。此时，控制端为高电平，多路开关将使反相器和输出级 V1 接通，同时与门解锁，与门输出信号由"地址/数据"信号电平决定。由于反相器使两个场效应管 V1、V0 构成推拉管，从而使"地址/数据"状态直接送至输出引脚。

在访问外部存储器时，CPU 先将低 8 位地址信息经"地址/数据"送至输出引脚，之后发 ALE 脉冲使地址信息锁存至外部锁存器。之后，CPU 将"地址/数据"引线与内部数据总线接通，以实现数据的送出或者读入。

2.4.2　P1 准双向口

P1 端口为 8 位准双向 I/O 口，其位结构如图 2.7 所示。与 P0 口相比，由于 P1 口只作通用 I/O 接口，所以有关地址/数据复用部分都不再需要，而且 P1 端口用内部上拉电阻 R 代替了 P0 端口的场效应管 V0。

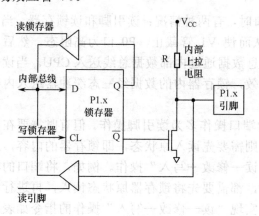

图 2.7　P1 口位结构

P1 口输入/输出过程与 P0 口类似，在此不再赘述。由于 P1 口内部带有上拉电阻，使其输入时引脚并非高阻状态，所以称为准双向口。

P1 口做输入时，可被任何 MOS 电路和 TTL 电路所驱动。当被集电极开路和漏极开路电路驱动时，因内部具有上拉电阻，故不需再外加上拉电阻。P1 口可驱动 4 个 LSTTL 门电路。

2.4.3　P2 准双向口

P2 端口也是一个 8 位准双向口，其位结构如图 2.8 所示。P2 口不仅用作通用 I/O 口，而且在访问外部存储器时经该端口送出高 8 位地址，多路转换开关用于通用 I/O 功能和地址总线功能的转换。

1. 通用 I/O 功能

P2 口作为输出端口时，多路开关将锁存器与反相器接通，锁存器状态经反相器和场效应管两次反相后输出到端口引脚。P2 口作为输入端时，因是准双向口，故需锁存器锁存高电平，使场效应管关断，为输入正确信号做准备。P2 口同样有读引脚和读锁存器之分，其过程与 P0 口、P1 口作为通用口的输入过程类似。P2 口 V1 管漏极带有内部上拉电阻，可驱动 4 个 LSTTL 门电路。

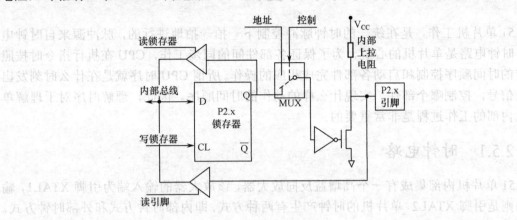

图 2.8　P2 口位结构

2．地址总线功能

P2 口作为地址总线时，多路开关将地址输出线与反相器接通，地址信号经反相器和场效应管两次反相后输出到端口引脚上。与 P0 口不同的是，P2 口只输出高 8 位地址，无分时复用。

2.4.4　P3 多功能口

P3 口是一个 8 位多功能准双向口，除了可以作为通用 I/O 口外，每一位都具有第二功能。P3 口位结构如图 2.9 所示。

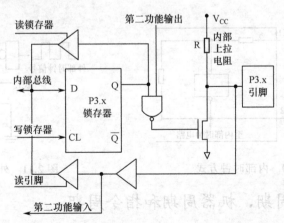

图 2.9　P3 口位结构

P3 口用于通用 I/O 口功能时，第二功能输出线电平为高，此时，工作过程和 P1 端口相同。当处于第二功能输出时，锁存器需锁存 1，第二功能输出信号经与非门和场效应管两次反向后输出至端口线。第二功能输入时，端口线上的信号经缓冲器送入 CPU

第二功能输入端。由于读引脚信号无效，引脚信号与内部数据总线被三态缓冲器隔离。第二功能的定义参见表 2.3。P3 口可以驱动 4 个 LSTTL 门电路负载。

2.5　51 单片机的时序与复位

51 单片机工作，是在统一的时钟脉冲控制下一拍一拍地进行的，脉冲源来自时钟电路。时钟电路是单片机的心脏，为了保证各部件间的同步工作，CPU 在执行指令时按照一定的时间顺序控制和启动各部件完成相应的操作。所谓 CPU 时序就是在什么时刻发出什么信号，控制哪个部件，实现什么样的动作的时间顺序。因此，理解时序对于理解单片机内部的工作过程是非常重要的。

2.5.1　时钟电路

51 单片机内部集成有一个高增益反向放大器，该放大器的输入端为引脚 XTAL1，输出端则是引脚 XTAL2。单片机的时钟产生有两种方式，即内部时钟方式和外部时钟方式。

内部时钟方式时，引脚 XTAL1（19 脚）和 XTAL2（18 脚）两端接石英晶体（或陶瓷谐振器）和微调电容，构成自激振荡器，振荡器发出的脉冲直接送入内部时钟电路，电路如图 2.10 所示。需要注意的是，外接电容 C1 和 C2 电容值的大小会轻微影响振荡器的频率和稳定性及起振，所以电容值大小的选择要慎重。如果选石英晶体，建议电容值为 20～40pF；若使用陶瓷谐振器，则建议电容值为 30～50pF。为了减小寄生电容，保证振荡器稳定、可靠地工作，振荡器和电容应尽可能安装在单片机芯片附近。

外部时钟方式电路非常简单，只需将外部时钟信号接到 XTAL1 即可，XTAL2 悬空。因内部时钟发生器的信号取自反相器的输入端，所以在外部时钟源与 XTAL1 引脚之间接一个非门电路，电路原理如图 2.11 所示。外接时钟信号通过一个二分频的触发器作为内部时钟信号，因此对外部时钟信号的占空比没有特殊要求，一般要求高、低电平的持续时间应大于 20ns。

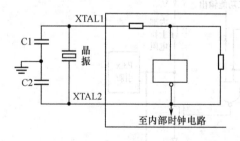
　　　　　图 2.10　内部时钟方式　　　　　

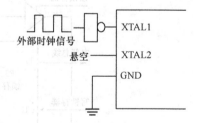
图 2.11　外部时钟方式

2.5.2　时钟周期、机器周期和指令周期

为了便于对 CPU 时序进行分析，单片机系统按照指令的执行过程定义了三种周期：时钟周期、机器周期和指令周期。

1. 时钟周期

时钟周期又称振荡周期，它是单片机外接晶振频率的倒数，是单片机中最基本、最小的时间单位。一个时钟周期定义为一个节拍 P，两个节拍又定义为一个状态周期 S。

2．机器周期

51 单片机把一条指令的执行过程划分为若干个阶段，每一个阶段完成一个基本操作，将完成一个基本操作所需要的时间称为机器周期。一个机器周期等于 12 个时钟周期，6 个状态（S1～S6），1 个状态即 2 个节拍。所以一个机器周期可以表示为 S1P1，S1P2，…，S6P2。

3．指令周期

指令周期是执行一条指令所占用的时间，通常由若干个机器周期组成。指令不同，所需的机器周期数也不同，在 51 单片机指令系统中，一个指令周期有单机器周期、双机器周期和四机器周期之分。

时钟周期、机器周期和指令周期之间的关系如图 2.12 所示。如果外接石英晶体的谐振频率为 12MHz，则时钟周期＝1/12μs；机器周期＝1μs；指令周期在 1～4μs 之间。

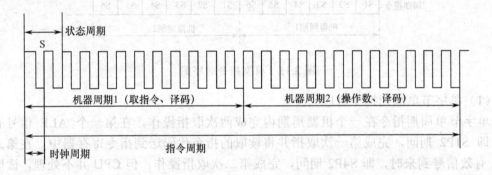

图 2.12　时钟周期、机器周期和指令周期关系图

2.5.3　CPU 时序

计算机的指令是以机器码的形式存放在程序存储器中的。不同种类的指令，其机器码的长度不一样。51 单片机指令系统中有单字节指令、双字节指令和三字节指令。在指令的机器码中，用于指定指令操作的代码部分称为操作码，用于指定被操作数据的部分称为操作数。不同的指令、不同的寻址方式，其操作码和操作数部分的长短也不一样，有的占几位，有的占一个或两个字节。每类指令的执行时间也不同，要占用 1 个或几个机器周期。从时序上讲，51 单片机将指令分为单字节单周期指令、单字节双周期指令、双字节单周期指令、双字节双周期指令、三字节双周期指令、单字节四周期指令。这里周期指的是机器周期。

1．指令执行时序

51 单片机的指令执行过程分为读取指令代码（简称取指）和执行指令两个阶段。取指阶段，CPU 从 ROM 中读取指令代码，在执行阶段实现指令功能。ALE 脉冲是地址锁存信号，高电平选通，低电平锁存，其周期是时钟周期的 6 倍。每个机器周期中 ALE 信号两次有效，第一次在 S1P2 和 S2P1 期间，第二次在 S4P2 和 S5P1 期间，有效宽度（高电平）为一个 S 状态。ALE 信号每出现一次，CPU 就会完成一次取指操作，但不同指令对读入的指令代码的处理方式不一样。各类指令取指及执行的时序如图 2.13 所示。

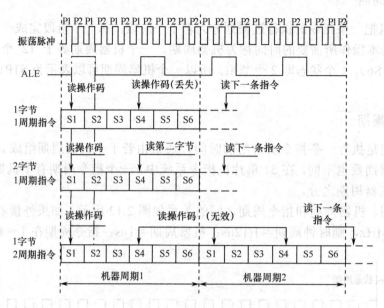

图 2.13　典型指令时序图

（1）单字节单周期指令时序

单字节单周期指令在一个机器周期内完成两次取指操作，在第一个 ALE 信号有效时，即 S1P2 期间，完成第一次取指并将读取的指令代码送到指令寄存器中。在第二个 ALE 有效信号到来时，即 S4P2 期间，完成第二次取指操作，但 CPU 并不处理，读取的指令代码被舍弃，本次取指属于一次无效的读操作，程序计数器（PC）并不加 1。

（2）双字节单周期指令时序

双字节单周期指令的第一个字节为指令的操作码，第二个字节为指令的操作数。此类指令取指加执行时间只需一个机器周期。在此机器周期中，两次取指都是有效的。第一个 ALE 信号有效时读入操作码，第二个 ALE 信号有效时读入操作数，之后开始执行指令操作。指令在本周期 S6P2 期间执行完毕。

（3）单字节双周期指令时序

该类指令执行需要两个机器周期，共进行四次取指操作，但只有第一次取指操作有效，后三次取指为假读。指令在第二个周期的 S6P2 期间执行。

MOVX 类指令属单字节双周期指令。该类指令执行过程中要对外部存储器进行访问，访问期间要送出被访问的存储器地址。指令代码读入后，在第一周期的 S5 期间输出外部数据存储器地址，第一周期的 S6 到第二周期的 S3 期间进行数据传输。在数据传输期间，ALE 有效信号被封锁。该指令时序参见图 2.15。

2．外部程序存储器读时序

在访问外部程序存储器时，P0 口首先送出低 8 位地址，P2 口提供高 8 位地址。由于低 8 位地址仅维持约一个状态周期，之后 P0 口要读入指令代码，所以需在 ALE 再次无效时将 P0 口送出的低 8 位地址锁存到外部锁存器。由于高 8 位地址在整个取指过程中都是有效的，所以无须锁存。

外部程序存储器读时序如图 2.14 所示。每个周期的 S1P2 期间 ALE 信号有效，P0 口和 P2 口分别送出地址的低 8 位和高 8 位。在 S2P2 时 ALE 无效，S3P1 时 $\overline{\text{PSEN}}$ 开始有效（低电平），选通片外 ROM，指令代码经 P0 口从选中的 ROM 单元读入 CPU，S4P2 时 $\overline{\text{PSEN}}$ 无效，之后进入第二个取指令操作，其过程与第一个相同。

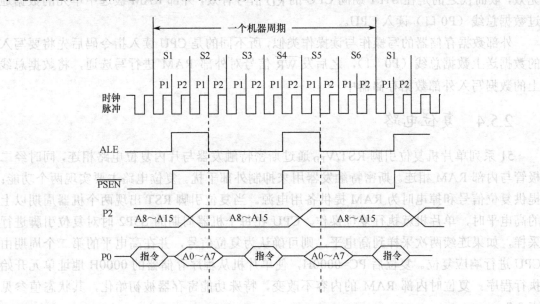

图 2.14　外部程序存储器读时序

3. 外部数据存储器读时序

与访问外部程序存储器类似，访问外部数据存储器时 P0 口仍用作低 8 位地址和数据总线，P2 口提供高 8 位地址。但不同的是，访问数据存储器用 $\overline{\text{RD}}$ 或 $\overline{\text{WR}}$ 选通。外部数据存储器读时序如图 2.15 所示。

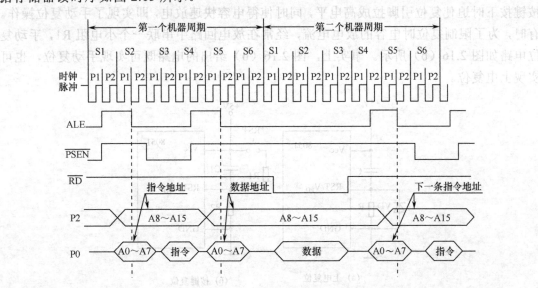

图 2.15　外部数据存储器读时序

进行外部数据存储器读操作时，第一个机器周期的第一个 ALE 有效时进行取指操作，从程序存储器中读取指令码，第一个机器周期的第二个 ALE 有效时，P0 口和 P2 口分别送出被访问的外部数据存储器地址的低 8 位和高 8 位。由于接下来 CPU 将要读入数据存储器的内容，所以第二个机器周期的第一个 ALE 将被封锁。数据传送过程中 $\overline{\text{PSEN}}$ 无效，取而代之的是在 S1P1 期间 CPU 的 $\overline{\text{RD}}$ 信号有效，外部 RAM 被选中单元的数据通过数据总线（P0 口）读入 CPU。

外部数据存储器的写操作与读操作类似，所不同的是 CPU 读入指令码后先将要写入的数据送上数据总线（P0 口），之后发 $\overline{\text{WR}}$ 信号对外部 RAM 进行写选通，将数据总线上的数据写入外部数据存储器中。

2.5.4　复位电路

51 系列单片机复位引脚 RST/V$_{\text{PD}}$ 通过斯密特触发器与片内复位电路相连，同时经二极管与内部 RAM 相连。斯密特触发器用来抑制外部干扰。复位电路主要实现两个功能：提供复位信号和掉电时为 RAM 提供备用电源。当复位引脚 RST 出现两个机器周期以上的高电平时，单片机就执行复位操作。CPU 在每个机器周期的 S5P2 时对复位引脚进行采样，如果连续两次采样到高电平，则可确认为复位信号，并在高电平的第二个周期由 CPU 进行响应复位。复位后 PC=0000H，使单片机从程序存储器的 0000H 地址单元开始执行程序。复位时内部 RAM 的内容不改变，特殊功能寄存器被初始化，其状态值参见表 2.7。

单片机常用的复位电路主要有上电自动复位和按键手动复位两种，其电路原理如图 2.16 所示。上电复位方式是利用 RC 充电实现的，如图 2.16（a）所示。由于上电瞬间电容两端的电压为 0，复位引脚电位为高电平，之后电容开始充电。随着电容两端电压的上升，复位引脚电位逐渐变低。只要电阻 R 和电容 C 使电容充电时间能够保证 RST 端维持两个机器周期以上的高电平就能实现可靠复位。如果在电容两端并联一个按键，在按键按下时迫使复位引脚拉成高电平，同时使得电容快速放电，即实现了手动复位操作。有时，为了限制复位时电容放电电流，经常在放电回路中串联一个小电阻 R1，手动复位电路如图 2.16（b）所示。事实上，图 2.16（b）给出的电路既可实现手动复位，也可实现上电复位。

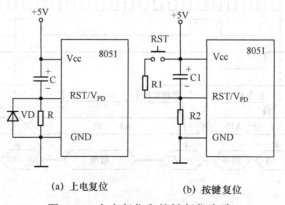

(a) 上电复位　　　　　　　　(b) 按键复位

图 2.16　上电复位和按键复位电路

习题与思考题

2-1　51 单片机内部有哪些主要部件？

2-2　51 单片机中央处理器的运算器和控制器由哪些部分组成？

2-3　51 单片机程序状态字的功能是什么？每位是如何定义的？

2-4　简述 $\overline{RD}$、$\overline{WR}$、$\overline{PSEN}$ 引脚的功能。

2-5　51 单片机存储器从物理结构上可分为哪几个存储空间？各个存储空间的地址范围如何？如何区分不同空间的寻址？

2-6　简述 51 单片机的片内 128 字节 RAM 的空间分配，并说明各部分特点和功能。

2-7　51 单片机可以进行位寻址的空间有多少位？哪些特殊功能寄存器可以位寻址？它们的字节地址是什么？

2-8　什么叫准双向口？在 51 单片机 4 个并行端口中哪些端口是准双向口？P0～P3 各自驱动能力如何？

2-9　在作为端口使用时，P0 口和其他端口有何区别？

2-10　简述 51 单片机的时钟周期、机器周期、指令周期概念及三者的关系。

2-11　简述 51 单片机在访问外部程序存储器时的时序。

2-12　简述单片机访问外部数据存储器时的时序。

2-13　51 单片机常用复位电路主要有哪两种？如何保证可靠复位？复位后，片内各寄存器状态如何？

第 3 章　51 系列单片机的指令系统

计算机指令是程序员用于指挥计算机工作的直接手段，我们将计算机所有指令的集合称为指令系统（Instruction Set）。指令系统是考察计算机性能的一个重要参考，指令系统的功能强大与否直接影响到程序的代码效率。51 系列单片机指令系统是一种效率较高的指令系统，包含数据传送、算术运算、逻辑运算、控制转移、位操作共 111 条指令。用户可以通过立即寻址、寄存器寻址、寄存器间接寻址、直接寻址、变址寻址、相对寻址、位寻址 7 种寻址方式进行编程。

3.1　计算机编程语言概述

计算机硬件是信息和操作的载体，计算机软件是计算机的灵魂，而完成计算机软件编制任务的则是各种计算机语言，所以指挥和操作计算机必须通过计算机语言来完成。计算机语言从其结构形式上可分为机器语言、汇编语言和高级语言。

1．机器语言

机器语言是指用二进制代码表示的机器指令。机器语言是 CPU 可以直接识别的语言，在执行时将机器指令送入 CPU 的指令译码器即可翻译执行其相应的功能操作。由于机器语言用二进制代码表示，所以用机器语言编写程序时，编程人员要熟记所用计算机的指令代码和代码的含义。由机器语言编出的程序直观性和可读性差，容易出错，所以现在除了计算机生产厂家的专业人员外，程序员已经不再去学习机器语言了。

2．汇编语言

尽管机器语言有很多弊端，但是它是 CPU 唯一能识别的语言，无论用何种语言编写的程序最终都要变成机器语言送给 CPU 执行，所以机器语言是底层的语言。为了克服机器语言难读、难写、难记的缺点，人们用称之为助记符（Mnemonic）的英文缩写词代表指令的操作，用字母和数字代表指令的操作数据，这就是汇编语言。由于汇编语言指令与机器指令代码一一对应，所以汇编语言可以理解为用符号书写的机器语言。由于用符号代替了机器指令代码，使指令的记忆和程序的读写变得十分容易。但是，汇编语言在执行之前必须将其翻译成与之对应的机器指令代码，之后方可送入计算机执行。我们将汇编语言的翻译过程称为汇编（Assembling），用于完成翻译工作的程序称为汇编程序。

3．高级语言

不论是机器语言还是汇编语言都是面向硬件直接操作的，不同型号 CPU 的汇编语言是不能通用的。语言对机器的过分依赖致使编程者必须对硬件结构及其工作原理都十分熟悉，这对非计算机专业人员是难以做到的。随着计算机事业的发展，促使人们去寻求一些与人类自然语言相接近且能为计算机所接受的语意确定、规则明确、自然直观且通用易学的计算机语言。这种与人类自然语言相近，并能为计算机所接受和执行的语言称为高级语言。高级语言是面向用户的语言。无论何种类型的计算机，只要配备上相应的高级语言的编译或解释程序，则用该种语言编写的程序就可运行。目前被广泛使用的高级语言有 BASIC、C、VC、VB 及 Java、C#和各种数据库语言等。程序员用这些语言编写的程序称为源程序，源程序一般都是文本文件，计算机并不能直接执行。所以，要执行高级语言源程序必须通过"翻译程序"将高级语言源程序翻译成机器语言形式的目标程序，计算机才能识别和执行。这种"翻译"称为编译或解释（在线翻译）。

3.2 51 单片机指令系统的基础

3.2.1 指令系统的分类

51 系列单片机指令系统一般有以下几种不同的分类方法。

按指令所占字节数分类有单字节指令、双字节指令、三字节指令。

按指令执行的时间分类有单周期指令、双周期指令、四周期指令。

按指令的功能分为数据传送类指令、算术运算类指令、逻辑运算类指令、控制转移类指令、位操作类指令。

3.2.2 指令的格式

51 系列单片机汇编语言指令行由标号、操作码、操作数和注释四个字段组成，格式如下。

[标号：] 操作码 [目的操作数] [，源操作数] [；注释]

一个语句行中，每个字段之间要用分隔符分开，且字段内部不能使用分隔符。可以作为分隔符的符号有空格、冒号、逗号、分号等。注意，上述指令格式的表述中使用了选择符号"[ ]"，此符号的含义是括号中包含的内容因指令的不同可能有也可能没有。下面将各字段的内容介绍如下。

1．标号（Label）

标号是本条指令的符号地址，编写程序时可根据需要来设置。通常在程序入口或转移指令的目标地址处才赋予标号。标号由 1～8 个字符组成，第一个字符必须是英文字母，不能是数字或其他字符；后续字符可以是数字或字母，也可以用下画线，但不能用运算符。标号后必须用冒号做分隔符。指令助记符、伪指令或寄存器名（统称保留字）不能用来作标号。标号定义了其后指令的第一字节的地址。

2．操作码（Operation Code）

操作码即是指令助记符，是指令行的核心部分。操作码用于规定指令的功能，指示机器执行何种操作，是指令行中的必选字段。如果指令行中没有操作码，则不是一个完整的指令行，汇编将无法通过。操作码与操作数之间用"空格"分隔。

3．操作数（Operand）

操作数是指令的操作对象。在 51 单片机指令系统中，有些指令为单操作数，有些为双操作数，有些指令的操作数没有直接给出，而是隐含的。双操作数中用于保留操作结果的称为目的操作数，另一个称为源操作数，它们之间用"逗号"分隔。操作数可以是寄存器或者内存，也可以是一个具体的数据。

4．注释（Comments）

注释是对本条或本段指令功能的解释说明，用于提高程序的可读性。注释字段以"；"开始，是语句行的最后一个字段。事实上，汇编程序（翻译程序）一旦遇到分号，即认为后面是注释，其内容就不进行翻译了。

【例 3-1】传送指令是程序中出现频率最高的指令，其助记符为 MOV。如果将寄存器 B 中的内容传送给累加器 A，可用如下指令来完成：

```
MOV  A ，  B  ；将寄存器 B 中的内容传送给累加器 A。
```

说明：在上例中，MOV 称为指令助记符，A 称为目的操作数，B 称为源操作数，指令的功能是将寄存器 B 中的内容复制到累加器 A 中。

3.2.3　常用的描述符号

为了方便指令的描述，本书中的一些符号有着规定的含义，具体表示如下：

Rn（*n*=0~7）——当前工作寄存器组中寄存器 R0~R7 之一。

Ri（*i*=0，1）——当前工作寄存器组中的寄存器 R0 或 R1。

@——间址寻址寄存器前缀。

#data——8 位立即数。

#data16——16 位立即数。

direct——片内低 128 个 RAM 单元地址及 SFR 地址。

addr11——11 位目的地址。

addr16——16 位目的地址。

rel——8 位地址偏移量，范围为−128~＋127。

bit——片内 RAM 位地址或 SFR 位地址。

（direct）——内存地址中的内容。

（Rn）——Rn 中的内容。

（（Ri））——以 Ri 的内容作为内存地址的内存单元中的内容。

3.3　51 单片机指令的寻址方式

对于一条指令来讲，操作数是指令的重要组成部分，它给出了被操作数据的位置。如何寻找操作数所在位置称为寻址方式（Addressing Mode）。从指令机器代码的角度讲，寻址方式即是用操作数字段来指明被操作的数据，这一字段可能代表的是数据的内存地址，也可能代表的是寄存器的编码，也可能就是一个常数值。指令系统的寻址方式是否灵活方便是衡量一个指令系统好坏的重要指标。指令执行时，首先根据指令提供的寻址方式找到操作数，之后再执行操作，最后将运算结果按照指定的寻址方式送到目的地址。因此，掌握寻址方式是正确理解和灵活运用指令的前提。51 指令系统有立即寻址、直接寻址、寄存器寻址、寄存器间接寻址、变址寻址、相对寻址、位寻址和寄存器隐含寻址共 8 种寻址方式，下面分别介绍。

3.3.1　立即寻址

所谓立即寻址，即是将常数作为被操作的数据直接包含在指令机器码中。由于操作数可以立即得到，故称为立即寻址，该数据称为立即数。在 51 系列单片机汇编语言中，立即数前面冠以符号"#"，以区别内存地址。立即数可以是 8 位或 16 位数据。

【例 3-2】试将立即数 60H 传送到累加器 A 中。指令为：

```
MOV A, #60H
```

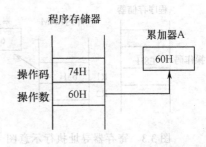

说明：该指令的操作是将源操作数#60H 传送到目的操作数 A 中。指令执行完毕后，累加器的内容为 60H，累加器原有内容被覆盖。指令的源操作数的寻址方式为立即寻址。该条指令的机器码为 74H 60H，我们也称 74H 为操作码，60H 为操作数。该指令在存储器中的存放形式如图 3.1 所示，指令执行时，将操作码 74H 取到指令寄存器并送入指令译码器中执行，所执行的操作即是将下一个字节中的内容 60H 送给累加器 A。请注意，指令的第一个字节总是被送到指令译码器中去执行的。我们将 74H 和 60H 统称为机器码。

图 3.1　立即寻址执行示意图

3.3.2　直接寻址

直接寻址方式是对内部存储器的操作，而内存地址在指令机器码中直接给出。直接寻址方式可访问的存储器空间包括片内 RAM 和特殊功能寄存器，外部存储器访问没有此种寻址方式。

【例 3-3】已知：(30H)=56H，即内存单元 30H 中存放的数据为 56H，试将 30H 单元中的内容传送到累加器 A 中。执行指令：

```
MOV A, 30H
```

说明：本条指令的操作是将片内存储器 30H 中的内容取到累加器中，即(A)←(30H)。该指令的机器码为 E5H 30H，E5H 为操作码。指令执行时，先将 E5H 取到指令寄存器并送到指令译码器中翻译执行，指令译码之后会取出下一个字节作为片内存储器地址，再从该地址单元中取出内容送入累加器 A。该条指令源操作数的寻址方式为直接寻址，指令机器码的存储和指令执行过程示意图如图 3.2 所示。

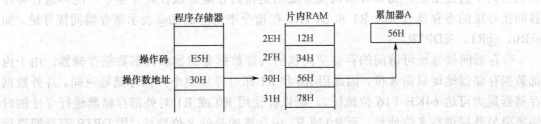

图 3.2　直接寻址执行示意图

3.3.3　寄存器寻址

以寄存器为操作数的寻址方式称为寄存器寻址。寄存器指当前工作寄存器组 R0～R7 中的一个。直接寻址和寄存器寻址的差别在于直接寻址在机器码中给出的是操作数所在的地址，寄存器寻址则是将寄存器以编码的形式在机器码中给出。寄存器寻址的速度比直接寻址要快。除上面所指的几个寄存器外，其他特殊功能寄存器一律为直接寻址。

【例 3-4】已知：（R1）=65H，试将寄存器 R1 中的内容传送到累加器 A 中。执行指令：

```
MOV   A,   R1
```

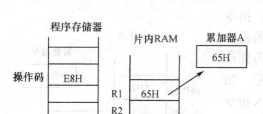

图 3.3　寄存器寻址执行示意图

说明：该指令功能是将当前工作寄存器组中 R1 的内容传送给累加器 A。源操作数寻址方式为寄存器寻址。指令的机器码为 E8H。指令执行过程示意图如图 3.3 所示。

事实上，该机器码如果稍加改变即可对应一组指令。如果将该条指令的源操作数换为 R0～R7，则所对应的机器码为 E8～EFH，参见表 3.1。该组机器码的最后三位即是寄存器 R0～R7 的编码，这 3 位的二进制数值刚好是 0～7。

表 3.1　MOV A，Rn 机器码

助　记　符	机器码（十六进制）	机器码（二进制）
MOV　A，R0	E8H	1110 1000
MOV　A，R1	E9H	1110 1001
MOV　A，R2	EAH	1110 1010
MOV　A，R3	EBH	1110 1011
MOV　A，R4	ECH	1110 1100
MOV　A，R5	EDH	1110 1101
MOV　A，R6	EEH	1110 1110
MOV　A，R7	EFH	1110 1111

3.3.4　寄存器间接寻址

直接寻址和寄存器间接寻址都是对内存访问的寻址方式。在直接寻址中，内存地址在机器码中直接给出，而寄存器间接寻址则是将内存地址放在寄存器中。能够进行寄存器间接寻址的寄存器有 R0、R1 和 DPTR，在指令中用前面加@表示寄存器间接寻址，如@R0、@R1、@DPTR。

寄存器间接寻址可访问的存储空间包括内部数据存储器和外部数据存储器。由于内部数据存储器地址只需 8 位，因此用 R0 和 R1 即可寻址整个片内存储器空间。片外数据存储器最大可达 64KB（16 位地址），所以在使用 R0 或 R1 对外部存储器进行寻址的时候需要另外提供高 8 位地址，而 R0 或 R1 中存放的是低 8 位地址。用 DPTR 寄存器进行寄存器间接寻址时只能对片外存储器进行访问。由于 DPTR 为 16 位，所以无须外加寄存器即可完成片外存储器寻址。51 单片机指令系统中对外部和对内部存储器的访问机器码不同，指令的助记符也有区别。

内部存储器访问用 MOV 类指令，而外部存储器访问用 MOVX 指令。值得一提的是，51 单片机外部存储器访问只能用寄存器间接寻址，没有其他寻址方式可用。

【例 3-5】已知：（R1）=65H，（65H）=33H，试将 65H 中的内容传送到累加器 A 中。执行指令：

```
MOV    A，@R1
```

说明：本条指令以 R1 中的内容 65H 为内部存储器地址，将其中的内容 33H 传送到累加器 A 中，即(A)←((R1))。本条指令的机器码为 E6H。

执行结果：（A）=33H，R1 中的内容和存储器 65H 中的内容不变。指令执行示意图如图 3.4 所示。

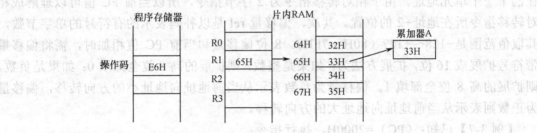

图 3.4　寄存器间接寻址执行示意图

仔细分析直接和间接两种寻址方式可以发现，直接寻址将地址直接放在机器码中，该条指令只能访问指定的内存地址，而间接寻址将地址放在寄存器中，如果在程序中能够改变寄存器内容，则该条指令就可以访问不同的内存地址。所以经常将间接寻址寄存器称为地址指针，改变该寄存器称为改变指针。在循环程序中，经常使用指针加 1 或减 1 指令来完成顺序内存的访问。

3.3.5　变址寻址

将寄存器 DPTR 或 PC 中的内容与累加器 A 中的内容相加（无符号加法）后形成的存储器地址的寻址方式称为变址寻址。变址寻址只能对程序存储器中存放的数据进行读操作，在指令 MOVC 中使用。变址寻址中，把程序计数器（PC）或数据指针 DPTR 称为基址寄存器，把累加器 A 称为变址寄存器。这种寻址方式经常用于 ROM 的查表操作。

【例 3-6】已知：（A）=08H，（DPH）=20H，（DPL）=00H，即（DPTR）=2000H，（2008H）=66H，执行指令：

```
MOVC    A，@A+DPTR
```

说明：本条指令先将 DPTR 中的内容 2000H 和累加器 A 中的内容 08H 相加形成 16 位地址 2008H。然后以 2008H 作为外部数据存储器地址（将 2008H 送至地址总线），并将其中的内容取至累加器 A 中。本条指令的机

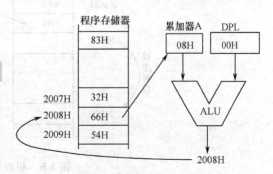

图 3.5　变址寻址执行示意图

器码为 83H，指令执行示意图如图 3.5 所示。指令执行前累加器 A=08H，执行后累加器 A=66H，其他内容不变。

3.3.6　相对寻址

相对寻址用于程序转移类指令。它以程序计数器（PC）的当前值作为基地址，加上指令中给出的一个字节相对偏移量 rel 形成目标地址后再送给 PC，CPU 从新地址开始执行程序。转移的目标地址可用如下公式表示：

目标地址=当前 PC 值+rel=转移指令首地址+指令的字节数+rel

进行相对寻址计算时要注意以下两点。首先，当前 PC 值指的是偏移量作为机器码被 CPU 读入后的 PC 值。由于 PC 的自动加 1 功能，偏移量读入后，PC 便指向偏移量所在的下一个单元地址。由于相对转移指令为 2 字节指令，所以当前 PC 值可以理解成相对转移指令所在地址+2 的位置。其次，偏移量 rel 是以补码表示的有符号的单字节数，其取值范围是−128～+127（80H～7FH）。8 位偏移量和当前 PC 值相加时，需将偏移量带符号扩展成 16 位，扩展方法为：如果是整数，则扩展的高 8 位全部填 0；如果是负数，则扩展的高 8 位全部填 1。偏移量为负数表示从当前地址向地址小的方向转移，偏移量为正数则表示从当前地址向地址大的方向转移。

【例 3-7】已知：（PC）=2000H，执行指令：

```
SJMP    50H
```

说明：这条指令机器码为两字节：80H50H。其中 80H 为操作码，50H 为偏移量。指令执行过程如图 3.6 所示。设指令所在地址为 2000H，即 80H 存放 2000H，50H 存放 2001H。指令执行时，PC 指向 2000H，将 80H 取出送至指令译码器翻译执行，同时 PC 自动加 1 指向 2001H 单元；指令翻译后有四个操作：第一，将 2001H 单元偏移量取出；第二，PC 自动加 1，指向 2002H 单元；第三，将取出的 50H 符号扩展后与当前 PC 值相加，即 2002H+0050H=2052H；第四，将 2052H 送给程序计数器（PC），将 PC 原来内容 2002H 覆盖。之后，程序转向 2052H 开始执行。如果偏移量为负数，如−12，则偏移量机器码为 F4H（−12 的补码），则在上述操作的第三步变为：2002H+FFF4H=1FF6H。之后，程序转向 1FF6H 开始执行。

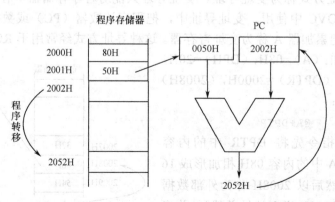

图 3.6　相对寻址执行示意图

3.3.7　位寻址

与直接寻址类似，位寻址在指令中直接给出操作数的位地址。在片内 RAM 中，位寻址区位于字节地址 20H～2FH，共 16 字节，128 位，位地址为 00H～7FH。在特殊功能寄存器（SFR）中，能被 8 整除的字节地址中的位也可进行寻址位，但习惯上常用符号表示，如 TI、RI、Cy 等。

【例 3-8】将位地址 00H 的内容传送到位累加器 C 中。指令为：

```
MOV  C,00H
```

说明：此条指令机器码为 A2H00H，第一字节 A2H 为操作码，第二字节为操作数位地址 00H。位地址 00H 位于内部存储器地址 20H 的最低位。该指令执行后，进位位 Cy，即 PSW.7 的内容为 1。指令执行示意图如图 3.7 所示。

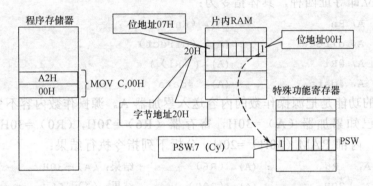

图 3.7　位寻址执行示意图

在位寻址方式中，寻址位在指令中有如下 4 种表示方法。

（1）直接使用位地址，例如：PSW.5 的位地址为 0D5H。

（2）位名称的符号的表示方法，例如：PSW.5 是 F0 标志位，可用符号 F0 表示该位。

（3）单元地址加位数的表示方法，例如：（0D0H）.5。

（4）特殊功能寄存器符号加位数的表示方法，例如：PSW.5。

3.3.8　寄存器隐含寻址

在指令系统中，有些指令只针对一个特定的寄存器进行操作，而不是一类，如有些指令的某一操作数只针对累加器 A、寄存器 B 或者数据指针（DPTR）。在这些指令的机器码中，没有显式地给出哪一字段用于指明寄存器。例如，指令 INC DPTR，该指令功能是将 DPTR 加 1，机器码为 A3H。A3H 没有规定哪一字段用于指明 DPTR。指令 MOV A，Rn，机器码为 E8H～EFH，其最低 3 位用于指明源操作数 Rn，但是整个机器码中没有用于指明目的操作数 A 的字段。通常将这种情况称为寄存器隐含寻址。指令系统中，对于累加器 A 和 DPTR 的指令多使用寄存器隐含寻址。

3.4　数据传送类指令

数据传送指令是 51 单片机指令系统中使用最频繁的指令，其功能是将源操作数传送到目的操作数，源操作数内容不变。数据传送操作可以在寄存器、内部数据存储器、外部数据存储器、程序存储器及特殊功能寄存器之间进行。

3.4.1 内部数据传送指令

内部数据传送指令是内部 RAM 之间及内部 RAM 与寄存器之间的数据传送，其指令助记符为 MOV，指令格式为：

MOV	目的操作数，	源操作数

源操作数和目的操作数有多种寻址方式，下面以目的操作数的不同进行分类介绍。

1. 以累加器 A 为目的操作数的 MOV 指令

以累加器 A 为目的操作数的 MOV 指令的源操作数有寄存器寻址、直接寻址、寄存器间接寻址和立即寻址四种，具体指令为：

```
MOV    A, Rn           ; (A)←(Rn)
MOV    A, direct       ; (A)←(direct)
MOV    A, @Ri          ; (A)←((Ri))
MOV    A, #data        ; (A)←#data
```

这组指令的功能是把源操作数的内容送入累加器 A。源操作数内容不变。

【例 3-9】已知累加器（A）=30H，寄存器（R6）=30H，（R0）=30H，内部 RAM（20H）=55H，内部 RAM（30H）=20H，分析下列指令执行结果：

```
MOV    A, R6           ; (A)←(R6)        结果：(A)=30H
MOV    A, 20H          ; (A)←(20H)       结果：(A)=55H
MOV    A, @R0          ; (A)←((R0))      结果：(A)=20H
MOV    A, #66H         ; (A)←66H         结果：(A)=66H
```

2. 以寄存器为目的操作数的 MOV 指令

```
MOV    Rn, A           ; (Rn)←(A)
MOV    Rn, direct      ; (Rn)←(direct)
MOV    Rn, #data       ; (Rn)←#data
```

这组指令的功能是把源操作数的内容送至当前工作寄存器组 R7~R0 中的某个寄存器中。源操作数有直接寻址和立即寻址，源操作数是累加器 A 时，使用寄存器隐含寻址。

【例 3-10】已知累加器（A）=30H，（30H）=40H，判断执行下列指令后 R0 寄存器中的内容：

```
MOV    R0, A           ; (R0)←(A)        结果：(R0)=30H
MOV    R0, 30H         ; (R0)←(30H)      结果：(R0)=40H
MOV    R0, #66H        ; (R0)←66H        结果：(R0)=66H
```

3. 以直接地址为目的操作数的 MOV 指令

```
MOV    direct, A       ; (direct)←(A)
MOV    direct, Rn      ; (direct)←(Rn)
MOV    direct, direct  ; (direct)←(direct)
MOV    direct, @Ri     ; (direct)←((Ri))
MOV    direct, #data   ; (direct)←data
```

这组指令的功能是将源操作数送入由直接地址指出的存储单元。源操作数有寄存器隐含寻址、直接寻址、寄存器间接寻址和立即寻址。

【例 3-11】已知累加器（A）=30H，（R2）=40H，（R0）=70H，（70H）=78H，（78H）=50H，判断各存储单元执行下列指令后的结果：

```
MOV   P1 , A    ;（P1）←（A），结果：P1=30H，这里 P1 代表端口 P1 锁存器
MOV   70H, R2   ;（70H）←（R2），结果：（70H）=40H
MOV   20H, 78H  ;（20H）←（78H），结果：（20H）=50H
MOV   40H, @R0  ;（40H）←（（R0）），结果：（40H）=78H
MOV   01H, #80H ;（01H）←80H，结果：（01H）=80H
```

4. 以寄存器间接地址为目的操作数的 MOV 指令

```
MOV   @Ri, A      ;（Ri）←（A）
MOV   @Ri, direct ;（Ri）←（direct）
MOV   @Ri, #data  ;（Ri）←data
```

这组指令的功能是把源操作数内容送入 R0 或 R1 指出的内部 RAM 存储单元中。源操作数有寄存器隐含寻址、直接寻址和立即寻址。

【例 3-12】已知累加器 A=50H，（40H）=32H，R0=20H，判断执行下列指令后的结果：

```
MOV   @R0,  A    ;（（R0））←（A），结果：（20H）=50H
MOV   @R0,  40H  ;（（R0））←（40H），结果：（20H）=32H
MOV   @R0,  #88H ;（（R0））←88H，结果：（20H）=88H
```

5. 以 DPTR 为目的操作数的 MOV 指令

```
MOV   DPTR, #data16   ;（DPTR）←data16
```

这条指令是指令系统中唯一一条 16 位传送指令，其功能是把 16 位常数送入 16 位寄存器 DPTR。DPTR 既可以当作一个 16 位寄存器使用，也可以分成两个 8 位寄存器 DPH 和 DPL 使用。DPH 中存放 DPTR 中的高 8 位，DPL 中存放 DPTR 中的低 8 位。该指令目的操作数为寄存器隐含寻址，源操作数只有立即寻址。

【例 3-13】设（20H）=60H，（60H）=50H，（50H）=20H，连续执行下列程序，判断执行后的结果：

```
MOV   R0,    #20H   ;（R0）=20H
MOV   A,     @R0    ;（A）=60H
MOV   R1,    A      ;（R1）=60H
MOV   B,     @R1    ;（B）=50H
MOV   DPTR , #2000H
```

执行结果为：（20H）=60H，（B）=50H，（R1）=60H，（R0）=20H，（DPH）=20H，（DPL）=00H。

3.4.2 累加器 A 与外部数据存储器传送指令

51 单片机与外部 RAM 或扩展的 I/O 端口交换数据时只能通过累加器 A 进行，而且外部 RAM 单元或扩展 I/O 端口的寻址方式只有寄存器间接寻址方式。51 单片机系统中，

外部 RAM 和扩展的 I/O 端口是统一编址的，最大寻址空间达 64KB。累加器 A 与外部数据存储器传送指令助记符为 MOVX。

1．片外 RAM 或扩展 I/O 端口的内容传送到累加器 A

```
MOVX  A, @DPTR    ; (A) ← ((DPTR))
MOVX  A, @Ri      ; (A) ← ((Ri))
```

2．累加器 A 中的内容传送到片外 RAM 或扩展 I/O 端口

```
MOVX  @DPTR, A    ; ((DPTR)) ← (A)
MOVX  @Ri,  A     ; ((Ri)) ← (A)
```

值得注意的是，当使用 Ri 做间接寻址寄存器时，指令中仅给出了 16 位地址的低 8 位，而高 8 位地址没有给出。在系统扩展时，存储器的地址高 8 位一般接到 P2 口，此时，可以先将地址高 8 位锁存到 P2 口，之后再执行指令。

【例 3-14】试将外部存储器 3000H 单元的内容传送到外部存储器 2048H 中。设（3000H）=29H，执行程序编制如下：

```
MOV   DPTR, #3000H    ; (DPTR)=3000H
MOVX  A, @DPTR        ; (A) ← (3000H), (A)=29H
MOV   R1, #48H        ; (R1)=48H
MOV   P2, #20H        ; P2 口锁存 20H
MOVX  @R1, A          ; (2048H) ← 29H
```

说明：假设本系统地址总线高 8 位接至 P2 口。当执行指令 MOVX @R1, A 时，P2 口锁存内容 20H 送给地址总线的高 8 位，R1 的内容 48H 经 P0 口送给地址总线低 8 位，从而形成 16 位地址 2048H。

3.4.3 查表指令

在程序编制过程中经常将一些数据表，如函数值表、数码管字形表等放在 ROM 中存储。这种数据表一般按位置有规律存放，查表指令为这类应用所设计。

1．近程查表指令

```
MOVC  A, @A+PC    ; (A) ← ((A+PC))
```

这条指令将 PC 作为基址寄存器，将其内容和累加器相加得到一个 16 位地址，再将该地址指出的程序存储器单元的内容送到累加器 A。查找范围在本条指令所在地址以下的 0～255B 之间（该指令为 1 字节指令），故称为近程查表指令。由于 A 的内容为无符号数，所以所查表永远在该指令之下。

【例 3-15】试利用近程查表指令编制求 3^n 程序。设 $n=3$，将求得的结果存放在内存 30H 单元中。程序如下：

```
        MOV   A, #3H        ; n=3 送 A
        ADD   A, #2         ; 加上 SJMP 指令所占 2 字节
        MOVC  A, @A+PC      ; 取数，(A) = 27
        SJMP  CONTINUE
TABLE:  DB    1, 3, 9, 27, 81, 243   ; 3ⁿ 函数表
```

```
    CONTINUE:   MOV    30H, A                              ;送结果
```

说明：上例中 SJMP 指令为转移指令，转移的目标为 CONTINUE 处。DB 指令为指示性语句（参见第 4 章 汇编语言程序设计），功能是将其后的常数直接放置在以 TABLE 开始的内存中。可以这样假设，如果没有 SJMP CONTINUE 这条指令，则 MOVC A，@A+PC 这条指令机器码取出后 PC 刚好指向 TABLE。但是，由于其后面的表格必须绕过，所以必须安排一条 2 字节的转移指令。这样，在指向查表指令之前必须加上这 2 字节。如果表格所处位置距离该指令为 m 字节，则应该将 m 加到累加器中。

2．远程查表指令

```
    MOVC  A,  @A+DPTR    ;(A) ← ((A+DPTR))
```

远程查表指令与近程查表指令类似，都是对程序存储器进行访问，访问地址为基地址加累加器。与近程查表指令不同的是，远程查表是以 DPTR 作为基址寄存器的，其他过程与近程查表相同。由于 DPTR 可以指向任何位置，所以查找范围在 64KB 之内，故称为远程查表指令。

与近程查表指令不同的是，远程查表指令的基址寄存器 DPTR 不受指令所在位置的影响，因此表格位置可以在 64KB 程序存储器中任意安排。

【例 3-16】已知十进制数字 0～9 的数码管字形码以首地址为 8100H 开始顺序存放，0 的字形码放在第一个位置，1 的字形码放在第二个位置……试使用查表指令将数字 5 的字形码取出放在累加器 A 中。

```
    MOV  A，#05H                 ;取十进制数 5
    MOV  DPTR，#8100H            ;数据指针指向字形表首地址 8100H
    MOVC A，@A+DPTR             ;查表指令，将 8105H 中的内容取到累加器 A
    ...
    ...
    ORG  8100H                  ;字形表从 8100H 开始存放
    DB   3FH，06H，5BH，4FH，66H，6DH，7DH，07H，7FH，6FH
                                ;共阴极数码管字形表
```

3.4.4 堆栈操作指令

堆栈（Stack）操作是一种存储器顺序访问模式，按照先进后出（First In Last Out, FILO）的原则对存储器进行读写。51 单片机的堆栈区设定在内部 RAM 中，通过特殊功能寄存器中的堆栈指针 SP 进行间接访问。堆栈操作有两条指令，即堆栈压入指令 PUSH 和弹出指令 POP。每执行一次 PUSH 指令，堆栈指针将自动加 1；每执行一次 POP 指令，堆栈指针将自动减 1。一般堆栈指针最初始所设的位置称为栈底，将堆栈指针当前所指的位置称为栈顶。

1．堆栈压入指令

```
    PUSH direct        ;(SP) ← (SP)+1, ((SP)) ← (direct)
```

该指令首先将堆栈指针 SP 中的内容加 1，然后将直接地址 direct 中的内容写入到 SP 所指的内存中。该条指令的源操作数只能由直接寻址方式给出，目的操作数是以 SP 为

寄存器的间接寻址方式。

2. 堆栈弹出指令

```
POP  direct        ;（direct）← （（SP）），（SP）← （SP）－1
```

该指令先将堆栈指针 SP 所指的内部 RAM 单元内容传送给直接地址 direct，然后堆栈指针 SP 中的内容减 1。

【例 3-17】试编制程序，将栈底设为 50H，并将累加器和寄存器 B 中的内容顺序压入堆栈，之后再将堆栈的内容顺序弹入数据指针 DPH 和 DPL。设（A）=20H，（B）=60H，程序如下：

```
MOV  SP, #50H      ; 设置栈底，（SP）=50H
PUSH ACC           ; 压入 A，（SP）+1→（SP），（SP）=51H，（51H）←20H
PUSH B             ; 压入 B，（SP）+1→（SP），（SP）=52H，（52H）←60H
POP  DPH           ; 弹出到 DPH，
                   ;（SP）→（DPH），（DPH）=60H，（SP）－1→（SP），（SP）=51H
POP  DPL           ; 弹出到 DPL，
                   ;（SP）→（DPL），（DPL）=20H，（SP）－1→（SP），（SP）=50H
```

从执行结果可以看出，上述程序利用堆栈将累加器 A 和寄存器 B 中的内容传送到了数据指针 DPL 和 DPH 中。

3.4.5 交换指令

使用 MOV 指令进行两个数据的交换时，必须有第三方作为缓存，方可实现交换。为了方便数据交换，51 单片机指令系统中专门设有交换指令，可直接进行两字节数据交换和半字节数据交换。

1. 字节交换指令

```
XCH  A, Rn         ;（A）⟷（Rn）
XCH  A, direct     ;（A）⟷（direct）
XCH  A, @Ri        ;（A）⟷（（Ri））
```

字节交换指令中，目的操作数必须是累加器 A，源操作数有寄存器寻址、直接寻址和寄存器间接寻址三种寻址方式。指令的功能是将累加器 A 中的内容和源操作数的内容互换。

【例 3-18】设（A）=50H，（R7）=60H，使二者内容互换。程序为：

```
XCH  A, R7   ; 执行结果：（A）=60H，（R7）=50H
```

2. 半字节交换指令

```
XCHD A, @Ri
```

半字节交换指令将累加器的低 4 位与@Ri 所指的内部 RAM 内容的低 4 位交换。

3. 累加器的高低 4 位互换指令

```
SWAP A
```

该指令将累加器的高低四位互换。

【例 3-19】设片内存储器 40H 和 41H 中分别存放有 5 和 8 的 ASCII 码 35H 和 38H，

试编制程序将两个 ASCII 码转换成压缩型 BCD 码 58H 存放在 42H 中。程序编制如下：

```
MOV   R0, #40H  ; R0 指向 40H
MOV   R1, #41H  ; R1 指向 41H
XCH   A, @R0    ; (A) =35H，A 中内容存入 40H
SWAP  A         ; A 高低 4 位交换，(A) =53H
XCHD  A, @R1    ; 累加器中低 4 位 3 与 41H 中低 4 位 8 互换
                ; 执行结果 (A) =58H，(41H) =33H
MOV   42H, A    ; A 中结果 58H 存入内存 42H 单元中
```

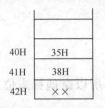

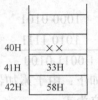

40H	35H
41H	38H
42H	××

40H	××
41H	33H
42H	58H

(a) 程序执行前内存状态　　　　　(b) 程序执行后内存状态

注：图中××为未知量。

图 3.8　例 3-19 图

3.5　算术运算类指令

51 单片机算术运算类指令共有 24 条。除加、减、乘、除四则运算以外，还有加 1、减 1 指令及 BCD 码运算调整指令。加减法运算指令的目的操作数都是累加器 A，采用寄存器隐含寻址。算术运算类指令与数据传送类指令有一个明显不同，那就是这类指令除加 1 减 1 指令外都会影响到程序状态字 PSW 的内容。多数情况下，标志位的影响结果与该位的定义有关。

3.5.1　不带进位加法指令

不带进位加法指令将累加器 A 中的内容与源操作数的内容相加，运算结果存入 A 中。指令对标志位 P、OV、AC 和 CY 产生影响，影响结果与每位的定义相关。不带进位加法指令共有 4 条，如表 3.2 所示。对应每条指令相应标志位处的√表示指令对该标志位有影响。

表 3.2　不带进位加法指令

指　令	功　能	标　志　位				解　释
		P	OV	AC	CY	
ADD A, #data	(A)←(A)+#data	√	√	√	√	累加器 A 中的内容与立即数#data 相加，结果存入 A 中
ADD A, direct	(A)←(A)+(direct)	√	√	√	√	累加器 A 中的内容与直接地址单元中的内容相加，结果存入 A 中
ADD A, Rn	(A)←(A)+(Rn)	√	√	√	√	累加器 A 中的内容与寄存器 Rn 中的内容相加，结果存入 A 中
ADD A, @Ri	(A)←(A)+((Ri))	√	√	√	√	累加器 A 中的内容与寄存器 Ri 所指向的地址单元中的内容相加，结果存入 A 中

【例 3-20】试用不带进位加法指令将 85H 和内存 30H 中的内容相加，结果送到 31H 中。设（30H）=AFH，程序编制如下：

```
MOV    A，#85H     ；取运算数据 85H
MOV    R1，#30H    ；指针 R1 指向 30H 单元
ADD    A，@R1      ；两个数据相加
MOV    31H，A      ；送结果
```

说明：85H+0AFH=134H，由于累加器是 8 位，所以其中的结果为 34H，向高位产生的进位进到 CY 中。

$$
\begin{array}{r}
1000\ 0101 \\
+\quad 1010\ 1111 \\
\hline
1\ 0011\ 0100
\end{array}
$$

标志位影响情况如下：由于累加器中有 3 个 1，所以奇偶标志位 P 为 1；D3 位向 D4 位有进位，所以 AC 位为 1。

对于溢出标志位，无论用户如何定义参与运算的数据，OV 位都将两个数据看成补码来判断其是否溢出。如果将上述两个数据看成补码，则 85H 和 AFH 分别代表-123 和-81，两者相加结果为-204，超出了 8 位补码的表示范围+127～-128，所以运算结果溢出，OV 位为 1。最后的执行结果为：（A）=34H，CY=1，AC=1，OV=1，P=1。

事实上，对于补码运算是否溢出有一个简单的判断方法。按照有符号数的运算规律，正数加正数结果必定是正数，负数加负数结果必定是负数，正数减负数结果必定是正数，负数减正数结果必定是负数。如果运算中违背了上述原则，则运算必定产生了溢出。上例中即是-123 加上-81，结果等于 34H=+52，所以结果产生溢出。

3.5.2　带进位加法指令

带进位加法指令将源字节变量、累加器内容和进位标志 CY 一起相加，结果存入累加器中。注意，进位位 CY 加到最低位。该指令对标志位的影响与 ADD 指令完全相同。指令如表 3.3 所示。

表 3.3　带进位加法指令

指　令	功　能	标　志　位				解　释
---	---	P	OV	AC	CY	---
ADDC A，direct	(A)←(A)+(direct)+CY	√	√	√	√	累加器 A 中的内容与直接地址单元中的内容连同进位位相加，结果存入 A 中
ADDC A，#data	(A)←(A)+#data+CY	√	√	√	√	累加器 A 中的内容与立即数连同进位位相加，结果存入 A 中
ADDC A，Rn	(A)←(A)+(Rn)+CY	√	√	√	√	累加器 A 中的内容与寄存器 Rn 中的内容连同进位位相加，结果存入 A 中
ADDC A，@Ri	(A)←(A)+((Ri))+CY	√	√	√	√	累加器 A 中的内容与寄存器 Ri 所指向的地址单元中的内容连同进位位相加，结果存入 A 中

【例 3-21】设内存 30H31H 和 32H33H 中分别存放有两个双字节的无符号数 2894H 和 35A2H，按大端模式存放，内存变量如图 3.9 所示。试将两个数相加，结果存放在 34H 和 35H 中。程序编制如下：

```
MOV   A  ，  31H；取加数低位，（A）=94H
ADD   A  ，  33H；加被加数 A2，结果（A）=36H，CY=1
MOV   35H ， A；送低 8 位和，（35H）=36H
MOV   A  ，  30H；取加数高位，（A）=28H
ADDC  A  ，  32H；带进位加被加数，结果（A）=5EH，CY=0
MOV   34H ， A；送高 8 位和，（34H）=5EH
```

30H	28H
31H	94H
32H	35H
33H	A2H
34H	
35H	

图 3.9　例 3-21 图

　　说明：本段程序中第 2 条指令中产生的进位在第 5 条指令中被加到数据高 8 位中的最低位。此程序用 8 位加法通过 CY 完成了 16 位数据相加。

　　上例中提到的大端模式是指数据的高位保存在内存的低地址中，而数据的低位保存在内存的高地址中。与大端模式相反，小端模式将数据的高位保存在内存的高地址中，而数据的低位保存在内存的低地址中。

3.5.3　带借位减法指令

　　51 单片机系统减法指令与加法略有不同，减法指令只有带借位减法，其功能是累加器 A 中的内容数减去源操作数后再减去进位位 CY，结果放在累加器 A 中。由于 CY 位在减法有借位时被置位，所以 CY 在减法中称为借位位。带借位减法有 4 条指令，如表 3.4 所示。

表 3.4　带借位减法指令

指　令	功　　能	P	OV	AC	CY	解　　释
SUBB A, direct	(A)←(A) − (direct) −CY	√	√	√	√	累加器 A 中的内容减去直接地址单元中的内容再减借位位，结果存入 A 中
SUBB A, #data	(A)←(A) − (data) −CY	√	√	√	√	累加器 A 中的内容减去立即数再减借位位，结果存入 A 中
SUBB A, Rn	(A)←(A) − (Rn) −CY	√	√	√	√	累加器 A 中的内容减去寄存器 Rn 中的内容再减借位位，结果存入 A 中
SUBB A, @Ri	(A)←(A − ((Ri)) −CY	√	√	√	√	累加器 A 中的内容减去工作寄存器 Ri 所指向的地址单元中的内容再减借位位，结果存入 A 中

　　由于 51 单片机指令系统中没有不带借位减法指令，所以在做最低字节减法运算或者做不带借位的减法运算前应先对 CY 进行清零操作。

　　【例 3-22】如果（A）=0C9H，（R3）=54H，CY=1，此时，用带借位减法指令将累加器 A 中的内容和寄存器 R3 中的内容相减，结果如何？

　　在题中所述状态下执行指令：

```
SUBB  A, R3
```

则 CPU 进行如下减法操作：

```
    1100 1001          借位 CY
  − 0000 0001
    1100 1000
  − 0101 0100
    0111 0100
```

所以结果为：（A）=74H，CY=0，AC=0，OV=1，P=0。

3.5.4 乘法指令

51 单片机乘法为 8 位乘法指令，其功能是将累加器 A 中的乘数和寄存器 B 中的被乘数相乘，将乘积的低 8 位放在累加器中，高 8 位放在寄存器 B 中。如果乘积大于 0FFH，则 OV=1，否则 OV=0。无论结果如何，本条指令总使进位标志位 CY 清零。乘法指令如表 3.5，表中的×表示该条指令对标志位没有影响。

表 3.5 乘法指令

| 指 令 | 功 能 | 标 志 位 | | | | 解 释 |
		P	OV	AC	CY	
MUL AB	(BA)←(A)×(B)	√	√	×	0	累加器 A 中的内容与寄存器 B 中的内容相乘，乘积的低 8 位存 A 中，高 8 位存 B 中

【例 3-23】若变量 X、Y 和 Z 分别放在 30H、31H 和 32H 中，试计算：XY+Z，将最后结果放在 33H 和 34H 中。注意：结果可能大于 8 位。程序编制如下：

```
MOV   A，30H     ;取乘数 X
MOV   B，31H     ;取被乘数 Y
MUL   AB         ;两数相乘 XY，结果在 BA 中
ADD   A，32H     ;乘积低 8 位与 Z 相加
MOV   33H，A     ;结果送 33H
MOV   A，B       ;乘积高 8 位送 A
ADDC  A，#0      ;乘积低 8 位与 Z 相加时可能产生的进位加入高 8 位
MOV   34H，A     ;送高 8 位结果
```

【例 3-24】已知内存 25H 中存放一紧凑型 BCD 码，试编制程序将其转换为二进制数存放在 26H 单元中。设 25H 单元中存放的 BCD 码为 27H，即十进制数 27，程序编制如下：

```
MOV   A ，25H    ;取 BCD 码，（A）=27H
MOV   R0 ，#26H  ;设指针，指向 26H
MOV   26H，#0    ;将 26H 单元清零
XCHD  A ，@R0    ;半字节交换，（A）=20H，（26H）=07H
SWAP  A          ;累加器高低 4 位交换，（A）=02H
MOV   B ，#10
MUL   AB         ;累加器 A 中的内容乘以 10，（A）=14H
ADD   A ，@R0    ;（A）=14H+07H=1BH
MOV   @R0 ，A    ;转换结果 1BH 存入 26H 单元中
```

说明：事实上，非紧凑型 BCD 码和二进制数是相同的。如果用二进制数 0AH 乘以一个非紧凑型 BCD 码，则得到的是二进制结果。

3.5.5 除法指令

51 单片机除法指令为 8 位除以 8 位除法。被除数放在 A 中，除数放在 B 中。指令执行之后商放在 A 中，余数放在 B 中。当除数（寄存器 B 中的内容）为 0 时，OV=1，表示除法有溢出，此时，商和余数为不确定值。与乘法指令相同，除法指令总是使进位标志位 CY 清零。除法指令如表 3.6 所示。

表 3.6 除法指令

指 令	功 能	标 志 位				解 释
		P	OV	AC	CY	
DIV AB	(A)←(A)/(B)的商 (B)←(A)/(B)的余数	√	√	×	√	累加器 A 中的内容除以寄存器 B 中的内容，商存在 A 中，余数存在 B 中

【例 3-25】设 50H 中存放有一个二进制数，试编制程序将其转换为非紧凑型 BCD 码存放在 51H 开始的单元中。设（50H）=0BFH，程序编制如下：

```
MOV   A , 50H    ; 取二进制数，（A）=0BFH
MOV   B , #10    ; 10 送寄存器 B
DIV   AB         ; A/B=13H，余 1，（A）=13H，（B）=1
MOV   51H , B    ; BCD 码个位 1 送 51H 单元
MOV   B , #10
DIV   AB         ; A/B=1，余 9，（A）=1H，（B）=9
MOV   52H , B    ; BCD 码十位 9 送 52H 单元
MOV   53H , A    ; BCD 码百位 1 送 53H 单元（此时 A 中的数必定小于 10）
```

说明：按照十六进制转换十进制的算法，每次除以 10 所得到的余数便是要转换的十进制数。

3.5.6 加 1 和减 1 指令

在程序编制过程中，经常用到地址的增减、计数器的增减等，所以加 1 和减 1 指令是使用比较频繁的一类指令。在这类指令中，如果直接地址是端口 P0～P3，则其操作是先读入 I/O 锁存器的内容，然后在 CPU 内部进行加 1 操作，之后再将结果输出到 I/O 口锁存器中，这一过程称为"读—修改—写"操作。加 1 和减 1 指令都不影响标志位。加 1 和减 1 指令如表 3.7 和 3.8 所示。

表 3.7 加 1 指令

指 令	功 能	标 志 位				解 释
		P	OV	AC	CY	
INC A	(A)←(A)+1	×	×	×	×	累加器 A 中的内容加 1，结果存入累加器 A 中
INC direct	(direct)←(direct)+1	×	×	×	×	直接地址单元中的内容加 1，结果存入 direct 地址中

（续表）

指　令	功　能	标 志 位				解　释
		P	OV	AC	CY	
INC @Ri	((Ri))←((Ri))+1	×	×	×	×	寄存器所指向的地址单元中的内容加 1，结果存入 Ri 中
INC Rn	(Rn)←(Rn)+1	×	×	×	×	寄存器 Rn 中的内容加 1，结果存入 Rn 中
INC DPTR	(DPTR)←(DPTR)+1	×	×	×	×	数据指针的内容加 1，结果存入数据指针中

表 3.8　减 1 指令

指　令	功　能	标 志 位				解　释
		P	OV	AC	CY	
DEC　A	(A)←(A)−1	×	×	×	×	累加器 A 中的内容减 1，结果存入累加器 A 中
DEC direct	(direct) ←(direct)−1	×	×	×	×	直接地址单元中的内容减 1，结果存入 direct 中
DEC @Ri	((Ri)) ←((Ri))−1	×	×	×	×	寄存器的内容指向的地址单元中的内容减 1，结果存入 Ri 中
DEC Rn	(Rn)←(Rn)−1	×	×	×	×	寄存器 Rn 中的内容减 1，结果存入 Rn 中

3.5.7　十进制调整指令

8421BCD 码是计算机中常用的一种编码。由于 CPU 内部的加法器是二进制加法器，这就会使得用 BCD 码直接做加法运算在其结果大于 9 时产生错误。例如，4+8，即 0100+1000=1100，这个 1100 码不是 BCD 编码。在这种情况下，需要对二进制运算结果进行调整，使之符合十进制数的运算和进位规律。这种调整称为十进制调整，具体调整的方法如下。

（1）若两个 BCD 码相加其结果大于 9 时，则对结果进行加 6 调整。

（2）若两个 BCD 码相加其结果在本位上不大于 9，但却向高位产生了进位时，则对结果进行加 6 调整。

例如，$[59]_{BCD}$=01011001，$[48]_{BCD}$ =01001000，用 BCD 码数完成 59+48 的运算过程如下：

```
        0101  1001        59
  +     0100  1000        48
      ─────────────────
        1010  0001        A1
  +           0110        低位有进位（AC=1），加 6 调整
      ─────────────────
        1010  0111        A7
  +     0110  0000        高位大于 9，加 6（0）调整
      ─────────────────
  0001  0000  0111        107
```

仔细分析不难看出，BCD 码用 4 位二进制数表示，运算时逢 16 进 1，而十进制是逢 10 进 1。所以，当两个 BCD 码相加结果大于 9 时，即表示该十进制运算有进位。然而，要使 BCD 码运算有进位则结果必须大于等于 16，所以这里额外加上 6，使 BCD 码加法满足了十进制计数规律。

十进制调整指令 DA A 即是对累加器中的压缩型 8421BCD 码的加法结果进行调整的指令。调整时，CPU 根据累加器高 4 位和低 4 位的结果及进位位 CY 和辅助进位位 AC 的状态来决定是否进行加 6 调整、加 60H 调整或者加 66H 调整。若 A 中的低 4 位大于 9 或辅助标志位为 1，则低 4 位做加 6 操作；若 A 中的高 4 位大于 9 或进位标志位为 1，则高 4 位做加 6 操作。

由于十进制调整指令要使用加法产生的标志位状态，所以十进制调整指令应该紧跟在 ADD 或 ADDC 指令之后。此外，该指令还需注意两个问题，一是该指令是对 A 中的结果进行调整，如果结果不在 A 中则无法进行调整；二是该指令只能用于 BCD 码的加法运算结果的调整，非 BCD 码运算无法调整出 BCD 码结果。

十进制调整指令如表 3.9 所示。

表 3.9 十进制调整指令

指　　令	标　志　位				解　　释
	P	OV	AC	CY	
DA A	√	√	√	√	对累加器 A 中 BCD 码的运算结果进行十进制调整

【例 3-26】试完成两个 BCD 数 36H 与 45H 的相加，程序如下：

```
MOV  A ,  #36H
ADD  A ,  #45H ；结果为非 BCD 码，（A）=7BH
DA   A        ；结果为 BCD 码，（A）=81H，
```

加法指令执行后，结果为 7BH，由于低 4 位大于 9，因此要加 6 调整，最后得到的 BCD 码结果为 81H。

3.6 逻辑运算指令

逻辑运算指令将操作数按位进行逻辑运算。逻辑运算指令有"与"、"或"、"异或"、求反、左移位、右移位、清零等操作，寻址方式有直接寻址、寄存器寻址和寄存器间接寻址。

3.6.1 清零指令

清零指令将累加器 A 中的内容清零，如表 3.10 所示。

表 3.10 清零指令

指　　令	功　　能	标　志　位				解　　释
		P	OV	AC	CY	
CLR A	(A)←0	√	×	×	×	对累加器 A 中的内容清零

3.6.2 求反指令

求反指令将累加器 A 中的内容按位求反，如表 3.11 所示。

表 3.11　求反指令

指　　令	功　　能	标　志　位				解　　释
		P	OV	AC	CY	
CPL　A	(A)←（A）	√	×	×	×	对累加器 A 中的内容按位取反

3.6.3　循环移位指令

　　循环指令有两种，一种是不带进位移位，另一种是带进位移位。不带进位移位指令是累加器自身内容按位向左或向右循环移动 1 位；带进位移位是累加器连同进位位一起向左或向右循环移动 1 位。向左移位时，累加器的最高位进入进位位，进位位则进入累加器最低位；向右移位时，累加器最低位进入进位位，进位位则进入累加器最高位。该指令只能对累加器进行移位。循环移位指令的移位方式如图 3.10 和图 3.11 所示，指令如表 3.12 所示。

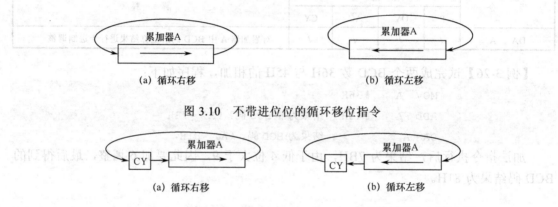

　　　　(a) 循环右移　　　　　　　　　　　　　(b) 循环左移

图 3.10　不带进位位的循环移位指令

　　　　(a) 循环右移　　　　　　　　　　　　　(b) 循环左移

图 3.11　带进位位的循环移位指令

表 3.12　循环指令

指　　令	标　志　位				解　　释
	P	OV	AC	CY	
RL　A	√	×	×	×	对累加器 A 中的内容左移 1 位
RR　A	√	×	×	×	对累加器 A 中的内容右移 1 位
RLC　A	√	×	×	√	对累加器 A 中的内容连同进位位左移 1 位
RRC　A	√	×	×	√	对累加器 A 中的内容连同进位位右移 1 位

　　【例 3-27】 设内存 20H21H 中以二进制数的形式存放有某班的数学成绩总和。该班学生人数刚好 128 名，试用移位指令求该班的平均成绩，将整数部分放在 20H 中，小数部分放在 21H 中。

　　分析：众所周知，二进制除以 2 即是将小数点向左移 1 位，除以 128 即是将小数点向左移 7 位。由图 3.12 可以看出，除以 128 时小数点应该在如图所示位置。如果将平均值的整数部分放在 20H 字节，小数放在 21H 字节，即可将整个数据向左移 1 位。程序编制如下：

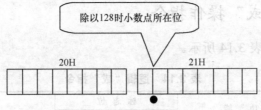

图 3.12　例 3-27 图

```
ADD  A，#0       ; 清进位位
MOV  A，21H      ; 取成绩低 8 位
RLC  A          ; 带进位左移 1 位，小数部分在累加器 A 中
MOV  21H，A      ; 小数存 21H 中
MOV  A，20H      ; 取成绩高 8 位
RLC  A          ; 带进位左移 1 位，整数部分在累加器 A 中
MOV  20H，A      ; 整数部分存 20H 中
```

3.6.4　逻辑"与"操作指令

逻辑"与"、"或"、"异或"指令都是将两个操作数按位进行相应的逻辑运算，该类指令只影响奇偶标志位。逻辑运算指令的目的操作数除了可以是累加器以外，还可以是直接寻址方式，使指令应用更加灵活。如果直接地址是 I/O 端口 P0～P3，则为"读—修改—写"操作。逻辑"与"指令如表 3.13 所示。

表 3.13　逻辑"与"指令

指　令	功　能	标 志 位				解　释
		P	OV	AC	CY	
ANL A，direct	(A)←(A)∧(direct)	√	×	×	×	累加器 A 中的内容和直接地址单元中的内容执行"与"逻辑操作，结果存入累加器 A 中
ANL A，#data	(A)←(A)∧#data	√	×	×	×	累加器 A 中的内容和立即数执行"与"逻辑操作，结果存入累加器 A 中
ANL A，Rn	(A)←(A)∧(Rn)	√	×	×	×	累加器 A 中的内容和寄存器 Rn 中的内容执行"与"逻辑操作，结果存入累加器 A 中
ANL A，@Ri	(A)←(A)∧((Ri))	√	×	×	×	累加器 A 中的内容和工作寄存器 Ri 所指地址中的内容执行"与"逻辑操作，结果存入累加器 A 中
ANL direct，A	(direct)←(direct)∧(A)	×	×	×	×	直接地址单元中的内容和累加器 A 中的内容执行"与"逻辑操作，结果存入直接地址单元
ANL direct，#data	(direct)←(direct)∧#data	×	×	×	×	直接地址单元中的内容和立即数执行"与"逻辑操作，结果存入直接地址单元

3.6.5 逻辑"或"操作指令

逻辑"或"指令如表 3.14 所示。

表 3.14 逻辑"或"指令

指　令	功　能	标 志 位				解　释
		P	OV	AC	CY	
ORL A，direct	$(A)\leftarrow(A)\vee(direct)$	√	×	×	×	累加器 A 中的内容和直接地址单元中的内容执行逻辑"或"操作，结果存入累加器 A 中
ORL A，#data	$(A)\leftarrow(A)\vee\#data$	√	×	×	×	累加器 A 中的内容和立即数执行逻辑"或"操作，结果存入累加器 A 中
ORL A，Rn	$(A)\leftarrow(A)\vee(Rn)$	√	×	×	×	累加器 A 中的内容和寄存器 Rn 中的内容执行逻辑"或"操作，结果存入累加器 A 中
ORL A，@Ri	$(A)\leftarrow(A)\vee((Ri))$	√	×	×	×	累加器 A 中的内容和工作寄存器 Ri 所指向的地址单元中的内容执行逻辑"或"操作，结果存入累加器 A 中
ORL direct，A	$(direct)\leftarrow(direct)\vee(A)$	×	×	×	×	直接地址单元中的内容和累加器 A 中的内容执行逻辑"或"操作，结果存入直接地址单元中
ORL direct，#data	$(direct)\leftarrow(direct)\vee\#data$	×	×	×	×	直接地址单元中的内容和立即数执行逻辑"或"操作，结果存入直接地址中

3.6.6 逻辑"异或"操作指令

逻辑"异或"指令如表 3.15 所示。

表 3.15 逻辑"异或"指令

指　令	功　能	标 志 位				解　释
		P	OV	AC	CY	
XRL A，direct	$(A)\leftarrow(A)\oplus(direct)$	√	×	×	×	累加器 A 中的内容和直接地址单元中的内容执行逻辑"异或"操作，结果存入累加器 A 中
XRL A，@Ri	$(A)\leftarrow(A)\oplus((Ri))$	√	×	×	×	累加器 A 中的内容和工作寄存器 Ri 指向的地址单元中的内容执行逻辑"异或"操作，结果存入累加器 A 中
XRL A，#data	$(A)\leftarrow(A)\oplus\#data$	√	×	×	×	累加器 A 中的内容和立即数执行逻辑"异或"操作，结果存入累加器 A 中
XRL A，Rn	$(A)\leftarrow(A)\oplus(Rn)$	√	×	×	×	累加器 A 中的内容和寄存器 Rn 中的内容执行逻辑"异或"操作，结果存入累加器 A 中
XRL direct，A	$(direct)\leftarrow(direct)\oplus(A)$	×	×	×	×	直接地址单元中的内容和累加器 A 中的内容执行逻辑"异或"操作，结果存入直接地址单元中
XRL direct，#data	$(direct)\leftarrow(direct)\oplus\#data$	×	×	×	×	直接地址单元中的内容和立即数执行逻辑"异或"操作，结果存入直接地址中

【例 3-28】试将累加器 A 当前数据的低 4 位作为高 4 位和寄存器 B 中的低 4 位合成一个新的 8 位数据，存放在寄存器 B 中。程序编制如下：

```
ANL    A ， #0FH        ；屏蔽累加器高 4 位，高 4 位清零，低 4 位不变
ANL    B ， #0FH        ；屏蔽寄存器 B 高 4 位
SWAP   A               ；累加器高低 4 位交换
ORL    A ， B           ；与 B 合成 8 位数据
MOV    B ， A           ；新数据存入 B 中
```

3.7　控制转移类指令

计算机在没有遇到控制转移类指令时，按照 PC 自动加 1 的原则顺序执行程序。当遇到控制转移类指令时，程序计数器（PC）将被赋予新的地址值，从而改变程序的走向。控制转移类指令分无条件转移和有条件转移两类。无条件转移指令不参考任何条件直接修改 PC 值，而有条件转移指令将根据特定的条件来决定是否修改 PC 值。51 单片机的控制转移指令有可以在 64KB 程序空间进行长调用、长转移的指令，也可以在 2KB 程序空间进行绝对调用和绝对转移的指令，还有有条件相对转移指令及无条件相对转移指令，转移范围为+127～−128。转移类指令中，除了 CJNE 指令影响 CY 标志位以外，其余转移指令都不影响标志位。

3.7.1　无条件转移指令

无条件转移指令直接修改程序计数器（PC），程序将停止顺序执行模式，转移到新的目标地址。无条件转移指令分为长转移、绝对转移和相对转移三种方式。长转移指令 LJMP 可以实现 64KB 地址范围内的转移，绝对转移指令 AJMP 只能实现 2KB 地址范围内的转移，相对转移指令 SJMP 在当前 PC 的−128～+127 范围内转移。

1．长转移指令

长转移指令属于直接寻址方式，3 字节的机器码中，第一字节为操作码 02H，后两字节为转移的目标地址。指令执行时，将后两字节直接送给程序计数器（PC）。指令格式为：

```
LJMP    目标地址
```

目标地址可以是标号，也可以是绝对地址。

2．绝对转移指令

绝对转移指令为两字节指令，主要是为了兼容上一代 CPU8048 而保留的指令。指令格式与长转移指令类似：

```
AJMP    目标地址
```

目标地址可以是标号，也可以是绝对地址。绝对转移指令机器码格式如图 3.13 所示。两字节的机器码中，第一字节的低 5 位 00001 为操作码，其余 11 位为转移的目标地址。指令执行时，用机器码中的 11 位目标地址将程序计数器（PC）的低 11 位覆盖，PC 的高 5 位内容保持不变。因为 11 位二进制数最大为 2KB（2048），所以该条指令所能转移的地址范围为 2KB。

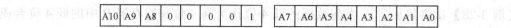

| A10 | A9 | A8 | 0 | 0 | 0 | 0 | 1 | | A7 | A6 | A5 | A4 | A3 | A2 | A1 | A0 |

图 3.13 绝对转移指令机器码格式

3．相对转移指令

相对转移指令也为两字节指令，第一个字节为操作码 80H，第二个字节为相对转移的偏移量。指令格式为：

```
SJMP    目标地址
```

目标地址可以是标号，也可以是绝对地址。指令执行时，将第二个字节取出并符号扩展后与当前 PC 相加。指令的具体转移方式参见 3.3.6 节。

事实上，在编制汇编语言程序时，程序转移的目标地址经常用标号给出，程序编制人员无须手工计算转移地址或者偏移量。此外，由于单片机程序存储器最大只有 64KB，片内存储空间更小，所以为了节省程序空间应该尽量减少代码量。上述三条转移指令的字节长度不同，转移的地址范围也不一样。在优化程序代码时，在能够达到地址范围的前提下，应尽量使用两字节转移指令。

4．间接转移指令

间接转移指令采用变址寻址方式，以 DPTR 作为基地址，加上累加器 A 中的内容作为转移的目标地址。指令格式为：

```
JMP    @A+DPTR
```

A 中的内容作为无符号数与 DPTR 中的内容相加后送给程序计数器（PC）。该条指令的转移范围为 0～255。该条指令在处理多分支程序时非常有效。

【例 3-29】试分析下列三段程序的执行结果：

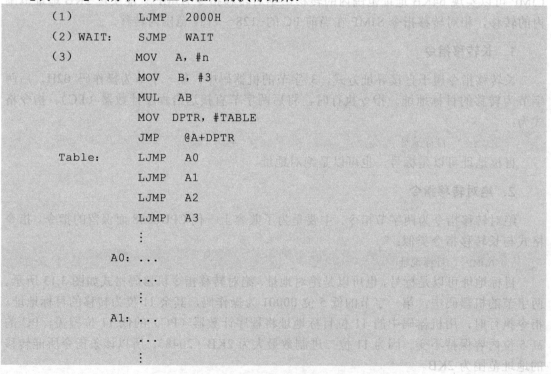

```
(1)              LJMP    2000H
(2) WAIT:        SJMP    WAIT
(3)              MOV     A, #n
                 MOV     B, #3
                 MUL     AB
                 MOV     DPTR, #TABLE
                 JMP     @A+DPTR
    Table:       LJMP    A0
                 LJMP    A1
                 LJMP    A2
                 LJMP    A3
                   ⋮
         A0: ...
                 ...
                   ⋮
         A1: ...
                 ...
                   ⋮
```

```
                    A2: ...
                    ...
                    ⋮
                    A3: ...
                    ...
                    ⋮
```

说明：

第（1）段程序：程序执行时，将 2000H 装入 PC，程序便从 2000H 开始执行。

第（2）段程序：由于程序转移的目标地址即是本条地址，所以该条指令是一条死循环指令。这条指令经常用在监控程序的结尾处，此时，程序只能通过中断方式转移到其他程序入口，否则一直在此循环等待。此条指令也可写为 SJMP $。汇编语言中 $ 代表所在语句行的首地址，即本条指令所在地址。

第（3）段程序：该段程序首先将累加器 A 中的内容乘以 3，所以当累加器（A）=n=0，1，2，3…时，乘以 3 后（A）=0，3，6，9…。之后，执行指令 MOV DPTR, #Table，其目的是将 LJMP A0 指令所在地址取入 DPTR，即是将 Table 作为基地址，之后执行间接转移指令。由于 LJMP 指令为 3 字节指令，所以当（A）=0，3，6，9…时，A+DPTR 分别为指令 LJMP A0、LJMP A1、LJMP A2…的所在地址。也就是说，当 n=0，1，2，3…时，执行 JMP @A+DPTR 指令，意味着程序将转向 A0、A1、A2、A3…的入口。本题机器码排列如图 3.14 所示。

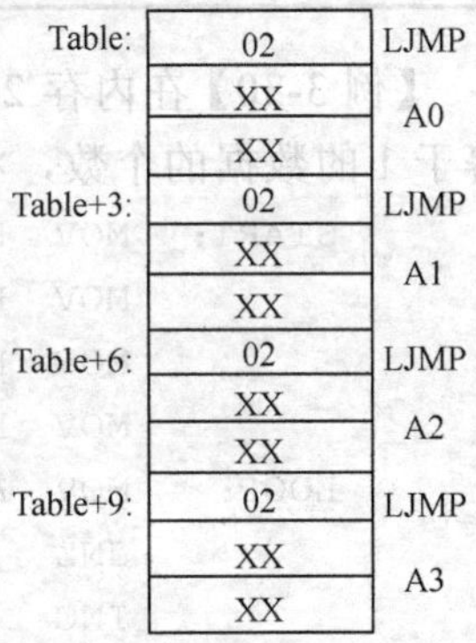

Table:	02	LJMP
	XX	A0
	XX	
Table+3:	02	LJMP
	XX	A1
	XX	
Table+6:	02	LJMP
	XX	A2
	XX	
Table+9:	02	LJMP
	XX	A3
	XX	

图 3.14　例题 3-29 图

3.7.2　条件转移指令

条件转移指令以累加器内容是否为 0、累加器内容与操作数内容是否相等及操作数减 1 是否为 0 为条件，决定是否转移。具体指令如表 3.16 所示。

表 3.16　条件转移指令

| 指　令 | 功　能 | 标　志　位 | | | | 解　释 |
		P	OV	AC	CY	
JZ rel	若(A)=0，则 (PC)←(PC)+2+rel，否则顺序执行	×	×	×	×	若累加器的内容为 0，则当前 PC 加偏移量，即程序转移到新地址，否则程序顺序执行
JNZ rel	若(A)≠0，则 (PC)←(PC)+2+rel，否则顺序执行	×	×	×	×	若累加器的内容不为 0，则当前 PC 加偏移量，即程序转移到新地址，否则程序顺序执行
CJNE A, direct, rel	若(A)≠（direct），则 (PC)←(PC)+3+rel，否则顺序执行	×	×	×	√	若累加器的内容不等于直接地址单元中的内容，则当前 PC 加偏移量，即程序转移到新地址，否则程序顺序执行
CJNE A, #data, rel	若(A)≠#data 则 (PC)←(PC)+3+rel，否则顺序执行	×	×	×	√	若累加器的内容不等于立即数，则当前 PC 加偏移量，即程序转移到新地址，否则程序顺序执行
CJNE Rn, #data, rel	若(Rn)≠#data，则 (PC)←(PC)+3+rel，否则顺序执行	×	×	×	√	若寄存器 Rn 的内容不等于立即数，则当前 PC 加偏移量，即程序转移到新地址，否则程序顺序执行

（续表）

指 令	功 能	标 志 位				解 释
		P	OV	AC	CY	
CJNE @Ri, #data, rel	若((Ri))≠#data, (PC)←(PC)+3+rel, 否则顺序执行	×	×	×	√	若寄存器 Ri 指向地址单元中的内容不等于立即数, 则当前 PC 加偏移量, 即程序转移到新地址, 否则程序顺序执行
DJNZ Rn, rel	(Rn)←(Rn) −1, 若(Rn)≠0, (PC)←(PC)+2+rel, 否则顺序执行	×	×	×	×	若寄存器 Rn 的内容减 1 不等于 0, 则当前 PC 加偏移量, 即程序转移到新地址, 否则程序顺序执行
DJNZ direct, rel	(direct)←(direct) −1, 若(direct)≠ 0 (PC)←(PC)+3+rel, 否则顺序执行	×	×	×	×	若直接地址单元中的内容减 1 不等于 0, 则当前 PC 加偏移量, 即程序转移到新地址, 否则程序顺序执行

【例 3-30】在内存 20H 开始的单元中存放有 50 个字节型数据, 试统计其中等于 0 和等于 1 的数据的个数, 将统计结果分别放在寄存器 R2 和 R3 中。程序编制如下:

```
START:  MOV  R0 , #20H    ;指针指向数据区首地址
        MOV  R7, #50      ;设计数器初值为 50
        MOV  R2, #0       ;计数器 R2 清零
        MOV  R3, #0       ;计数器 R3 清零
LOOP:   MOV  A, @R0       ;取一个数据
        JNZ  NOTZ         ;判断是否为 0, 如果不为 0, 转去判断是否为 1
        INC  R2           ;数据为 0, R2 计数器加 1
        SJMP NEXT ;
NOTZ:   CJNE A, #1, NEXT  ;判断是否为 1, 不为 1 则本轮判断结束
        INC  R3           ;数据为 1, R3 计数器加 1
NEXT:   INC  R0           ;指针加 1
        DJNZ R7, LOOP     ;总计数减 1, 不为 0 则继续判断下一字节
        SJMP $            ;程序结束, 循环等待
```

在转移指令中, 比较转移指令 CJNE 是 51 指令系统中仅有的 4 条 3 操作数指令。此类指令按照减法规则影响 CY 标志位, 指令执行后源操作数和目的操作数都不变。尽管本条指令不能根据两数的大小进行判断转移, 但本指令影响 CY, 即可通过 CY 判断两数的大小。

51 指令系统中有根据 CY 位进行判断转移的指令被划归到位操作指令中, 关于该指令的细节参见 3.8 节位控制转移指令的相关内容。

【例 3-31】将外部数据存储器 DATA1 开始的数据块传送到内部数据存储器 DATA2 开始的单元中, 传送过程中, 如遇到传送的数据为 0 时则停止传送（数据块以 0 作为结束标志）。程序如下:

```
        MOV  DPTR, #DATA1   ;取外部数据块首地址
        MOV  R1, #DATA2     ;取内部数据块首地址
LOOP:   MOVX A, @DPTR       ;从外部数据存储器取数
        JZ   HERE           ;若数据为 0 则终止
        MOV  @R1, A         ;不为 0, 传送到内部 RAM
        INC  DPTR           ;修改地址指针
        INC  R1
```

```
            SJMP    LOOP                        ；继续循环
    HERE:       SJMP  $
```

上述两例中的最后一条指令 SJMP $可以理解为程序停止在此处，或者在等待系统中断。

3.7.3　子程序调用及返回指令

1．子程序的概念

在程序设计过程中经常会遇到功能完全一样的程序块反复使用的情况。比如，在计算类程序设计中可能反复用到多字节加法或减法程序。如果每次重复编制这一程序，势必导致相同的代码重复占用程序存储空间。对于这种情况，本节提出的子程序指令可以实现编制一次程序代码，在不同程序段使用时，采取"调用"的方式将该代码段"插入"到所需位置。实现这一过程需要两条指令，一是在需要插入的地方安排一条调用指令 CALL，使程序转向所需的程序功能块；二是在功能块结尾处安排一条返回指令 RET，使程序再返回到调用指令的下一条继续执行程序。这样便将同一程序块插入到所需位置。我们将调用的程序称为主程序，被调用的程序称为子程序。子程序调用过程如图 3.15 所示。

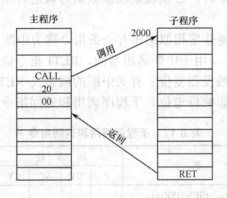

图 3.15　子程序调用过程

2．子程序的编制

因为子程序作为一个功能块要在主程序中反复使用，所以为了规范程序编制及方便子程序的调用需要对子程序进行必要的说明。主要体现在如下 5 个方面。

（1）子程序名称。子程序名称指子程序入口地址标号，也是子程序调用时使用的标号。

（2）子程序功能说明。为了便于使用和阅读，需要对子程序的功能进行简要文字说明。

（3）入口条件（简称入口）。子程序处理数据存放的位置称为入口条件。

（4）出口条件（简称出口）。子程序处理结果存放的位置称为出口条件。

（5）使用寄存器。为了避免主程序和子程序在使用寄存器上产生冲突，需要对子程序使用寄存器情况进行说明，以防止子程序调用过程中将主程序中间结果覆盖。

3．子程序的调用指令

子程序调用指令类似一条转移指令，执行该条指令时，程序将转移到目标地址，即子程序的入口地址。与转移类指令不同的是，子程序调用完毕时必须返回到调用点继续执行程序，因此要求调用指令能够"记住"调用的位置，以备返回时使用。事实上，调用指令在将目标地址送入 PC 前还有一个重要的操作，就是将当前 PC（调用指令的下一条指令地址）值压入到堆栈保存，以备程序返回时使用。返回地址保存好之后再将 PC 修改为目标地址，使程序跳转到子程序入口。

与转移指令类似，子程序调用指令分为长调用 LCALL 和绝对调用 ACALL 两种，指令格式为：

```
LCALL    目标地址
ACALL    目标地址
```

绝对调用和长调用的差别仅在于指令长度和调用范围上，其他功能完全一样。有关长调用和绝对调用过程可参考长转移和绝对转移指令的说明。

4．子程序的返回

由于子程序调用时将调用的下一条指令地址压入了堆栈，所以子程序的返回只需要将栈顶两字节的数据弹入 PC 即可，这就是子程序返回指令的功能。指令格式：

```
RET
```

注意，在执行返回指令时，必须保证栈顶数据为调用时压入的返回地址，否则程序将无法实现正确返回。

与子程序返回指令功能非常相似的还有一条指令称为中断返回指令 RETI。该指令功能也是将栈顶数据弹入 PC，用于中断调用返回。RETI 指令除了实现中断返回以外，还将当前级别的中断优先级触发器复位。有关中断的概念及 RETI 的有关细节将在第 5 章介绍。调用和返回指令不影响标志位。子程序调用和返回指令如表 3.17 所示。

表 3.17　子程序调用和返回指令

指　　令	功　　能	标 志 位				解　　释
		P	OV	AC	CY	
LCALL addr16	(PC)←(PC)+3，　(SP)←(SP)+1， (SP)←(PC7~0)，(SP)←(SP)+1， (SP)←(PC15~8)，(PC)←addr16	×	×	×	×	长调用指令，可在 64KB 空间调用子程序，先保护 PC 当前值，然后转移到目标地址
ACALL addr11	(PC)←(PC)+2，　(SP)←(SP)+1， (SP)←(PC7~0)，(SP)←(SP)+1， (SP)←(PC15~8)，(PC10~0)←addr11	×	×	×	×	绝对调用指令，可在 2KB 空间调用子程序
RET	(PC15~8)←(SP)，(SP)←(SP) −1， (PC7~0)←(SP)，(SP)←(SP) −1	×	×	×	×	子程序返回指令，从栈顶取得返回地址
RETI	(PC15~8)←(SP)，(SP)←(SP) −1， (PC7~0)←(SP)，(SP)←(SP) −1	×	×	×	×	中断返回指令，除具有 RET 功能外，还将中断优先级触发器复位，RET 与 RETI 不能互相代替

注：由于 LCALL 和 ACALL 分别为 3 字节和 2 字节指令，上表中功能说明（PC）←(PC)+3 和（PC）←(PC)+2 指该条指令码全部取出后的地址，即下一条指令地址。

【例 3-32】试编制 4 字节加法子程序。

名称：ADD4

功能：4 字节加法程序。两个无符号 4 字节数相加，高位放在低地址，低位放在高地址。

入口：加数首地址放在 30H，被加数首地址放在 34H。

出口：和放回到加数所在位置 30H。

使用寄存器：R0、R1、R7、A

```
        ADD4:   MOV    R0, #33H    ; R0 指向加数低位地址
                MOV    R1, #37H    ; R1 指向被加数低位地址
                MOV    R7, #4      ; 4 字节计数
                CLR    C           ; 清进位 CY，为最低位加做准备（指令参见 3.8 节置位复位
                                     指令）
        LOOP:   MOV    A, @R0      ; 取加数
                ADDC   A, @R1      ; 与被加数相加
                MOV    @R0, A      ; 送和
                DEC    R0          ; 指针指向下一个字节
                DEC    R1          ; 指针指向下一个字节
                DJNZ   R7, LOOP    ; 4 字节未完成，转去下一次相加
                RET                ; 子程序返回
```

3.7.4　空操作指令

这条指令除了使 PC 加 1，消耗一个机器周期的时间以外，不执行任何操作。常用于短时间的延时或为程序修改预留存储空间。

指令格式：NOP

3.8　位操作指令

布尔变量是以位（bit）为单位进行操作的，所以也叫位操作。位操作是 MCS-51 系列单片机的一个重要特征。在物理结构上，51 单片机有一个布尔处理机，它以进位标志 CY 作为累加器，以可寻址的内部 RAM 的 128 位及部分 SFR 中的位为对象，进行置位、复位、传送、逻辑运算及判断转移等操作。

1．位传送指令

位传送指令以 CY 为位累加器，采用位寻址方式对位进行传送操作。位传送指令共有两条，如表 3.18 所示。

表 3.18　位传送指令

指　　令	功　　能	标　志　位				解　　释
		P	OV	AC	CY	
MOV C，bit	(CY) ← (bit)	×	×	×	√	位操作数送 CY
MOV bit，C	(bit) ← (CY)	×	×	×	×	CY 送某位

2．置位复位指令

置位复位指令直接将位设置成 1 或者 0，指令如表 3.19 所示。

表 3.19　置位复位指令

指　　令	功　　能	标　志　位				解　　释
		P	OV	AC	CY	
CLR C	（CY）←0	×	×	×	0	清 CY
CLR bit	（bit）←0	×	×	×	×	清位
SETB C	（CY）←1	×	×	×	1	置 CY
SETB bit	(bit)←1	×	×	×	×	置位

3．位逻辑运算指令

位逻辑运算指令以 CY 作为位累加器与寻址位进行"与"、"或"、"非"运算。指令如表 3.20 所示。

表 3.20　位逻辑运算指令

指　　令	功　　能	标　志　位				解　　释
		P	OV	AC	CY	
ANL C，bit	（CY）←(CY)∧(bit)	×	×	×	√	CY 和指定位相"与"，结果存入 CY
ANL C，/bit	（CY）←(CY)∧(bit)	×	×	×	√	指定位求反后和 CY 相"与"，结果存入 CY
ORL C，bit	（CY）←(CY)∨(bit)	×	×	×	√	CY 和指定位相"或"，结果存入 CY
ORL C，/bit	（CY）←(CY)∨(bit)	×	×	×	√	指定位求反后和 CY 相"或"，结果存入 CY
CPL C	（CY）←($\overline{CY}$)	×	×	×	√	CY 求反后结果送 CY
CPL bit	（bit）←($\overline{bit}$)	×	×	×	×	指定位求反后结果送指定位

【例 3-33】 完成（Z）=（X）⊕（Y）异或运算，其中 X、Y、Z 表示位地址。

异或运算可表示为（Z）=（X）$\overline{(Y)}$+$\overline{(X)}$(Y)，参考程序如下：

```
MOV  C，X      ;（CY）←（X）
ANL  C，/Y     ;（CY）←（X）∧（Ȳ）
MOV  Z，C      ; 暂存 Z 中
MOV  C，Y      ;（CY）←（Y）
ANL  C，/X     ;（CY）←（Y）∧（X̄）
ORL  C，Z      ;（CY）←（X）∧／（X）+（X）∧／（Y）
MOV  Z，C      ; 保存异或结果
SJMP $
```

4．位控制转移指令

位控制转移指令以 CY 和寻址位作为判断条件，决定指令是否转移。其中，JBC 指令在寻址位为 1 转移的同时将该位清零。指令如表 3.21 所示。

表 3.21　为控制转移算指令

指　　令	标　志　位				解　　释
	P	OV	AC	CY	
JC rel	×	×	×	×	若（CY）=1，则转移，（PC）←（PC）+2+rel，否则程序顺序执行

（续表）

指　令	标　志　位				解　　释
	P	OV	AC	CY	
JNC rel	×	×	×	×	若（CY）=0，则转移，（PC）←（PC）+2+rel，否则程序顺序执行
JB bit，rel	×	×	×	×	若（bit）=1，则转移，（PC）←（PC）+3+rel，否则程序顺序执行
JNB bit，rel	×	×	×	×	若（bit）=0，则转移，（PC）←（PC）+3+rel，否则程序顺序执行
JBC bit，rel	×	×	×	×	若（bit）=1，则转移，（PC）←（PC）+3+rel，并清零该位，即 bit=0，否则程序顺序执行

【例 3-34】试根据累加器 A 和寄存器 B 中的内容大小实施转移，当 A>B 时转 A1 执行程序，当 A=B 时转 A2 执行程序，当 A<B 时转 A3 执行程序。程序编制如下：

```
START: CJNE  A , B , CONTINUE      ;比较 A 和 B 的大小，影响标志位
       SJMP A2                     ;A=B，转 A2
CONTINUE:  JC A3                   ;A<B，转 A3
       SJMP A1                     ;A>B，转 A1
```

习题与思考题

3-1　举例说明 51 单片机有多少种寻址方式。

3-2　举例说明什么是寄存器间接寻址。和直接寻址相比，寄存器间接寻址有何优点？

3-3　试用直接寻址和寄存器间接寻址方式将内部 RAM 30H 中的内容送到累加器 A 中。

3-4　如果转移指令为 2 字节，指令所在地址为 2850H，转移的目的地址为 282AH，试问相对转移的偏移量应该是多少？

3-5　试将外部数据存储器 2000H 单元中的内容取到累加器 A 中，将外部程序存储器 2100H 单元中的内容取到寄存器 B 中。

3-6　编制程序将内部数据存储器 30H 开始的 4 字节传送到 50H 开始的内部数据存储器中。

3-7　试用堆栈指令将内部存储器 20H～21H 和 30H～31H 的内容互换。

3-8　试用 MOV 指令将栈顶内容读入累加器 A 中。（提示：栈顶系指 SP 所指单元）

3-9　试用间接寻址的交换指令将内存区 30H～33H 中的内容清零。

3-10　试将 20H 和 21H 中的两个数相加，结果送到 22H 中。

3-11　试将内部存储器 20H21H 和 22H23H 存放的两个字形变量（按大端模式存放）相加，将结果存放到 24H25H 单元中。

3-12　内部存储器 30H～39H 中存放有非紧凑型 BCD 码，试编制程序将其转换为 ASCII 码。

3-13　内部存储器 20H 和 22H 开始存放有两个字形数据（按大端模式存放），试将两者相减，结果送到 24H25H 单元中。

3-14　内部存储器 30H 和 40H 开始存放有两个 6 字节有符号数据（按大端模式存放），

试编制程序将两者相加，结果送到 50H 开始的单元中，并判断是否有溢出，如果有溢出，则将寄存器 B 置为 0FFH。

3-15 外部数据存储器 4000H 中存放有 100 个字节型二进制无符号数据，试编制程序将这 100 个数据求和，并将和放在 4100 开始的单元中（考虑和的大小）。

3-16 外部存储器 2000H 和 2100H 开始的单元中存放有两个 8 字节的二进制数据，高位存放于低地址，低位存放于高地址。试编制程序求两数之差，并将差放在内部存储器 30H 开始的单元中。

3-17 两个字节型无符号二进制数 x、y 分别存放于内部存储器 30H 和 31H 中，试编制程序求 $z=(x+y)^2$，注意，并将 z 存放于 32H 和 33H 中。（按大端模式存放）

3-18 设二进制无符号数据 X、Y 分别存放于内部存储器 30H、32H 中，字长为 16 位，数据高位存于低地址，低位存于高地址。试编制程序求 $Z=XY$，将 Z 存放于 34H 开始的单元中。

3-19 试通过用除法指令将 30H 中的无符号二进制数据转换成 BCD 码，存放于 40H 开始的单元中。

3-20 外部存储器 8000H 开始存放有 32 个字节型二进制无符号数据，试编制程序将这些数据求平均值，结果只保留整数部分，并放在 8100H 中。

3-21 内部存储器 20H 中存放有 16 个字节型二进制无符号数据，试编制程序将这些数据求平均值，并将平均值的整数部分放在内部存储器 30H 中，小数部分放在 31H 中。

3-22 试编制程序将累加器 A 中的紧凑型 BCD 码转换为 ASCII 码存放在 40H、41H 中。

3-23 内部存储器 50H 开始存放有 8 字节的非紧凑型 BCD 码，试编制程序将其转换为紧凑型 BCD 码存放在 60H 开始的单元中。

3-24 外部存储器 2000H 开始存放有 50 字节的有符号数据，试编制程序统计其中正负数的个数并将其中的正数和负数分别传送到内部存储器 30H 和 50H 开始的单元中。

3-25 外部存储器 3000H 开始存有一个 ASCII 码字符串，长度为 30 字节。试编制程序查找其中是否有字符'A'，并做如下处理：如果找到字符'A'，则在寄存器 B 中存入字符'A'所在的位置（距 3000H 的字节数），如果没有找到字符'A'，则在寄存器 B 中存入 0FFH。

3-26 内部存储器 20H 开始存有 ASCII 码数据，以字符'$'结束。试编制程序查找其中是否有字符串'ab'，并做如下处理：如果找到字符串'ab'，则在寄存器 B 中存放字符串'ab'所在的位置（距 20H 的字节数），如果没有找到字符串'ab'，则在寄存器 B 中存入 0FFH。

第4章 汇编语言程序设计

尽管汇编语言仍是面向机器的语言，但由于采用了助记符替代机器码，再辅助符号、定位及简单运算和自动翻译，使汇编语言比初期的机器语言要方便很多。在微型计算机系统中，由于机器速度的不断提高和内存的不断扩大使得程序的代码效率已经显得无足轻重。但是，单片机的资源非常有限，这使得在单片机系统上运行的程序无论是采用汇编语言还是 C 语言，编程技巧及代码效率都是非常重要的，而高效的代码正是汇编语言突出的特点。本章将介绍汇编语言语法及常用的汇编语言程序结构。

4.1 汇编语言程序设计概述

4.1.1 汇编语言的概念

汇编语言是用英文助记符来表示指令的符号语言。用汇编语言编写的程序称为汇编语言源程序，为 ASCII 码文件。汇编语言源程序是通过普通的编辑软件编写的，其本身 CPU 无法识别。在运行时，需将汇编语言源程序转换或翻译成机器可以识别的机器码。能够将汇编语言源程序转换成机器码的程序称为汇编程序，转换过程称为汇编。经汇编程序翻译得到的机器码称为目标程序。目标程序能够被 CPU 识别，即是可以直接运行的程序。

汇编语言从指令性质上可以分为两类，一类是指令性语句（Instruction），另一类是指示性语句（Directive）。指令性语句有对应的机器代码，运行时由 CPU 指令译码器翻译执行。指示性语句又称为伪指令语句，简称伪指令。伪指令在汇编时没有机器代码与之对应，在程序中起辅助作用，是为汇编程序服务的指令。

4.1.2 汇编语言的特点

汇编语言具有如下特点。

（1）汇编语言是面向机器的语言，它以 CPU 指令系统为主体，指令操作直接涉及机器硬件。

（2）汇编语言运行速度快，程序代码效率高，占用存储空间小。

（3）汇编语言离不开具体机器的硬件，不具通用性。

4.2 汇编语言的伪指令与汇编

如上节所介绍的，汇编语言指示性语句不是指令系统中的指令，不能翻译成机器码被 CPU 执行，它在汇编过程中指导汇编程序对目标程序进行定位、预留存储空间、初始化程序存储器、定义符号等。本节介绍常用的伪指令。

4.2.1　常用伪指令语句

MCS-51 单片机汇编语言程序设计中常用的有 8 条伪指令，下面逐一介绍。

1. 定位伪指令 ORG

格式：ORG　　addr16

该指令用于在程序存储器中规定目标程序或数据块的起始地址。该指令在汇编时将后续程序或数据从 addr16 地址开始存放。

一般 ORG 伪指令总是出现在每段源程序或数据块的开始。通过 ORG 指令可以把主程序、子程序或数据块存放在存储器指定的位置。若在源程序最开始没有设置 ORG 指令，则汇编程序将从 0000H 单元开始存放目标程序。

【例 4-1】

```
              ORG 0000H
              LJMP MAIN
              ORG 100H
    MAIN:     MOV  A, #0
              ...
              ...
```

说明：指令 LJMP MAIN 存放于 0000H 开始的单元，指令 MOV A，#0 及其后续程序从 0100H 单元开始存放。

在一个源程序中可多次使用 ORG 指令来规定不同程序段的起始地址。但是，地址必须由小到大排列，不能交叉或重叠。

2. 汇编结束伪指令 END

格式：　　END

END 指令告诉汇编程序源程序到此结束。如果 END 后面还有程序，汇编程序将不予汇编。一个完整的汇编语言源程序中必须有 END 指令，否则汇编程序将提示源程序出错。

3. 赋值伪指令 EQU

格式：　　符号　　EQU　　数值、表达式或前面定义过的符号

EQU（Equate）指令将数值、表达式及已经定义好的符号等赋予本语句的符号。该符号在后续程序中即可当成所定义的内容使用。EQU 所定义的符号必须先定义后使用，一般放在程序开头，其值在整个程序中均有效。

【例 4-2】用 EQU 赋值。

```
        LED_LAMP      EQU    P1.0
        COUNTER       EQU    30H
        DISPLAY_ADDR  EQU    2000H
        POINTER       EQU R0
        ...
MOV  COUNTER, #100                    ; 等效 MOV 30H, #100
```

```
MOV   DPTR, #DISPLAY_ADDR   ; 等效 MOV  DPTR, #2000h
SETB  LED_LAMP              ; 等效 SETB  P1.0
MOV   POINTER, #30H;        ; 等效 MOV  R0, #30H
```

赋值语句的使用为程序的修改带来方便。如果在程序开始定义了变量地址或者计数初值等内容，并且在程序中多次使用，则在修改时，只需要修改程序开始的赋值语句即可将程序中所有相关内容全部修改，这不仅降低了修改量，同时也减少了出错机会。

4. 字节定义伪指令 DB

格式：[标号：] DB 字节数据表

字节定义伪指令用于定义程序存储器的单元内容，即将其后数据表中的数据从低地址到高地址依次存放在程序存储器中。字节数据表可以是一字节或者是以逗号分隔的多字节数据、字符串或表达式等。

【例 4-3】用字节定义伪指令定义内存。

```
ORG 2000H
AAA:    DB  'a', 78H, -1, 16
BBB:    DB  '12'
        ...
```

内存定义如图 4.1 所示。

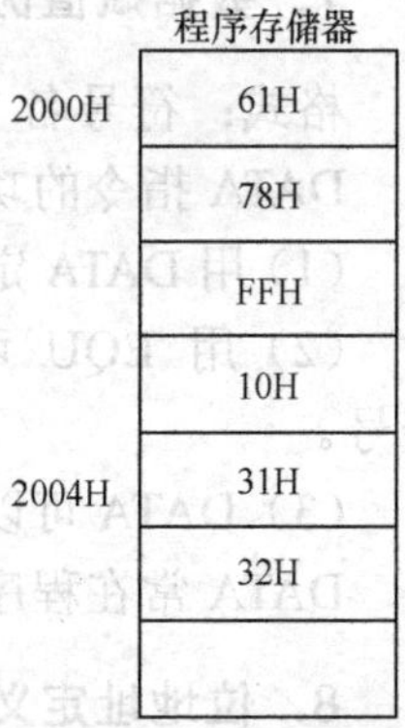

	程序存储器
2000H	61H
	78H
	FFH
	10H
2004H	31H
	32H

图 4.1 例 4-3 图

5. 字数据定义伪指令 DW

格式：[标号：] DW 字数据表

指令 DW 与指令 DB 类似，但 DW 定义字数据，每个数据项为两字节，按大端模式存放，即高位存低地址单元，低位存高地址单元。

【例 4-4】 用字数据定义伪指令定义内存。

```
ORG  1200H
D1: DW l122H, 100
D2: DW  -2
```

该段程序定义的内容如图 4.2 所示。

6. 预留空间伪指令 DS

格式：[标号：] DS 数值或表达式

DS 指令的功能是指定程序存储器中预留一个存储区，以备源程序使用。存储区预留的单元个数由后面的数值或表达式决定。

【例 4-5】用 DS 指令预留空间，并在其后定义内存。

```
ORG 1000H
BUF:    DS 50
TAB:    DB 22H  ;22H 存放在 1032H 单元
```

表示从 1000H 开始的地方预留 50 个（1000H~1031H）字节，但是其中的内容不确定，如图 4.3 所示。

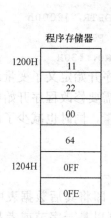

图 4.2　例 4-4 图

图 4.3　例 4-5 图

7. 数据赋值伪指令 DATA

格式：符号名　　DATA　　数或表达式

DATA 指令的功能和 EQU 类似，但有以下差别。

（1）用 DATA 定义的符号可以先使用后定义，而 EQU 定义的符号必须先定义后使用。

（2）用 EQU 可以把一个汇编符号赋给字符符号，而 DATA 只能把数据赋给字符符号。

（3）DATA 可以把一个表达式赋给字符名，只要表达式是可求值的即可。

DATA 常在程序中用来定义数据地址。

8. 位地址定义伪指令 BIT

格式：　地址符号　　BIT　　位地址

BIT 指令把位地址赋予位地址符号。

【例 4-6】用 BIT 指令定义位地址名。

```
        MN      BIT  P1.7
        FLAG1   BIT  08H
    ...

        MOV  C, MN
        CLR  FLAG1
```

汇编时，位地址 P1.7、02H 分别赋给变量 MN 和 FLAG1。在进行位操作时 MN 和 P1.7、FLAG1 和 08H 的意义完全相同。

4.2.2　汇编语言的运算符

汇编语言支持简单的运算，运算种类包括加、减、乘、除运算（+、−、*、/）、逻辑运算（AND、OR、NOT）、取模（MOD）、关系比较（<、>、=、<>）、移位（SHR、SHL）及取高低 8 位（HIGH、LOW）等运算。这些运算使用的数据类型为 16 位整数，关于运算的详细使用方法请参考有关资料。

需要指出的是，汇编语言运算符是为汇编程序提供的，程序员可以使用这些运算符对程序中的数据和地址进行简单计算，并把计算结果赋给所定义的符号。但必须明确的是，这种计算只是在汇编源程序时一次性进行，在用户进行程序运行时，这些运算符是无法使用的。

4.2.3 汇编语言的汇编

早期的汇编过程采用人工查表的方式翻译指令，称为手工汇编。手工汇编不但麻烦，而且容易出错。现在汇编工作由汇编软件来完成，不仅速度快，而且准确无误。汇编软件具有错误识别与提示能力，为编程者迅速查找源程序中的错误提供了方便。需要指出的是，汇编程序所识别的错误仅仅是语法方面的错误，编程者在算法方面的错误是无法识别的。

由于个人计算机的普及，现在单片机应用系统的设计和调试都借助于个人计算机来完成。用个人计算机汇编单片机的汇编语言源程序称为交叉汇编。汇编后生成的机器码称为目标程序，扩展名为"OBJ"。汇编完成之后可以在个人计算机中对目标程序进行仿真调试，也可以通过个人计算机的串行通信接口将目标程序下载到单片机中进行运行调试。

4.3 汇编语言程序设计方法

使用汇编语言编程的目的之一就是压缩程序空间，提高代码效率。但是，与高级语言相比，汇编语言更难以理解和掌握。所以，对于初学者来讲，利用汇编语言编制程序是比较困难的。本节将介绍利用汇编语言编程的基本方法和步骤。

汇编语言编写程序，一般可分为以下几个步骤。

1．理解任务

编程人员应该充分理解工作任务，明确工作目标，这一点是程序编制的前提。

2．建立数学模型

对于较为复杂的工作任务还应建立相关的数学模型和数据结构，在满足计算精度和运行速度的前提下选择合适的数据格式，如定点格式或者浮点格式。

3．合理安排变量

安排变量时要注意其性质，尽量少安排静态变量，多使用动态变量，提高存储器的利用效率。

4．确定算法

解决一个问题往往有多种不同的方法。由于不同的应用系统要求不尽相同，算法的选择在考虑尽量简洁的同时还要兼顾运行速度和存储容量等方面的问题。

5．绘制程序流程图

算法是程序设计的依据，而流程图则是算法和程序编制之间的桥梁。把解决问题的思路和算法按照合理的程序结构绘制成程序流程图，对于复杂的程序设计是非常有帮助的。此外，程序设计尽量采用模块化程序设计，这不仅方便程序的调试，而且在程序的修改和扩展方面也会提供很多便利。国际通用的流程图有表示开始和结束的椭圆框，表示一般处理的矩形框和表示条件分支的菱形框等。程序走向按照由上到下、由左到右的原则，如果方向相反或者走向不明确，需加箭头标明程序走向。

6．源程序编制

程序设计之前应安排好程序变量。由于单片机资源有限，合理地使用内存是非常重要的。如果有较为详细的程序流程图，则程序的编制会较为方便。如果流程图较为粗略或者没有流程图，那么程序的编制要认真仔细，否则会在程序调试阶段出现大量问题。

7．程序调试

程序编制完成后要进行认真调试。程序调试有仿真调试和目标板硬件调试两种模式。对于不涉及硬件的程序在个人计算机上进行仿真调试即可。如果涉及硬件，则在个人计算机上只能进行粗略的仿真调试，最终还需进行目标板调试。程序调试应按模块进行，在各模块调试完毕后方能进行主程序联调。程序调试是一个修改和完善的过程，发现错误后进行修改，之后再调试，直到正确为止。

4.4　汇编语言程序的基本结构

任何复杂的程序设计都可以分解为顺序结构、分支结构、循环结构和子程序四种。这些程序结构具有易于读写，易于验证和可靠性高等特点，在程序设计中被广泛使用。

4.4.1　顺序程序设计

顺序程序结构是程序结构中最简单、最基本的一种形式，其特点是从第一条指令开始逐一顺序执行程序中的每一条指令，直到程序结束为止。此种结构运行速度快，但不宜处理重复的工作。如果用流程图表示顺序结构，则是一个处理框紧跟着一个处理框的简单结构。

【例 4-7】有两组压缩 BCD 码（如 1183H 和 5678H），加数和被加数分别存放在 22H23H 单元和 32H33H 单元中，试求两者之和，并将和送入 42H43H 单元中。数据按大端模式存放，程序如下：

```
    MOV   A, 23H    ; 取加数低位 83H
    ADD   A, 33H    ; 加被加数低位 78H, 结果为 0FBH
    DA    A         ; 十进制数调整指令, 加 66H, 结果为 61H, CY 为 1
    MOV   43H, A    ; 存和的低位
    MOV   A, 22H    ; 取加数高位 11H
    ADDC  A, 32H    ; 连同进位加被加数高位 56H, 结果为 68H
    DA    A         ; 十进制调整, 加 00H, 结果为 68H
    MOV   42H, A    ; 存高位结果
    SJMP  $
    END
```

【例 4-8】试编制程序，求变量 X（$0 \leqslant X \leqslant 9$）的平方。$X$ 的值存放于内部 RAM 30H 单元中，结果放于 31H 中。

分析：由于乘法指令执行的时间较长，故可采用查表方式进行，内存数据表和程序流程图如图 4.4 和图 4.5 所示。

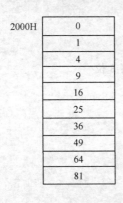

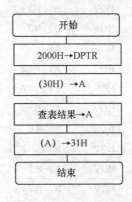

图 4.4　平方数存储表　　　　　图 4.5　例 4-8 流程图

```
START:  MOV   DPTR, # SQUAE    ; 指针指向平方表首地址
        MOV   A, 30H           ; 取变量
        MOVC  A, @A+DPTR       ; 查表
        MOV   31H, A           ; 存结果
        SJMP  $
        ORG 2000H
SQUAE:  DB  0, 1, 4, 9, 16, 25, 36, 49, 64, 81
        END
```

查表技术是汇编语言源程序设计的一个重要技术，通过查表可以避免复杂的计算和编程，节省单片机的运行时间。

【例 4-9】设 M1 和 M2 为两个双字节二进制数据、试编制双字节乘法程序，求 P=M1*M2。

多字节乘法可以采取两种算法，一是采用判断乘数，累加部分积的方法。这种方法模拟手工乘法，不受位数限制。另一种是利用指令系统中的 8 位乘法指令完成。后者较前者速度快，但是代码效率略低。本例采用后者。

对于两个双字节数据，可以将其写成 ab 和 cd，a、b、c、d 为 8 位数，可以将 ab 和 cd 写为：

$$ab = a*2^8 + b$$
$$cd = c*2^8 + d$$

这样双字节乘法可以写为：

$$ab*cd = (a*2^8 + b)(c*2^8 + d) = ac*2^{16} + (bc + ad)2^8 + bd$$

由上式可以看出，两个十六位数相乘，可以将其分解为 4 组 8 位数相乘后按照不同的阶数求和，求和的对阶过程如图 4.6 所示。由于程序中没有任何转移语句，所以本程序是典型的顺序程序结构。参考内存数据分配图 4.7，程序编制如下：

```
START:  MOV   A, M1+1     ; 取 b
```

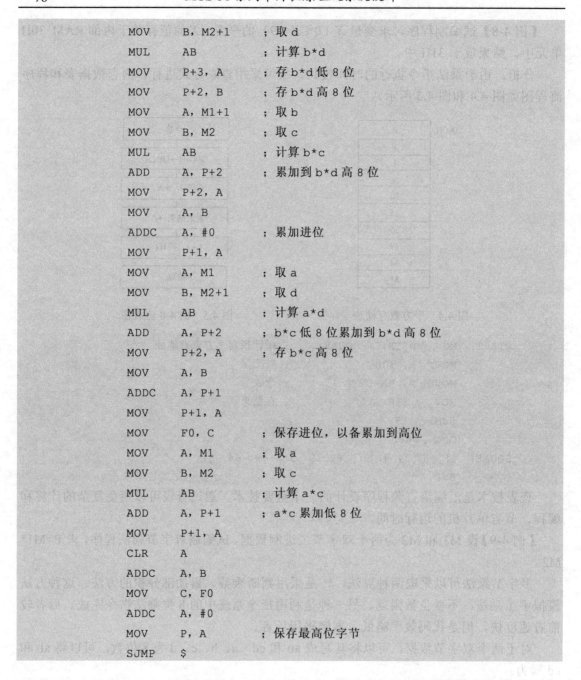

```
MOV     B, M2+1     ; 取 d
MUL     AB          ; 计算 b*d
MOV     P+3, A      ; 存 b*d 低 8 位
MOV     P+2, B      ; 存 b*d 高 8 位
MOV     A, M1+1     ; 取 b
MOV     B, M2       ; 取 c
MUL     AB          ; 计算 b*c
ADD     A, P+2      ; 累加到 b*d 高 8 位
MOV     P+2, A
MOV     A, B
ADDC    A, #0       ; 累加进位
MOV     P+1, A
MOV     A, M1       ; 取 a
MOV     B, M2+1     ; 取 d
MUL     AB          ; 计算 a*d
ADD     A, P+2      ; b*c 低 8 位累加到 b*d 高 8 位
MOV     P+2, A      ; 存 b*c 高 8 位
MOV     A, B
ADDC    A, P+1
MOV     P+1, A
MOV     F0, C       ; 保存进位，以备累加到高位
MOV     A, M1       ; 取 a
MOV     B, M2       ; 取 c
MUL     AB          ; 计算 a*c
ADD     A, P+1      ; a*c 累加低 8 位
MOV     P+1, A
CLR     A
ADDC    A, B
MOV     C, F0
ADDC    A, #0
MOV     P, A        ; 保存最高位字节
SJMP    $
```

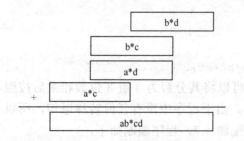

图 4.6　16 位乘法分解示意图

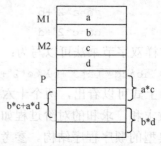

图 4.7　16 位乘法存储示意图

4.4.2　分支程序设计

程序除了顺序执行各条指令外，也经常会有按不同条件执行不同处理程序的情况。例如，根据两个数据是否相等、两个数据的大小情况、I/O 接口状态等来执行不同的程序。这里所谓的"不同条件"在计算机内部最终反映在标志位上，程序员可以使用条件转移指令和位控制转移指令来实现程序分支。通常将按照不同条件进行不同程序的程序结构称为分支结构。分支程序可以分为单分支和多分支，分支流程图如图 4.8 所示。

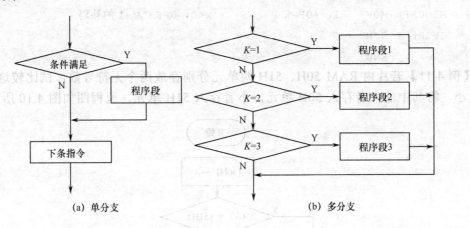

(a) 单分支　　　　　　　　　　　　　(b) 多分支

图 4.8　分支结构流程图

【例 4-10】x，y 均为 8 位有符号数（补码），x 存放于 R0 中，y 存放于 R1 中。试求解：

$$y = \begin{cases} -1 & x < 0 \\ 0 & x = 0 \\ +1 & x > 0 \end{cases}$$

分析：补码中符号位为最高位，0 为正，1 为负。为了判断 x 的符号位，先将 x 传送到累加器 A 中。流程图如图 4.9 所示。

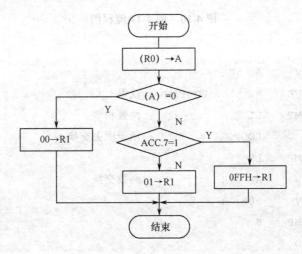

图 4.9　例 4-10 流程图

程序编制如下：

```
    START:  MOV    A, R0,
            JNZ    NOTZ
            MOV    R1, #0           ; x=0
            SJMP   OVER
    NOTZ:   JB     ACC.7,  MINUS   ; 如果 x<0，则转 MINUS
            MOV    R1, #01H         ; x>0
            SJMP   OVER
    MINUS:  MOV    R1, #0FFH        ; x<0，0FFH 为 -1 的补码
    OVER:   SJMP   $
            END
```

【例 4-11】若片内 RAM 50H、51H 两单元分别存放两个无符号数，试比较这两个数的大小，将其中的大者存入 50H 单元，小者存入 51H 单元。流程图如图 4.10 所示。

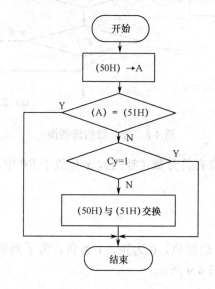

图 4.10　例 4-11 流程图

程序编制如下：

```
            MOV    A, 50H
            CJNE   A, 51H, LOOP1    ; 获得 Cy
    LOOP:   SJMP   LL               ; 两数相等
    LOOP1:  JC     LOOP2            ; 小于则去交换
            SJMP   LL
    LOOP2:  XCH    A, 51H           ; 两数交换
            MOV    50H, A
    LL:     SJMP   $
            END
```

关于多分支程序设计参见【例 3-29】和【例 4-23】。

4.4.3 循环程序设计

在程序设计过程中经常会遇到某一个同样的操作处理需要重复执行的情况。这时可使用循环程序结构,以便压缩程序存储空间,提高程序设计的质量。循环程序分为先处理后判断循环和先判断循环后处理两种循环方式,流程图如图 4.11 所示。

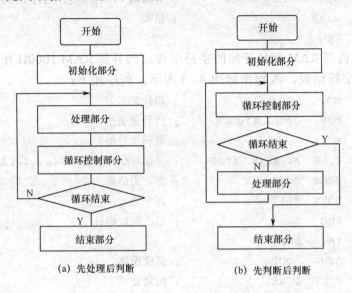

图 4.11 循环程序流程图

循环程序一般包含三部分。一是初值设置部分,用于设置循环过程工作寄存器和内存单元的初值。例如,循环次数计数器初值、地址指针初值、工作寄存器初值和相关内存单元的初值等。二是循环处理部分,这部分即是该程序段要进行的主要工作内容。第三是循环控制部分,包括数据地址的修改、循环次数的修改及判断循环是否结束等。

如果循环程序中不包含内层循环程序,则称之为单重循环程序。如果在循环体中还包含有内层循环程序,则称为循环嵌套。有两层嵌套的程序称为二重循环,有多层嵌套的程序称为多重循环。在多重循环中,只允许外层循环嵌套内层循环,不允许循环相互交叉,也不允许从循环程序的外部直接跳到循环程序的内部,否则将会引发程序混乱。

【例 4-12】已知以内部 RAM ADDR1 为起始地址的数据块存放有一组单字节无符号数,块长在 LEN 单元内。试编制程序求出数据块中的最大值,并将其存入 MAX 单元中。

分析:本程序首先将 MAX 单元清零,以 R1 作为指针,用 MAX 的内容逐一与((R1))相比较,若((R1))内容有大者,则将其取入 MAX 中。循环计数以数据块长度为计数初值,每次循环减 1,并以是否为 0 来判断循环是否结束。注意,按照题意本数据块的长度已经放在 LEN 中。流程图如图 4.12 所示,程序如下:

```
       ADDR1   DATA    50H
       LEN     DATA    30H
       MAX     DATA    32H
       MOV     MAX , #00H      ; MAX 清零
       MOV     R1 , #ADDR1     ; ADDR1 送 R1
LOOP:  MOV A , @R1             ; 将数据读入 A 中
```

```
        CJNE    A , MAX, NEXT      ; A 和 MAX 比较
NEXT:   JNC     NEXT1             ; 若（MAX）≥A，则下一个
        MOV     MAX , A           ; 若（MAX）<A，则大数送 MAX
NEXT1:  INC     R1                ; 修改数据块指针 R1
        DJNZ    LEN , LOOP        ; 计数减 1，若未完，则转 LOOP
        SJMP    $                 ; 结束
        END
```

【例 4-13】将内部 RAM 60H 开始的字符串传送到外部 RAM 1000H 开始的存储区域，字符串以 '$' 字符结束。流程图如图 4.13 所示，程序如下：

```
MAIN:   MOV    R0, #60H           ; 指针置初值
        MOV    DPTR, #1000H       ; 指针置初值
LOOP0:  MOV    A, @R0             ; 取一个数据
        CJNE   A, #24H, LOOP1     ; 是循环结束标志？24H 为$的 ASCII 码
        SJMP   DONE               ; 是，去结束
LOOP1:  MOVX   @DPTR, A           ; 循环处理
        INC    R0                 ; 修改地址指针
        INC    DPTR
        SJMP   LOOP0              ; 继续循环
DONE:   SJMP   DONE               ; 结束处理
        END
```

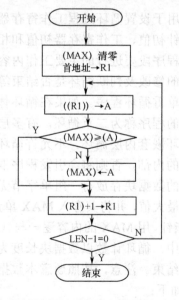

图 4.12　例 4-12 流程图

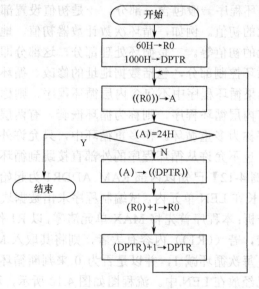

图 4.13　例 4-13 流程图

4.4.4　子程序设计

在较为复杂的程序设计过程中，有些特定的程序功能块，如多字节的加、减、乘、除，代码转换，字符处理等程序，可能在程序中反复被使用。如果每次遇到这些程序功能块都重复编写程序，不仅会使程序冗长，重复占用程序存储空间，而且还容易出现差

错。为了避免出现上述问题，在程序设计过程中经常把这些功能模块按一定结构编写后存储在固定的程序空间，当需要时调用这些程序。通常将这种能够完成一定功能，可以被其他程序调用的程序称为子程序，调用子程序的程序称为主程序。子程序调用过程相当于将子程序插入到主程序中。子程序调用过程用指令 ACALL 或 LCALL 完成。子程序执行结束后返回主程序的过程称为子程序返回，用 RET 指令完成。

在 3.7.3 节中曾经指出，子程序的编写必须有子程序名称、入口条件和出口条件，同时，还应注意子程序调用过程中主程序中间结果的保护，即所谓的保护现场。有时，为了避免子程序破坏主程序的中间结果，经常在子程序的开始时使用压栈指令把子程序中所使用的寄存器的内容（即主程序的中间结果）压入堆栈，在子程序结束返回之前再使用弹出指令把堆栈中的内容弹出到原来的寄存器中，恢复子程序调用前的寄存器状态。

【例 4-14】试编写 10 字节的无符号二进制数求和子程序。

名称：SUM。

入口：RAM 30H 开始的单元。

出口：结果存放于 70H 和 71H 中，低位存放于 71H 中，高位存放于 70H 中。

使用的寄存器：A、R0、R7。

```
            MOV     R7, #10
    SUM:    MOV     R0, #30H
            CLR     A
            MOV     70H, A
    LOOP:   ADD     A, @R0
            JNC     NEXT
            INC     70H
    NEXT:   INC     R0
            DJNZ    R7, LOOP
            MOV     71H, A
            RET
```

【例 4-15】试编写 8 位二进制数转换成 BCD 码的子程序。

入口：A 中存放要转换的二进制数。

出口：转换结果首地址存放在 R0 中。

```
    BINBCD1: MOV    B,   #100
            DIV     AB
            MOV     @R0,   A   ;保存百位,
            INC     R0
            MOV     A,   #10  ;将余数除以 10
            XCH     A,  B    ;A 为被除数，B 为除数
            DIV     AB
            MOV     @R0,   A   ;保存十位
            INC     R0
            XCH     A,  B     ;余数送 A
            MOV     @R0,   A   ;存个位
            RET
```

说明：本程序将被转换数据除以 100，则商即是 BCD 码的百位；再将余数除以 10，

则商即是 BCD 码的十位，而第二次的余数则是 BCD 码的个位。

【例 4-16】将十六进制数的 ASCII 码转换成相应二进制数的子程序。

分析：十六进制数 0～9 的 ASCII 码为 30～39H，A～F 的 ASCII 码为 41～46H。按照题意，只需要判断被转换数据是 0～9 还是 A～F，如果是前者，则将被转换数据减去 30H 即可；如果是后者，则将被转换数据减去 37H 即可。流程图如图 4.14 所示。

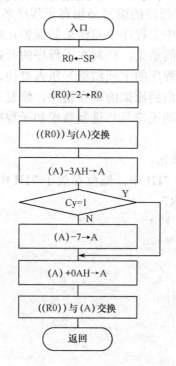

图 4.14 例 4-16 流程图

入口：被转换数据在栈顶。

出口：转换结果（ASCII 码）在栈顶。

```
SUBASH: MOV   R0, SP      ; SP 不能改变
        DEC   R0          ; 否则不能正确返回
        DEC   R0          ; 栈顶两字节为返回地址
        XCH   A, @R0      ; 从堆栈取出被转换的数送给 A
        CLR   C
        SUBB  A, #3AH     ; 是否为 0～9 的 ASCII 码
        JC    ASCDTG      ; 若是，则转 ASCDTG
        SUBB  A, #07H     ; 若否，则再减去 7
ASCDTG: ADD   A, #0AH     ; 转换成十六进制数
        XCH   A, @R0      ; 转换后十六进制数压堆栈
        RET
```

注意：本程序通过堆栈传递参数，即调用前将要转换的数据压入堆栈，之后调用程序。所以，程序转到子程序处时，栈顶是返回地址，其后才是所传递的数据。调用时主程序安排如下：

```
...
PUSH ACC              ;将要转换的数据压栈
LCALL   SUBASH        ;调用转换程序
POP  ACC              ;弹出转换结果
...
```

4.5 汇编语言程序设计举例

4.5.1 算术运算程序

【例 4-17】多字节无符号数减法子程序。被减数和减数分别存放于内部 RAM DATA1 和 DATA2 开始的单元中,差存放于 DATA2 中。

```
MSUB:  MOV   R0, #DATA1+N-1     ;设被减数指针
       MOV   R1, #DATA2+N-1     ;设减数指针
       MOV   R7, #N             ;字节数计数
       CLR   C
LOOP:  MOV   A, @R0
       SUBB  A, @R1             ;求差
       MOV   @R1, A             ;存结果
       DEC   R0                 ;修改指针
       DEC   R1
       DJNZ  R7, LOOP           ;循环判断
       RET
```

4.5.2 数制转换程序

【例 4-18】试将双字节二进制数转换成 BCD 码。

分析:任何一个 16 位二进制整数可以写成以 2 为基数按权展开的多项式,即

$$A_{15}A_{14}\cdots A_1A_0=A_{15}\times2^{15}+A_{14}\times2^{14}+\cdots+A_1\times2^1+A_0$$

如果上式右侧的算式用十进制进行计算,得到的就是十进制的结果。问题是右侧的算式如何在计算机上进行计算呢?如果将右侧的表达式进行如下分解:

$$A_{15}A_{14}\cdots A_1A_0=A_{15}\times2^{15}+A_{14}\times2^{14}+\cdots+A_1\times2+A_0$$

$$=(A_{15}\times2^{14}+A_{14}\times2^{13}+\cdots+A_1)\times2+A_0$$

$$=((A_{15}\times2^{13}+A_{14}\times2^{12}+\cdots+A_2)\times2+A_1)\times2+A_0$$

$$=((\cdots((0\times2+A_{15})\times2+A_{14})\times2+A_{13})\times2+\cdots+A_2)\times2+A_1)\times2+A_0$$

由上式可以看出,可以将 $A_i\times2+A_{i-1}$ 作为循环体来进行循环设计。为了提高计算速度,我们将乘以 2 用左移 1 位来实现。求和的过程一定要用十进制数相加,即加法指令后加十进制调整指令 DA A,这样才能保证运算结果是 BCD 码。程序流程图如图 4.15 所示。这里将程序按照子程序设计,程序编制如下:

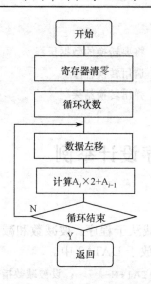

图 4.15 例 4-20 流程图

入口参数：16 位无符号数在 R2R3 中。

出口参数：5 位结果，万位在 R4 中，千位、百位在 R5 中，十位、个位在 R6 中。

```
BINBCD1:CLR   A
        MOV   R4,  A      ; 清零出口参数寄存器
        MOV   R5,  A
        MOV   R6,  A
        MOV   R7,  #16    ; 循环计数初值
LOOP:   CLR   C           ; 标志位 Cy 清零，为乘 2 做准备
        MOV   A,  R2      ; R3R2 整体左移 1 位
        RLC   A
        MOV   R2,  A
        MOV   A,  R3
        RLC   A
        MOV   R3,  A
        MOV   A,  R6      ; 最高位移入进位位
        ADDC  A,  R6      ; 自身相加相当于乘 2
        DA    A           ; 带进位加则是将移入的最高位加入和中
        MOV   R6,  A      ; 即实现 A_i×2+A_{i-1}
        MOV   A,  R5
        ADDC  A,  R5      ; 累加进位
        DA    A
        MOV   R5,  A
        MOV   A,  R4      ; R4R5 中累加可能产生的进位
        ADDC  A,  R4      ; 将其累加到 R6 中
        MOV   R4,  A      ; 万位数最大不超过 6，不用调整
        DJNZ  R7, LOOP    ; 若 16 位未完则继续循环
        RET
```

说明：程序中用 R4R5R6 进行累加，由于每次累加时将被转换数据的最高位同时加入，所以每次累加过程即实现了 $A_i \times 2 + A_{i-1}$ 运算。

【例 4-19】试编制单字节 BCD 码整数转换成单字节二进制整数的子程序。

入口：待转换的单字节 BCD 码整数在累加器 A 中。

出口：转换后的单字节二进制整数仍在累加器 A 中。

使用寄存器：A、B、R4、PSW；堆栈需求：2 字节。

```
BCDH:    MOV  B, #10H    ；除数为 16，分离十位和个位
         DIV  AB         ；BCD 码除以 16，商为高 4 位，余数为低 4 位
         MOV  R4, B      ；暂存个位
         MOV  B, #10     ；将十位转换成二进制数
         MUL  AB         ；高位乘以 10
         ADD  A, R4      ；按二进制加上个位，结果存在 A 中
         RET
```

【例 4-20】利用例 4-19 中的子程序编制双字节 BCD 码整数转换成双字节二进制整数的子程序。

入口：待转换的双字节 BCD 码整数在 R2、R3 中。

出口：转换后的双字节二进制整数仍在 R2、R3 中。

影响资源：PSW、A、B、R2、R3、R4。堆栈需求：4 字节。

```
BH2:     MOV  A, R3     ；将低字节中的个位和十位转换成二进制数
         LCALL BCDH
         MOV  R3, A     ；结果存入 R3 中
         MOV  R2, A     ；将高字节中的百位和千位转换成二进制数
         LCALL BCDH
         MOV  B, #100
         MUL  AB        ；将转换结果看成百位，扩大一百倍
         ADD  A, R3     ；和低字节按二进制相加
         MOV  R3, A
         CLR  A
         ADDC A, B      ；高位累加进位
         MOV  R2, A     ；高位送结果寄存器
         RET
```

4.5.3 定时程序

定时程序是典型的循环程序，它通过执行一个具有固定延时时间的循环体来实现时间的推移，因此又常把定时程序叫做延时程序。定时程序的延时时间受系统晶振的影响，同一个程序在不同的晶振频率系统上运行时延时时间不一样。

1. 单循环延时

【例 4-21】试编制 500μs 延时子程序。设晶振为 12MHz，程序注释行中数值为该指令的执行时间。

```
DELAY500:    MOV  R7, #124          ; 1μs
             NOP                    ; 1μs
   LOOP:     NOP                    ; 1μs
             NOP                    ; 1μs
             DJNZ  R7, LOOP         ; 2μs
             RET                    ; 2μs
```

说明：如果单片机的晶振频率采用 12MHz，则一个机器周期，即 12 个振荡周期是 1μs。按照程序中所注明的振荡周期数可知，循环体（两条 NOP 和 1 条 DJNZ 指令）的执行时间是 4μs，所以 124 次循环的执行时间是 496μs。所以，整个程序的执行时间应该为循环体加上首尾 3 条指令 MOV、NOP 和 RET，刚好为 500μs。

如果想改变延时时间，则可以通过改变循环体内的执行时间和循环次数实现。注意，最大循环次数为 256 次，对应的循环次数初值应该为#0。因为 DJNZ 指令操作为计数器减 1，不为 0 则循环，而当计数器初值为 0 时，其减 1 的结果为 255，所以总共可循环 256 次。

2. 多循环延时

单循环的延迟时间可以通过增加循环次数和循环体内的指令条数来增加。但是，如果延时时间较长，则单循环难以实现。此时，可以采用多重循环的方法。

【例 4-22】编写延时 1s 子程序，设晶振采用 12MHz，用三重循环编写。程序如下：

```
DELAY:  MOV  R7, #20         ; 1μs
   D1:  MOV  R6, #200        ; 1μs
   D2:  MOV  R5, #123        ; 1μs
        NOP                  ; 1μs
        DJNZ  R5, $          ; 2μs, 共 2×123=246μs
        DJNZ  R6, D2         ; 2μs, 共 (246+4)×200=50000μs
        DJNZ  R7, D1         ; 2μs, 共 ((50000+3)×20+1=1000061μs
        RET                  ; 2μs, 总计 1000063μs
```

如果系统中有多个定时需要，可以先设计一个基本的延时子程序，通过对该基本延时子程序不同循环次数的调用，实现不同的定时时间。如将【例 4-22】延时 1s 的 DELAY 作为基本的延时程序，则实现 5s 的调用情况如下：

```
        MOV  R0, #5    ; 5s
LOOP1:  ACALL  DELAY   ; 1s
        DJNZ  R0, LOOP1
        ...
```

注意：延时子程序往往占用多个寄存器，在使用时应注意与主程序寄存器的冲突。如果冲突过多，可以采用其他寄存器组。此外，中断处理程序可能导致软件延时时间错误。

通过上述几个例子可以看出，用软件方式很难做到精确延时，并且软件延时还占用 CPU 的时间。所以，软件延时一般使用在时间精度要求不高的场合。精确延时一般都是通过定时器来完成的，由于是硬件延时，所以在延时的同时 CPU 可以处理其他任务。

4.5.4　多分支及查表程序

有些程序设计要求按照某一个寄存器的内容转移到不同的入口地址，此种情况称为按照寄存器内容散转。例如，当累加器的内容为 0，1，2，3…时，分别转移到 S0、S1、S2、S3…程序入口。散转的程序流程图画法如图 4.16 所示。

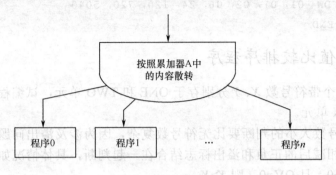

图 4.16　散转流程图画法

【例 4-23】根据寄存器 R2 中的内容设计一个 128 路分支的转移程序。

设 128 个程序入口地址依次为 addr00，addr01，addr02，addr03，…，addr7F。要转移到某分支的信息存放在工作寄存器 R2 中，程序如下：

```
        ORG     1000H
        MOV     DPTR, #TAB
        MOV     A, R2
        RL      A              ;将出口分支信息乘 2
        JMP     @A+DPTR        ;因为散转表中的转移指令为 2 字节指令
TAB:    AJMP    addr00
        AJMP    addr01
        AJMP    addr02
        ⋮
```

根据某寄存器内容进行多分支转移的分支程序结构也被称为程序的散转。关于 JMP @A+DPTR 指令请参考【例 3-29】。

【例 4-24】试采用查表方法设计求函数 $Y = X!$（$X = 0$，…，7）的子程序。设字节型变量存放在 X 单元，表头的地址为 TAB1，双字节型变量 Y 存放在寄存器 R2R3 中，R3 存放 Y 值低字节，程序如下：

```
        ORG     2000H
X       EQU     20H
START:  MOV     A, X            ;取数 X
        ADD     A, X            ;X 乘 2 与双字节 Y 相对应
        MOV     R3, A
        MOV     DPTR, #TAB1     ;指针指向基地址
        MOVC    A, @A+DPTR      ;查高位字节
        XCH     A, R2           ;送高位字节
```

```
            MOV     A, R3
            ADD     A, #01H             ; 地址加 1
            MOVC    A, @A+DPTR          ; 查低位字节
            MOV     R3, A               ; 送低位字节
            SJMP    $
TAB1:       DW  01, 01, 02, 06, 24, 120, 720, 5040
            END
```

4.5.5　数值比较排序程序

【例 4-25】两个带符号数 X、Y 分别存于 ONE 和 TWO 单元，试编程比较大小，并将大的数存入 MAX 单元。

分析：有符号数大小的判断要比无符号数复杂，因为涉及溢出问题。两个带符号数的比较可将两数相减后的正负和溢出标志结合在一起判断，具体情况如下。

（1）若 $X-Y>0$，且 OV=0，则 $X>Y$；

　　 若 $X-Y>0$，且 OV=1，则 $X<Y$。

（2）若 $X-Y<0$，且 OV=0，则 $X<Y$；

　　 若 $X-Y<0$，且 OV=1，则 $X>Y$。

上述分析中，两数相减结果大于 0 或者小于 0 是指结果的符号位为 0 或是为 1。程序如下：

```
            ORG     2000H
ONE         DATA    30H
TWO         DATA    31H
MAX         DATA    32H
START:      CLR     C                   ; Cy 清零
            MOV     A, ONE              ; X 送 A
            SUBB    A, TWO              ; X-Y 形成符号位（ACC.7）和溢出位（OV）
            JZ      XMAX                ; 若 X=Y, 则转 XMAX 存结果
            JB  ACC.7, NEG              ; 若 X-Y<0 则转 NEG
            JB  OV, YMAX                ; X-Y>0, 若 OV=1, 则 X<Y, 转去 YMAX
            SJMP    XMAX                ; X-Y>0 且 OV=0, 则 X>Y, 转去 XMAX
NEG:        JB      OV, XMAX            ; X-Y<0, 若 OV=1, 转去 XMAX
YMAX:       MOV     A, TWO              ; X-Y<0, OV=0, Y>X, 取 Y 到 A
            SJMP    SAVE                ;
XMAX:       MOV     A, ONE              ; X>Y, 取 X 到 A
SAVE:       MOV     MAX, A              ; A 送至 MAX
            SJMP    $
            END
```

有符号数计算有规律可循。对两个符号相同数相减不会溢出，对两个符号相异的数相加也不会溢出。两个异号数相减，若正数减负数的差值为正，则无溢出；若差值为负，则一定溢出。若负数减正数差值为负，则无溢出；若差值为正，则一定溢出。两相同符号数相加，若负数加负数结果为负数，则没有溢出，若结果为正数，则肯定溢出。若正

数加正数结果为正数，则没有溢出，若结果为负数则肯定溢出。注意，这里所谓的结果正负是指补码的符号位情况，0 为正，1 为负。

【例 4-26】设内部 RAM 起始地址为 30H 的数据块中共存有 64 个字节型无符号二进制数，试编制程序使它们按从小到大的顺序排列。

分析：设 64 个无符号数在数据块中的原始顺序为：$e64$，$e63$，…，$e2$，$e1$，使他们从小到大顺序排列的方法很多，现以冒泡法为例进行介绍。

冒泡法又称两两比较法。它先使 $e64$ 和 $e63$ 比较，若 $e64>e63$，则两个存储单元中的内容交换，否则就不交换。然后使 $e63$ 和 $e62$ 比较，按同样的原则决定是否交换。一直比较下去，最后完成 $e2$ 和 $e1$ 的比较及交换，经过 $N-1=63$ 次比较（常用内循环 63 次来实现）后，原来 $e1$ 的位置上必然得到数组中的最大值，犹如一个气泡从水底冒出来一样。上述过程称为"冒泡"。

第二次冒泡过程和第一次完全相同，比较次数为 62 次（因为 $e1$ 的位置上是数据块中的最大数，不需要再比较），冒泡后在 $e2$ 的位置上得到数组中的次大数。如此冒泡（即大循环）共 63 次便可完成 64 个数的排序。

实际编程时，可通过设置"交换标志"来控制是否再需要冒泡，若刚刚进行完的冒泡中发生过数据交换（即排序尚未完成），应继续进行冒泡；若进行完的冒泡中未发生过数据交换（即排序已经完成），冒泡应该停止。例如，对于一个已经排好序的数组：1，2，3，…，63，64，排序程序只要进行一次循环便可根据"交换标志"的状态而结束排序程序的再执行，这自然可以减少 $63-1=62$ 次的冒泡时间。

图 4.17 所示给出了 6 个数（255、26、87、0、4、8）的 2 排序交换过程。程序从 $e6$ 开始比较。在第一次冒泡过程中，由于最大值 255 在底层，所以每次比较都发生了交换，最后将 255 移至最顶层。第二次的交换发生在 2、3、4 次比较。仔细研究我们会发现，图中给出的 6 个数据只要再比较一次，将 26 移至第三位后即完成了排序。也就是说，在第四次排序过程中将不会有交换发生。所以，第四次比较结束时，交换标志将不被置位。

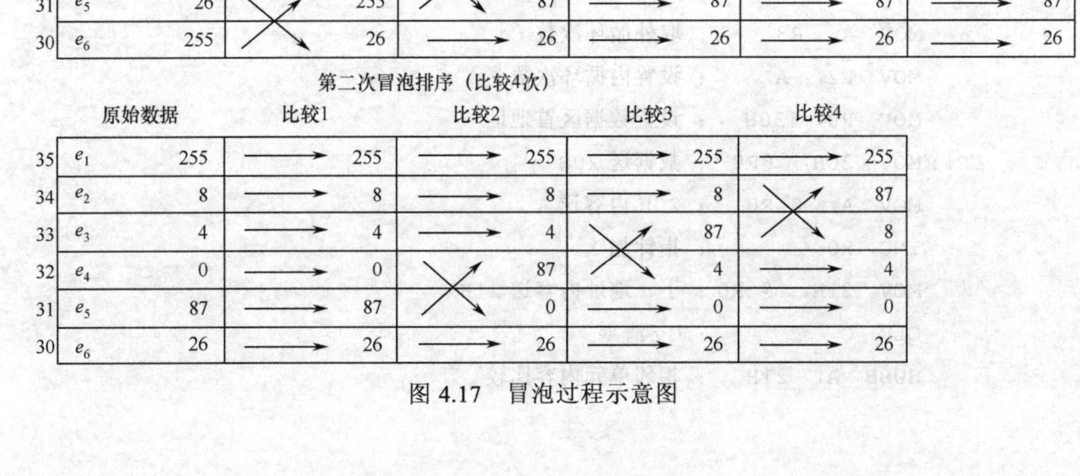

存储单元	原始数据		比较1		比较2		比较3		比较4		比较5	
35	e_1	8		8		8		8		8		255
34	e_2	4		4		4		4		255		8
33	e_3	0		0		0		255		4		4
32	e_4	87		87		255		0		0		0
31	e_5	26		255		87		87		87		87
30	e_6	255		26		26		26		26		26

第一次冒泡排序（比较5次）

存储单元	原始数据		比较1		比较2		比较3		比较4	
35	e_1	255		255		255		255		255
34	e_2	8		8		8		8		87
33	e_3	4		4		87		87		8
32	e_4	0		0		87		4		4
31	e_5	87		87		0		0		0
30	e_6	26		26		26		26		26

第二次冒泡排序（比较4次）

图 4.17　冒泡过程示意图

冒泡法程序流程图如图 4.18 所示，程序如下：

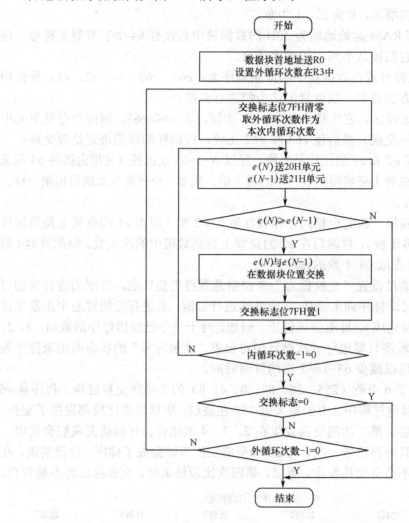

图 4.18　冒泡法程序流程图

```
         ORG  1000H
         MOV  R3,  #63      ; 设置外循环次数
LP0: CLR  7FH          ; 交换标志位清零
         MOV  A,  R3        ; 取外循环次数
         MOV  R2,  A        ; 设置内循环次数
         MOV  R0, #30H      ; 设置数据区首地址
LP1: MOV  20H,  @R0    ; 数据送 20H
         MOV  A, @ R0      ; 20H 内容送 A
         INC  R0           ; 指针加 1
         MOV  21H, @ R0    ; 下一地址内容送 21H
         CLR  C            ; Cy 清零
         SUBB A, 21H       ; 相邻单元内容比较
```

```
        JC   LP2           ；若有借位则前者小，转 LP2
        MOV  @ R0，20H     ；无借位，则前者大
        DEC  R0            ；交换数据
        MOV  @ R0，21H
        INC  R0            ；指针加 1
        SETB 7FH           ；置位交换标志位
   LP2：DJNZ R2，LP1       ；内循环次数减 1，若不为 0 则比较下一次
        JNB  7FH，LP3      ；内循环结束，交换标志位若为 0，则转 LP3 结束循环
        DJNZ R3，LP0       ；交换标志位为 1，外循环次数减 1，若不为 0 继续比较
   LP3：SJMP $             ；排序完毕
        END
```

习题与思考题

4-1　汇编语言源程序能否直接执行？汇编语言源程序文件是什么形式的文件？

4-2　汇编语言源程序如何运行？

4-3　什么是伪指令？伪指令和指令系统指令有什么区别？

4-4　设 30H 31H 32H 中存放有一个 3 字节型无符号二进制数据，试编制程序将该数据与 33H 中的数据相乘，将乘积存放于 34H～37H 中。数据大端模式存放。

4-5　已知 60H 单元中的数据仅有 1 位为 1。试编制程序检查 1 的位置，若在第 0 位，则在 30H 单元中写入数据 00H；若在第 1 位，则在 30H 单元中写入数据 01H；……若在最高位，则在 30H 单元中写入数据 07H。

4-6　若系统的晶振频率为 6MHz，试计算延时子程序的延时时间。

```
      DELAY: MOV R7，#100
         LP: MOV R6，#0FAH
             DJNZ R6，$
             DJNZ R7，LP
             RET
```

4-7　试编制程序将内部 RAM 的 30H～3FH 单元中的数据经 P1 口输出，每个数据在 P1 口保持 10ms，之后再送下一个，直至数全部送完为止。

4-8　已知内部 RAM 30H 单元开始存放着 8 字节的 16 进制数，高 4 位为 0。试编程将每一字节转换为 ASCII 码。

4-9　内部 RAM 的 DATA0 单元存放着一个小于 20 的无符号数，阅读下面程序说明其功能。

```
      MOV  R1，#DATA0
      MOV  A，@R1
      RL   A
      MOV  R0，A
      RL   A
      RL   A
```

```
            ADD    A, R0
            MOV    @R1, A
```

4-10 试编写程序将内部 RAM 从 60H 开始存放的 10 字节数据传送到外 RAM 以 BUF 开始的区域。

4-11 设有一个字符串存放在以 30H 为首地址的连续内部 RAM 中，字符串以回车结束（0DH）。试编制程序统计该字符串中字符'a'的个数，并将统计结果存入外部 RAM 40H 单元。

4-12 设计一段程序实现如下功能：找出从片内 RAM 30H 开始的 16 个单元中最小值所在的单元，并将该单元的值替换成 0FFH。（最小单元可能不止一个）

4-13 设有一个长度为 20 的字符串存放在片内 RAM 以 30H 为首地址的连续单元中，试编制程序将其中的数字与字母分开，并将他们分别存入以 50H 和 70H 为首地址的连续单元中。

4-14 试采用查表法求 x^2（$x<20$）。入口：x 在累加器 A 中。出口：平方数高位存放在 R6 中，低位存放在 R7。

4-15 在内部 RAM 的 40H 单元开始存放有 4 字节的十进制数 ASCII 码（按照大端模式存放），试编制程序将其转换为紧凑型 BCD 码，并存放在 44H 开始的单元中，转换过程如图 4.19 所示。

4-16 在内部 RAM 的 30H 单元开始存放有两字节的紧凑型 BCD 码，试编制程序将其转换为 ASCII 码，并存放在 32H 开始的单元中，转换过程如图 4.20 所示。

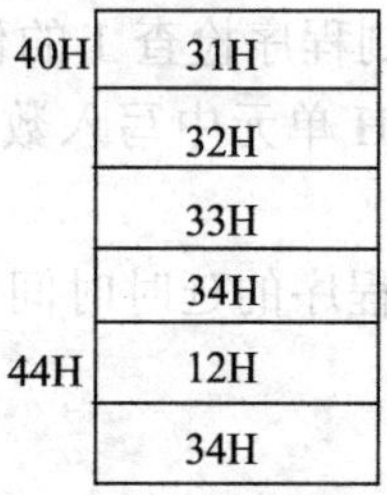

40H	31H
	32H
	33H
	34H
44H	12H
	34H

30H	12H
	34H
32H	31H
	32H
	33H
	34H

图 4.19 题 4-15 图 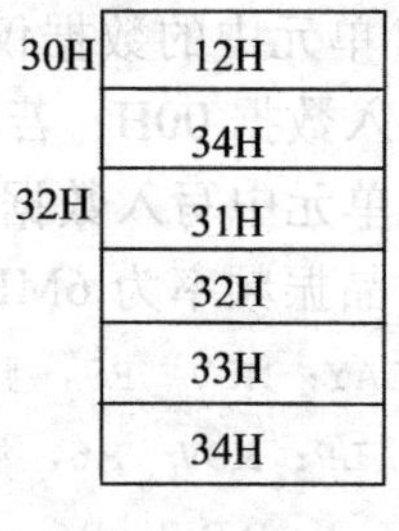   图 4.20 题 4-16 图

4-17 设累加器 A 中为一个纯小数（D7～D0 权重分别为 2^{-1}～2^{-8}），试编制程序将该小数转换成 BCD 码存放在 30H 开始的内存中，小数点后保留 4 位（最高位放 30H）。

提示：将小数乘以 0AH，所得到的整数部分即是 BCD 码小数的最高位。

4-18 试模拟手工计算过程编制 16 位除以 8 位的除法子程序，要求被除数在 D1 中（2 字节），除数在 D2 中（1 字节），商放在 D1 中，余数放在 D2 中。如果除数为 0 则置位 OV 位，否则 OV 位清零。

4-19 已知内部 RAM ADDR1 为起始地址的数据块存放 16 个带符号数，请编程将这些数进行排序，并将结果存至 ADDR2 开始的单元中。

第5章　51系列单片机中断系统

中断技术是计算机系统的重要功能之一，是计算机提高 CPU 效率，完成快速实时处理的根本所在。中断系统能使快速的 CPU 与慢速的外部设备之间进行高效的数据交换，也能使计算机对工业控制中的故障监视及其他偶发事件进行快速响应。本章介绍中断系统的基本概念和基本构成及 51 单片机中断系统的使用等。

5.1　中断概述

5.1.1　中断的基本概念

1. 中断的概念

所谓中断，即是计算机在执行程序过程中，外部某一设备向 CPU 发出请求信号，CPU 即终止当前程序的执行转去执行预先设定好的处理程序，待处理程序结束之后再返回原来的程序继续执行。这一过程称为中断。

2. 中断请求和中断源

外部设备向 CPU 发出的信号称为中断请求信号，向 CPU 发出中断请求信号的设备称为中断源。

3. 主程序和中断处理程序

被中断的程序称为主程序，中断后转去执行的程序称为中断处理程序或中断服务程序。

4. 断点和中断返回

主程序被中断的位置称为断点。中断处理执行完之后返回断点处继续执行主程序，称为中断返回。

CPU 在硬件上设有中断请求信号引入端和中断控制逻辑，中断过程是由中断源在发生特定事件时向 CPU 发出请求信号所引起的。中断处理过程和子程序调用很相似，两者都是在主程序中插入一段预先设定的程序，但子程序是在主程序中事先安排好的，而中断过程则是由外部随机事件引起的。

5.1.2　中断系统的功能

为了能够在各种情况下使中断过程工作正常，要求中断系统具有如下功能。

1. 中断允许和屏蔽

CPU 能够接受中断请求的状态称为中断允许或中断开放。有些情况下，CPU 正在处理的程序段比较重要而不希望被打断，用户则可以通过编程对 CPU 进行设置，使之不接受中断请求（不响应中断），这种情况称为中断禁止或者关闭中断。此外，有些情况下 CPU 可以通过某种手段直接禁止中断源向 CPU 发出申请，使其无法发出请求信号，此时称之为中断屏蔽。

2．实现中断并返回

当中断源发出中断申请且 CPU 允许中断时，中断控制逻辑在现行指令执行完后把下一条指令地址（断点）压入堆栈，之后转到规定的中断服务程序入口执行程序。中断服务程序执行完以后将断点从堆栈中弹到 PC，CPU 返回到断点处继续执行主程序。这一过程如图 5.1 所示。

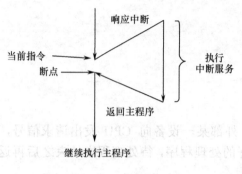

图 5.1　中断过程

保护断点的工作（断点压栈）是由硬件自动完成的。此外，中断过程还要保护现场，即保护寄存器内容，这一过程则是由用户编程完成的。如果中断过程没有进行现场保护，中断处理程序就有可能改变主程序寄存器中的中间结果，此时，返回主程序后将发生严重错误。现场的保护是非常重要的，这一点往往被初学者所忽略或遗忘。

3．中断优先权处理

在有多个中断源的计算机系统中，可能出现两个或多个中断源同时提出中断请求的情况。此时，要求 CPU 既能区分各个中断源的请求，又能确定首先为哪一个中断源进行处理。为了解决这一问题，中断系统可以对中断源进行设定，以规定多个中断源同时申请中断时，各中断源享有先后不同的中断响应权利。中断源的这一特性称为中断优先权。在中断时，CPU 按中断优先权的高低逐一响应中断的过程称为中断优先权排队。当有两个或多个中断源同时提出中断请求时，CPU 先响应优先权高的中断源，待处理完后再响应优先权低的中断源请求。

4．中断嵌套

CPU 正在进行某一中断处理过程中，若有优先级别更高的中断源发出中断申请，则 CPU 应该能够中断正在执行的中断服务程序，保留断点，转去响应优先权高的中断源；在高级中断处理完成以后再返回被中断的中断服务程序，继续原先的中断处理，这个过程称为中断嵌套。当然，同级别优先权或低级别优先权的中断源不能中断优先权高的中断处理程序。中断嵌套示意图如图 5.2 所示。

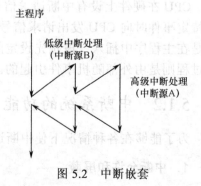

图 5.2　中断嵌套

5.2　51 系列单片机中断系统结构

与微型计算机相比，单片机中断系统功能要简单很多。51 系列单片机可接受 5 个中断源的中断申请，其中 2 个外部中断和 3 个内部中断，并设有简单的优先级处理系统，可以实现 2 级中断优先权和中断嵌套处理。用户可以利用片内的中断系统实现简单的中断功能，无须额外设计中断系统硬件。

5.2.1　中断系统结构

51 单片机的 5 个中断源分别为 2 个外部中断、2 个片内定时器中断及片内串行通信接口中断，各中断源的中断处理程序入口地址是固定的。5 个中断源分成 2 级中断优先级。51 单片机的中断系统结构如图 5.3 所示。

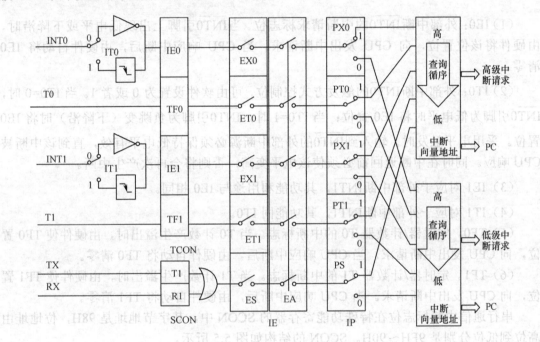

图 5.3　中断系统结构原理图

1．中断源

1）外部中断源

两个外部中断信号由引脚 $\overline{\text{INT0}}$ 和 $\overline{\text{INT1}}$ 引入，这两个信号与 P3.2 和 P3.3 引脚共用。中断系统在采集到引脚低电平或者下降沿时，中断请求标志位 IE0 或 IE1 被置位，向 CPU 发出中断请求。

2）内部中断源

（1）定时器 T0 和 T1 中断。当 T0 或 T1 计数产生溢出时，中断请求标志位 TF0 或 TF1 被置位，向 CPU 发出中断请求。

（2）串行通信接口发送与接收中断。在串行通信过程中，当完成一帧数据的发送或者接收时，发送中断请求标志位 TI 或者接收中断请求标志位 RI 被置位，向 CPU 发出中断请求。

2. 特殊功能寄存器 TCON 和 SCON

每个中断源都对应一个中断请求标志位，这些标志位存放于特殊功能寄存器 TCON 和 SCON 中。只要中断源有中断请求，相应的标志位就被置位。在中断被禁止时，也就是 CPU 不响应中断请求时，还可以通过访问这些标志位来查询是否有中断申请。TCON 的字节地址为 88H，位地址由高位到低位 8FH～88H，其结构如图 5.4 所示。

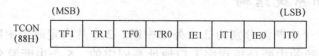

图 5.4　TCON 的结构

（1）IE0：外部中断$\overline{INT0}$的中断请求标志位。当$\overline{INT0}$引脚上出现低电平或下降沿时，由硬件将该位置位，向 CPU 发出中断请求。当 CPU 响应中断后，由硬件自动将 IE0 清零。

（2）IT0：外部中断$\overline{INT0}$的触发方式控制位，可由软件设置为 0 或者 1。当 IT0=0 时，$\overline{INT0}$引脚为低电平时将 IE0 置位；当 IT0=1 时，$\overline{INT0}$引脚为负跳变（下降沿）时将 IE0 置位。采用电平触发时，输入到$\overline{INT0}$的外部中断源必须保持低电平有效，直到该中断被 CPU 响应。同时在中断返回前必须使该电平变高，否则将会再次产生中断。

（3）IE1 对应于外部中断$\overline{INT1}$，其功能和用途与 IE0 相同。

（4）IT1 对应于外部中断$\overline{INT1}$，其功能同 IT0。

（5）TF0。定时器/计数器 T0 的中断标志。当 T0 计数产生溢出时，由硬件使 TF0 置位，向 CPU 发出中断请求。当 CPU 响应中断后，由硬件自动将 TF0 清零。

（6）TF1。定时器/计数器 T1 的中断标志。当 T1 计数产生溢出时，由硬件使 TF1 置位，向 CPU 发出中断请求。当 CPU 响应中断后，由硬件自动将 TF1 清零。

串行通信中断标志位在特殊功能寄存器的 SCON 中，其字节地址是 98H，位地址由高位到低位分别是 9FH～90H。SCON 的结构如图 5.5 所示。

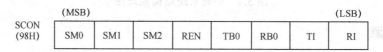

图 5.5　SCON 的结构

（1）TI。串行口发送中断请求标志。在串行数据发送前，此位必须用软件清零。在发送过程中 TI 保持低电平，发送完一帧数据后由硬件置位向 CPU 申请中断。中断响应后该位不能由硬件自动清零，必须安排一条指令将其清零。

（2）RI。串行口接收中断请求标志。在串行数据接收前，此位必须用软件清零，在接收过程中 RI 保持低电平，接收完一帧数据后由硬件置位向 CPU 申请中断。中断响应后该位也不能由硬件自动清零，必须安排一条指令将其清零。

虽然串行通信中发送中断请求和接收中断请求分别有各自的中断标志位，但中断处理程序的入口是同一个地址。所以，进入中断处理程序后，还需要通过中断标志位来判断产生中断请求的是发送中断还是接收中断。

5.2.2　中断的控制

51 单片机为用户提供了 4 个专用寄存器，用来控制单片机的中断系统。在 5.2.1 节中已经对 TCON 和 SCON 两个特殊功能寄存器中的中断请求标志位进行了介绍，这里介绍另外两个与中断有关的控制寄存器 IE 和 IP。

1．中断允许寄存器 IE

51 单片机中断系统设有两级中断允许，除了每个中断源各自带有一个中断允许位外，系统还有一个总的中断允许控制。只有当某中断源的中断允许位置位，并且总的中断允许位也置位时，该中断源的中断申请才可能被接受。中断允许寄存器 IE 的结构如图 5.6 所示。

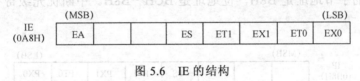

IE (0A8H)	(MSB) EA			ES	ET1	EX1	ET0	(LSB) EX0

图 5.6　IE 的结构

IE 的字节地址为 A8H，位地址为 AFH～A8H，各位的意义如下。

（1）EA：总中断控制位。EA=1，CPU 开放中断；EA=0，CPU 禁止所有中断。

（2）ES：串行口中断控制位。ES=1，允许串行口中断；ES=0，禁止串行口中断。

（3）ET1：定时器/计数器 T1 中断控制位。ET1=1，允许 T1 中断；ET1=0，禁止 T1中断。

（4）EX1：外部中断 1 中断控制位。EX1=1，允许外部中断 1 中断；EX1=0，禁止外部中断 1 中断。

（5）ET0：定时器/计数器 T0 中断控制位。ET0=1，允许 T0 中断；ET0=0，禁止 T0中断。

（6）EX0：外部中断 0 中断控制位。EX0=1，允许外部中断 0 中断；EX0=0，禁止外部中断 0 中断。

2．中断优先级寄存器 IP

在 51 系列单片机中采用了两级优先级的策略，每个中断源可以由用户编程设定为高优先级或低优先级。一旦中断源的优先级被确定，则中断逻辑遵循如下原则。

（1）不同级别优先级的中断源同时申请中断时，CPU 将先响应优先级高的中断源的中断申请。在高优先级的中断处理过程中，低优先级中断源发出的中断请求 CPU 将不予理会。当高优先级的中断处理执行完毕返回到主程序，并且再执行一条主程序的指令后才会响应低优先级的中断请求。

（2）高优先级中断源的中断请求可以中断低优先级的中断服务程序，从而实现中断嵌套。如果低级中断源在中断处理过程中不希望被别的设备中断，则可以在中断处理过程中安排一条指令禁止 CPU 中断。

（3）如果一个中断请求已被响应，则同级的其他中断请求不能被响应。如果同级的多个中断同时请求，CPU 则按规定的查询次序确定哪个中断请求被响应，查询次序如表 5.1 所示。

表 5.1　中断源的查询顺序

中　断　源	中　断　标　志	同级内优先级
外部中断 0（INT0）	IE0	最高
定时器 0 溢出中断（T0）	TF0	↓
外部中断 1（INT1）	IE1	↓
定时器 1 溢出中断（T1）	TF1	↓
串口中断	RI 或 TI	最低

51 单片机设有一个中断优先级寄存器 IP，通过对该寄存器的编程即可设定各中断源的优先级。IP 的字节地址是 B8H，位地址是 BCH～B8H。中断优先级寄存器 IP 的结构如图 5.7 所示。

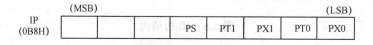

图 5.7　IP 的结构

各位的意义如下。

（1）PS：串行通信接口中断优先级控制位。PS＝1，串行通信接口设为高优先级；PS＝0，设为低优先级。

（2）PT1：定时器/计数器 1 中断优先级控制位。PT1＝1，定时器/计数器 1 设为高优先级；PT1＝0，设为低优先级。

（3）PX1：外部中断 1 中断优先级控制位。PX1＝1，外部中断 1 设为高优先级；PX1＝0，设为低优先级。

（4）PT0：定时器/计数器 0 中断优先级控制位。PT0＝1，定时器/计数器 0 设为高优先级；PT0＝0，设为低优先级。

（5）PX0：外部中断 0 中断优先级控制位。PX0＝1，外部中断 0 设为高优先级；PX0＝0，设为低优先级。

51 单片机的中断系统有两个不可寻址的中断优先级状态触发器，一个指出 CPU 是否在执行高优先级的中断服务程序，另一个指出 CPU 是否正在执行低优先级的中断服务程序。这两个中断触发器为 1 时，分别屏蔽所有同一级别的其他中断申请。触发器在执行中断返回指令 RETI 时被清零。如果在中断返回时使用的是 RET 而不是 RETI 指令，则相应的触发器不会被清零，CPU 会认为中断处理程序一直在执行，这将导致同级和低级的中断申请永远被封锁。

5.3　中断的响应

5.3.1　中断响应条件

51 单片机 CPU 在每一个机器周期都要逐一检查每个中断标志位的状态,如果有标志位状态为 1,则在机器周期的 S6P2 时按优先级逻辑处理相应的中断请求。但是,如果处于下列情况之一时,CPU 将不响应中断。

(1)如果优先级状态触发器被置位,则说明 CPU 正在处理一个同级或更高级别的中断请求,CPU 将禁止新的中断请求。

(2)现行的机器周期不是当前正在执行指令的最后一个周期。单片机有单周期、双周期、三周期指令,如果当前执行的指令是单周期指令,则在本机器周期完毕时将响应中断。如果当前执行的指令是双周期或四周期指令,则要等到最后一个机器周期执行完毕时才能响应中断。

(3)如果当前执行的指令是中断返回指令 RETI 或访问 IP、IE 寄存器的指令,则 CPU 至少再执行一条指令才响应中断请求。RETI 和访问 IP、IE 这 3 条指令都与中断有关。因为正访问 IP、IE 则可能会开、关中断或改变中断的优先级,而中断返回指令则说明本次中断还没有处理完成,所以如果在执行上述指令时有中断申请,则要等待该指令处理结束,并且再执行一条指令后才可以响应中断。

5.3.2　中断的响应及中断处理

1. 中断响应过程

CPU 响应中断时,首先把当前指令的下一条指令地址压入堆栈,然后将中断入口地址送入 PC,程序转到中断入口执行中断处理程序。此外,中断系统还将根据中断源优先级的情况将相应的中断优先级状态触发器置位,以屏蔽同一级或低级中断源的中断请求。这些工作由硬件自动完成。

中断响应的主要过程是由硬件自动生成一条长调用 LCALL addr16 指令,这里的 addr16 就是程序存储器中相应中断服务程序的入口地址。各中断源服务程序入口地址如表 5.2 所示。

表 5.2　中断源服务程序入口地址

中　断　源	中断标志位	中断入口地址
外部中断 0(INT0)	IE0	0003H
定时器 0 溢出中断(T0)	TF0	000BH
外部中断 1(INT1)	IE1	0013H
定时器 1 溢出中断(T1)	TF1	001BH
串口中断	RI 或 TI	0023H

在执行所生成的 LCALL 指令后,CPU 将当前 PC 的内容压入堆栈,修改堆栈指针,然后把中断入口地址赋予 PC。之后,CPU 便从新的 PC 地址,即中断服务程序入口地址开始执行程序。

需要注意的是，每个中断服务程序的入口仅相隔 8 字节，一般情况下，8 字节不足以安排一个完整的中断服务程序。因此，通常在这些入口地址区放置一条无条件转移指令，使程序转移到真正的中断服务程序入口。

2．中断服务程序

不同中断源的中断处理方法也不一样，但所有中断处理流程一般都包含如下几部分内容。

（1）现场保护

中断处理程序是在执行主程序或其他低级中断处理程序过程中随机转去执行的。为了使中断处理程序返回后主程序或者低级中断处理程序能够正常执行，要求中断处理程序不能破坏原来程序的寄存器状态（中间结果）。要求中断处理程序的第一项工作即是将这些寄存器的内容进行备份，保存被中断的程序的中间结果，这一过程称为保护现场。为了实现多级中断嵌套，一般利用堆栈完成现场保护。在 51 单片机中，由于只有两级中断，也可以采取改变寄存器组的方式实现寄存器内容的保护。

现场保护是中断过程中非常重要的工作。在现场保护和现场恢复过程中如果被中断，可能造成数据出错。为了避免上述情况的发生，在进行现场保护和现场恢复过程中应该禁止总中断以屏蔽其他所有中断，待操作完成后再开放总中断。

（2）中断处理

每个中断必然有其具体的工作任务，这是中断处理程序的主要内容。不同的中断处理程序要根据其任务的不同要求编制不同的中断处理程序。

（3）现场恢复

中断处理工作完成之后，首先应恢复现场，之后再返回到原程序断点继续执行原先的程序。如果在执行中断服务时没有有效地进行现场保护和现场恢复，将会造成程序运行紊乱，甚至程序跑飞，使系统无法正常工作。

（4）中断返回

执行完中断服务程序后要返回到原来被中断的程序继续执行。在 51 单片机中，中断返回是通过指令 RETI 完成的。RETI 指令除了将栈顶的内容弹入 PC 以外，还有一项工作是将对应的中断优先级状态触发器复位，以告知中断系统本中断服务程序已经结束。

5.3.3　系统的复位

计算机系统的启动总是从复位状态开始的，此时程序计数器被设置成 0000H，程序由此开始执行。从中断的角度讲，可以把单片机的复位理解为最高级的中断，它的入口地址为 0000H。单片机无论是在开机上电复位还是外部手动复位，CPU 都要执行一系列的初始化操作过程，具体内容如下。

（1）程序计数器（PC）设置为 0000H。

（2）清除各级中断优先级状态触发器，以便受理各级中断请求。

（3）特殊功能寄存器 SFR 设置成规定值，具体内容如表 2.7 所示，表中 x 为随机状态。

5.4 中断系统的应用

5.4.1 中断程序的初始化

如果系统中包含中断处理过程，则在系统启动时应该对中断系统进行初始化设置，即对相关的中断控制寄存器位进行设置。这里，以外部中断 0 为例，说明如何对中断系统进行初始化。

（1）设定优先级。如果系统中有多个中断源，并且需要设置中断优先级，须对 IP 寄存器进行设置，如将外部中断 0 设为最高优先级，其他为低优先级，可以用如下指令实现：

```
MOV IP, #00000001B
```

如果系统中只有一个中断源，则该寄存器可以不用设置，即保持其复位时的初始状态，所有中断源的中断优先级被设成低级。

（2）开放中断。为了能够使 CPU 响应中断请求，必须将中断允许寄存器中对应位置位，然后置位总的中断允许位。例如，开放外部中断 0，可以用位操作指令来实现：

```
SETB EX0
SETB EA
```

也可以用"或"指令实现，"或"指令的好处是一条指令可同时设置多位：

```
ORL IE, #10000001B    ；与 1 的对应位被置位，与 0 的对应位不变
```

（3）外部中断触发模式设置。外部中断请求方式通过 TCON 的第 0 位和第 2 位设置，0 为电平方式，1 为边沿方式。如将外部中断 0 设置成边沿方式可用如下指令：

```
SETB    IT0
```

51 单片机有 5 个中断源，如果全部使用，则在相应的中断服务程序入口地址处（中断入口地址参见表 5.2）放置转移指令转入相应处理，程序安排如下：

```
        ORG     0000H
        LJMP    START       ；程序复位入口地址，START 为主程序起始地址
        ORG     0003H
        LJMP    INT0        ；外部中断 0 入口地址
        ORG     000BH
        LJMP    TIMER0      ；定时器 0 中断入口地址
        ORG     0013H
        LJMP    INT1        ；外部中断 1 入口地址
        ORG     001BH
        LJMP    TIMER1      ；定时器 1 中断入口地址
        ORG     0023H
        LJMP    SERIAL      ；串行通信中断入口地址
        ORG     0030H
START:  …                   ；主程序
        …
；＊＊＊＊＊＊＊＊＊＊＊＊＊＊＊＊＊＊中断服务程序＊＊＊＊＊＊＊＊＊＊＊＊＊＊＊＊＊＊＊
INT0:   …                   ；外部中断 0 处理程序
```

```
                    RETI
    TIMER0: ···              ; 定时器 0 中断处理程序
                    RETI
    INT1:   ···              ; 外部中断 1 处理程序
                    RETI
    TIMER1: ···              ; 定时器 1 中断处理程序
                    RETI
    SERIAL: ···              ; 串行通信中断处理程序
                    RETI
```

5.4.2　外部中断编程举例

【例 5-1】某系统设有一按键和一发光二极管，接线如图 5.8 所示。系统以中断方式工作，要求每按动一次按键，使外接发光二极管改变一次亮灭状态。试编制程序。

（1）分析：由于 INT0 接按键输入，故可以用外部中断 0 实现控制。中断处理程序中通过改变 P1.0 的状态来改变 LED 的亮灭。

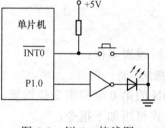

图 5.8　例 5-1 接线图

```
    ORG         0000H           ; 复位入口
            AJMP  MAIN
            ORG 0003H           ; 外部中断 0 入口
            AJMP    PINT0
            ORG 0100H           ; 主程序
    MAIN:   MOV SP, #40H        ; 设栈底
            SETB    IT0         ; 负跳变触发中断
            SETB    EX0         ; 开 INT0 中断
            SETB    EA          ; 开总允许开关
    HERE:   SJMP    HERE        ; 执行其他任务
            ORG  0200H          ; 中断服务程序
    PINT0:  CPL P1.0            ; 改变 LED
            RETI                ; 返回主程序
```

（2）电平触发：避免一次按键引起多次中断响应，软件等待按键释放、硬件清除中断信号。

```
    ORG         0000H       ; 复位入口
            AJMP MAIN
            ORG 0003H       ; 中断入口
            AJMP    PINT0
            ORG 0100H       ; 主程序
    MAIN:   MOV SP, #40H    ; 设栈底
            CLR IT0         ; 低电平触发中断
            SETB    EX0     ; 开 INT0 中断
            SETB    EA      ; 开总允许开关
    HERE:   SJMP    HERE    ; 执行其他任务
```

```
            ORG 0200H        ;中断服务程序
PINT0:  CPL  P1.0            ;改变 LED
WAIT:   JNB P3.2, WAIT       ;等按键释放
        RETI                 ;返回主程序
```

【例 5-2】某单片机的 P1 口接有 8 个 LED，高电平时使其点亮，接线如图 5.9 所示。在外部中断$\overline{INT0}$引脚上接有按键。任务要求：按键没有按下时，发光管从最低位开始依次向左逐一点亮，达到最高位时再向右逐一点亮，如此反复。当按键按下时，8 个 LED 同时闪烁 5 次。

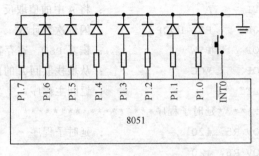

图 5.9　例 5-2 接线图

```
                ORG 0000H              ;复位入口
                AJMP    START          ;跳到主程序 START
                ORG 0003H              ;INT0 中断子程序起始地址
                AJMP    EXT0           ;转去中断子程序
;****************主程序*****************
                ORG 0030H              ;主程序入口
    START:      MOV IP, #00000001B     ;INT0 中断优先级设定
                MOV TCON, #00000000B   ;INT0 为电平触发
                MOV SP, #60H           ;设定堆栈指针
                MOV IE, #10000001B     ;中断开放
    LOOP:       MOV    R2,#8           ;设定左移 8 次
                MOV A, #01H            ;最低位亮
    LOOP1:      MOV P1, A              ;输出至 P1
                ACALL   DELAY          ;延时
                RL     A               ;左移 1 位
                DJNZ   R2, LOOP1       ;左移次数计数
                MOV R2, #08H           ;设定右移 8 次
    LOOP2:      RR     A               ;右移 1 位
                MOV P1, A              ;输出至 P1
                ACALL   DELAY          ;延时
                DJNZ   R2，LOOP2       ;右移次数到
                AJMP   LOOP            ;重复执行
;****************中断处理程序****************
```

```
EXT0:       PUSH    ACC           ; 主程序发光管位置在 A 中，需保护
            PUSH    PSW           ; 将 PSW 的值压入堆栈保存
            SETB    RS0           ; 设定工作寄存器组 1，RS1=0，RS0=1
            CLR     RS1           ; 中断用到延时程序，避免与主程序冲突
            MOV A, #0FFH          ; 为使 P1 全亮
            MOV R2, #10           ; 闪烁 5 次（全亮，全灭计 10 次）
LOOP3:      MOV P1, A             ; 将 A 输出至 P1
            ACALL   DELAY         ; 延时
            CPL     A             ; 将 A 中的值取反
            DJNZ    R2, LOOP3     ; 闪烁次数计数
            POP     PSW           ; 恢复 PSW，寄存器组同时恢复
            POP     ACC           ; 从堆栈取回 A 的值
            RETI                  ; 返回主程序
; ****************延时子程序****************
DELAY:      MOV R5, #20           ; 延时子程序
        D1: MOV R6, #20
        D2: MOV R7, #248
            DJNZ    R7, $
            DJNZ    R6, D2
            DJNZ    R5, D1
            RET
            END
```

　　分析：仔细观察主程序和中断处理程序可以看出，主程序中使用到累加器 A 和寄存器 R2，中断处理程序中也使用这两个寄存器。如果中断处理程序不进行现场保护，主程序的数值就会被中断处理程序覆盖。此外，主程序中使用延时子程序，中断处理程序也使用延时子程序，因此，中断处理程序也会破坏主程序中的寄存器 R5、R6、R7 中的内容。为了避免覆盖，中断处理程序进行了现场保护，即将 ACC 压入堆栈，并改变寄存器工作组。中断返回时恢复现场。

习题与思考题

5-1　简述什么是中断？

5-2　中断处理方式的优点是什么？举例说明哪些事件的处理应该用中断处理？

5-3　MCS-51 单片机有几个中断源，中断入口是多少？

5-4　中断过程与子程序调用有何相同之处？又有何区别？

5-5　MCS-51 单片机如何保护断点？

5-6　什么是中断优先权，51 单片机有几个优先级，如何设定？

5-7　中断优先级状态触发器有何用途？它何时被置位，何时被复位？

5-8　什么是中断嵌套，产生中断嵌套的条件是什么？

5-9　试举例说明如果不进行现场保护将会产生什么样的后果？

5-10　串行通信中断标志位与定时器的中断标志位在逻辑上有何不同？

5-11　设 51 单片机的$\overline{\text{INT0}}$和$\overline{\text{INT1}}$引脚上分别接有按键，当按键按下时引脚被拉成低电平。试用中断方式完成下列工作：当$\overline{\text{INT0}}$引脚上按键按下时，使片内存储器 30H31H 单元中的内容加 1；当$\overline{\text{INT1}}$引脚上按键按下时，使片内存储器 30H31H 单元中的内容减 1。试绘制电路图，并编制初始化程序和中断处理程序。

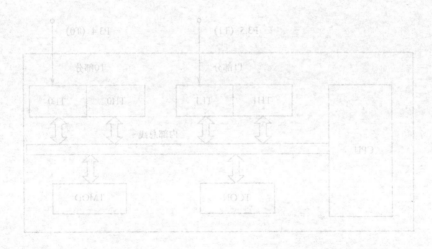

5-10 串行通信中断请求标志位 TI 在满足什么标志位才能置位? 清 0 方法是怎样的?
5-11 设 51 单片机正接收 INT0/INT1 引脚上一个 ......

第 6 章 51 单片机的定时器/计数器

定时和计数是计算机系统经常遇到的问题，在控制系统中也常常要求精确定时或者事件的计数。第 4 章介绍的软件定时不仅占用 CPU 时间，而且难以实现精确定时。为了方便定时和计数，51 单片机内部专门设置了两个定时器/计数器（Timer/Counter），可以实现精确定时，也可以对外部脉冲信号进行计数。定时器/计数器的核心部件是一个加法计数器，如果将计数脉冲接至一个精准的脉冲源，则可以通过计算脉冲个数来实现定时；如果将计数脉冲接至外部事件的脉冲输入，则可以计数事件发生的次数。程序员可以通过编程的方式对计数器初值进行设置，当计数器加 1 产生溢出时，向 CPU申请中断。

6.1 定时器/计数器的结构及控制字

6.1.1 定时器/计数器的结构

51 单片机内部设有两个 16 位可编程定时器/计数器 T0 和 T1。定时器/计数器 T0 由TH0、TL0 构成，T1 由 TH1、TL1 构成，其总体结构如图 6.1 所示。

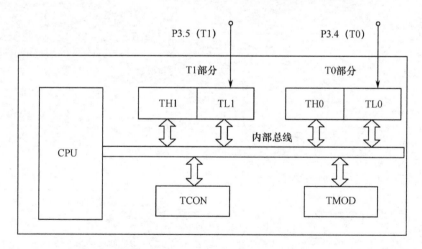

图 6.1 定时器/计数器总体结构

两个定时器/计数器可以工作在 16 位、13 位或 8 位模式，具体的结构形式与工作模式的设定有关。计数初值的设置及当前计数值的读出可以通过设置在特殊功能寄存器区的计数部件 TH0、TL0 和 TH1、TL1 的读写实现，它们具有存储单元和计数单元的双重功能。T0、T1 的控制寄存器为 TCON 和 TMOD，通过对控制寄存器的设置可以设定定时器/计数器的工作方式和工作模式。

6.1.2　定时器/计数器的控制字

1．工作模式寄存器 TMOD

特殊功能寄存器 TMOD 用于确定定时器/计数器的工作方式及 4 种工作模式，其格式如图 6.2 所示：

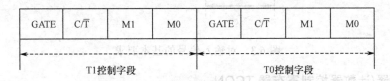

| GATE | C/$\overline{\text{T}}$ | M1 | M0 | GATE | C/$\overline{\text{T}}$ | M1 | M0 |

T1控制字段　　　　　　　　　　T0控制字段

图 6.2　工作模式寄存器 TMOD 格式

TMOD 的低 4 位为定时器 T0 的控制字段，高 4 位为定时器 T1 的控制字段。

（1）工作模式选择位 M1 M0

定时器/计数器有 4 种工作模式，由 TMOD 中的 M1 M0 位的状态确定，对应关系如表 6.1 所示。

表 6.1　定时器/计数器的模式选择

M1	M0	功 能 说 明
0	0	模式 0，为 13 位的定时器/计数器
0	1	模式 1，为 16 位的定时器/计数器
1	0	模式 2，为常数自动重新装入的 8 位定时器/计数器
1	1	仅适用于 T0，分为两个 8 位计数器，对 T1 停止计数

（2）工作方式选择位 C/$\overline{\text{T}}$

定时器/计数器可以设定成定时工作方式，也可以设定成计数工作方式。C/$\overline{\text{T}}$=0 为定时器方式，C/$\overline{\text{T}}$=1 为计数器方式。

所谓定时器工作方式即是将系统时钟信号经 12 分频后作为计数器的计数脉冲，即对机器周期进行计数。而计数器工作方式即是将外部引脚（T0 为 P3.4，T1 为 P3.5）输入的脉冲作为计数器输入脉冲。

计数器工作方式时，当 T0 或 T1 输入发生由高到低的负跳变时，计数器加 1。计数器在每个机器周期的 S5P2 期间对外部输入引脚进行采样，如在第一个周期采得的值为 1，而在下一个周期中采得的值为 0，则在紧跟着的再下一个周期 S3P1 期间，计数器加 1。由于确认一次负跳变要用两个机器周期，即 24 个振荡周期，因此外部输入的计数脉冲的最高频率为振荡频率的 1/24。例如，选用 12MHz 频率的晶体，则可输入 500kHz 的外部脉冲。对于外部输入信号的占空比并没有什么限制，但为了确保某一给定的电平在变化之间能被采样一次，则这一电平至少要保持一个机器周期，故对输入信号的基本要求如图 6.3 所示，图中 T_{CY} 为机器周期。

（3）门控位 GATE

门控位 GATE 为 1 时，定时器/计数器的计数受外部引脚输入电平的控制（$\overline{\text{INT0}}$控制

T0，$\overline{\text{INT1}}$控制 T1）；GATE 为 0 时，定时器/计数器的运行不受外部输入引脚的控制。

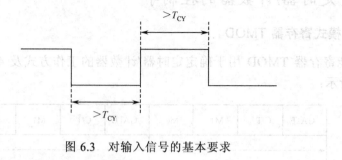

图 6.3　对输入信号的基本要求

2．定时器/计数器控制寄存器 TCON

TCON 的字节地址为 88H，位地址为 88H～8FH，定时器/计数器的控制位在 TCON 的高 4 位，格式如图 6.4 所示。

D7	D6	D5	D4	D3	D2	D1	D0
TF1	TR1	TF0	TR0				

图 6.4　TCON 的格式结构

（1）定时器 T1 的运行控制位 TR1

该位由软件置位和复位。当 T1 的 GATE 位为 0，TR1 为 1 时允许 T1 计数，TR1 为 0 时停止 T1 计数；当 GATE 为 1 时，仅当 TR1 等于 1 且$\overline{\text{INT1}}$（P3.3）输入为高电平时才允许计数，TR1 为 0 或者$\overline{\text{INT1}}$输入为低时禁止 T1 计数。TR1 与 GATE 的关系参如图 6.5 所示。

（2）定时器 T1 的溢出标志位 TF1

当 T1 被允许计数以后，T1 从初值开始加 1 计数，当计数器产生溢出时将 TF1 置位，并向 CPU 请求中断。CPU 响应中断后 TF1 由硬件中断清零。TF1 也可由程序查询或清零。

（3）TR0 和 TF0

TR0 和 TF0 为定时器 T0 的运行控制位和溢出标志位，其功能和控制方式与 TR1 和 TF1 相同。

6.2　定时器/计数器的工作模式

通过对定时器模式控制字的设置，可使 51 单片机的定时器工作在 4 种工作模式。不同的工作模式定义了不同的定时器硬件结构。本节以定时器 T1 为例介绍定时器的工作模式。

6.2.1　模式 0

当定时器模式控制字的模式选择字段 M1M0 为 00 时，定时器/计数器被选为工作模式 0，此时定时器/计数器工作在 13 位模式，结构如图 6.5 所示。当工作在模式 0 时，由

TL1 的低 5 位和 TH1 的 8 位构成一个 13 位计数器。TL1 的低 5 位溢出时向 TH1 进位，TH1 计数溢出后将 TCON 中的溢出标志位 TF1 置位。计数器溢出后，如果程序中不安排初值重装，计数器将从 0 开始计数。所以，一般情况下都在中断处理程序的开始安排计数初值的重装。此工作模式为 MCS-48 单片机兼容模式。

GATE 位的状态决定了定时器/计数器启动/停止的控制方式。当 GATE=0 时，图 6.5 中 A 点为 1，所以 TR1 为 1 或 0 可直接控制计数器的启动与停止。当 GATE=1 时，A 点状态等于输入引脚 $\overline{INT1}$ 的状态。所以，B 点电位由 TR1 的状态和 $\overline{INT1}$ 的电平共同确定。只有 TR1 和 $\overline{INT1}$ 同时为 1 时，计数器才启动。如果 TR1=0 或者 $\overline{INT1}$ 为低电平，计数器都无法启动。

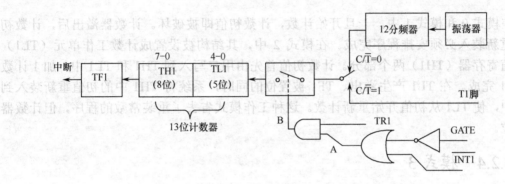

图 6.5　定时器/计数器模式 0 结构

6.2.2　模式 1

当定时器模式控制字的模式选择字段 M1M0 为 01 时，定时器/计数器被选为工作模式 1，此时，定时器/计数器工作在 16 位模式，结构如图 6.6 所示。模式 1 和模式 0 的差别仅仅在于计数器位数的不同，有关控制位的含义（GATE、C/$\overline{T}$、TF1、TR1）和模式 0 完全相同。与模式 0 一样，模式 1 的计数初值也需要通过程序重装。

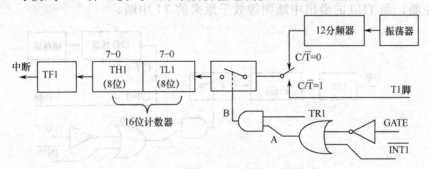

图 6.6　定时器/计数器模式 1 结构

6.2.3　模式 2

当定时器模式控制字的模式选择字段 M1M0 为 10 时，定时器/计数器被选为工作模式 2，此时，定时器/计数器工作在初值自动重装的 8 位模式，结构如图 6.7 所示。

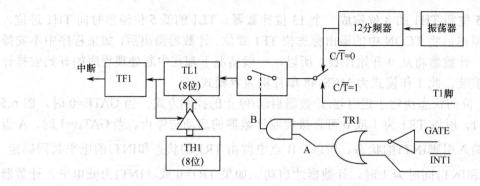

图 6.7　定时器/计数器的模式 2 结构图

在模式 0 和模式 1 中，一旦开始计数，计数初值即被破坏。计数器溢出后，计数初值的重新装入必须安排程序完成。在模式 2 中，其结构被设置成计数工作单元（TL1）和初值寄存器（TH1）两个部分。计数初值首先由用户写入到 TH1 和 TL1 中，加 1 计数由 TL1 完成。在 TL1 产生溢出、TF1 被置位的同时，系统将 TH1 中的初值重新装入到 TL1 中，使 TL1 从初值开始重新计数。这种工作模式省去了重装常数的程序，但计数器为 8 位。

6.2.4　模式 3

前述的三种工作模式对 T0 和 T1 都是一样的。但模式 3 只适用于定时器/计数器 T0。当被设定成模式 3 时，T0 被拆成两个独立的 8 位计数器 TL0 和 TH0，其结构如图 6.8 所示。由图可以看出，TL0 可以设定为定时器和计数器两种工作方式，而 TH0 的输入脉冲被固定为系统时钟的 12 分频，所以 TH0 只能作为 8 位定时器工作，无法对外部脉冲进行计数。由图 6.8 还可以看出，TL0 除使用 T0 的控制位 C/$\overline{\text{T}}$、GATE、TR0、$\overline{\text{INT0}}$ 以外，还使用了 T0 的中断标志位 TF0。由于 T0 的控制位被 TL0 占用，所以 TH0 的监控借用了 T1 的控制位 TR1 和 TF1。因此，对于中断系统而言，TL0 的溢出中断等效于原来的 T0 中断，而 TH0 的溢出中断则等效于原来的 T1 中断。

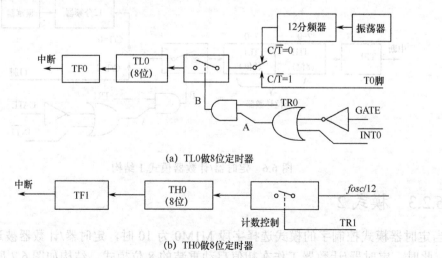

(a) TL0 做 8 位定时器

(b) TH0 做 8 位定时器

图 6.8　定时器/计数器 0 的模式 3 结构

　　当定时器/计数器 0 工作于模式 3 时，定时器/计数器 1 可定为模式 0、模式 1 和模式 2。由于 TF1 被占用，所以定时器/计数器 1 是否有溢出无法查询，也不能产生中断。此时，T1 只能工作在不需要中断的场合。一般情况下，T0 工作在模式 3 时 T1 作为串行口的波特率发生器使用。图 6.9 给出了 T0 在模式 3 时 T1 工作在模式 0 和模式 1 的结构图。

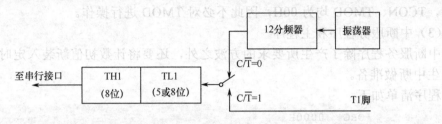

图 6.9　T0 在模式 3 时 T1 的模式 0 和模式 1 结构图

　　当定时器/计数器 0 工作于模式 3 时，定时器/计数器 1 工作在模式 2 的结构如图 6.10 所示。由于此种模式带有初值重装功能，所以作为波特率发生器较为方便。在这种情况下，定时器 1 在设置好工作模式后便自动开始工作。如果想停止 T1 的工作，将 T1 设置成模式 3 即可。

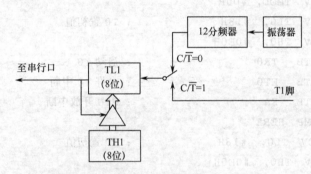

图 6.10　T0 在模式 3 时 T1 的模式 2 结构图

6.3　定时器/计数器应用举例

6.3.1　模式 0 及模式 1 的应用

　　【例 6-1】设单片机的时钟频率为 12MHz，试用定时器/计数器 T0 以工作模式 0 实现定时中断，在 P1.0 输出一个周期为 2ms 的方波信号。

　　分析：为实现 2ms 的方波，可以使 T0 每隔 1ms 产生一次中断。CPU 响应中断后在中断服务程序中对 P1.0 取反，即可完成所要求的任务。为此需要做如下几项工作。

　　（1）确定时间常数

　　机器周期=12/晶振频率=12/（12×10^6）s =1μs

　　设初值为 X，则（$2^{13}-X$）×1×10^{-6}=1×10^{-3}=1ms

　　则 X=7192=1C18H

　　因为模式 0 时 TL0 为 5 位计数器，TH0 为 8 位计数器，所以 TH0TL0 的初值分别为：

　　X=1C18H= <u>1110 0000</u> <u>11000</u>

即 TH0=0E0H, TL0=18H

（2）系统初始化

本题的初始化包括定时器初始化和中断系统初始化，主要是对 IP、IE、TCON、TMOD 的相应位进行正确的设置，并将时间常数送入定时器中。本例中，假设是从系统复位开始的，TCON、TMOD 均为 00H，因此不必对 TMOD 进行操作。

（3）中断服务程序和主程序

中断服务程序除了产生所要求的方波之外，还要将计数初值新装入定时器，为下一次产生中断做准备。

程序清单如下：

```
        ORG    0000H
        LJMP   MAIN              ;转主程序
        ORG    000BH
        LJMP   T0_INT            ;转中断处理程序
        ORG    30H
  MAIN: MOV    SP, #40H
        MOV    TMOD, #00H
        MOV    TL0, #18H         ;T0 置初值
        MOV    TH0, #0E0H
        SETB   TR0               ;启动 T0
        SETB   ET0               ;允许 T0 中断
        SETB   EA                ;CPU 开放中断
  HERE: SJMP   HERE
T0_INT: MOV    TL0, #18H         ;T0 置初值
        MOV    TH0, #0E0H
        CPL    P1.0              ;P1.0 取反
        RETI
        END
```

本例如果采用模式 1 工作，则在编程方面只有计数初值不一样，其余完全一样。模式 1 时初值应为：TH0=1CH，TL0=18H。

6.3.2　模式 2 的应用

【例 6-2】51 单片机仅有两个外部中断请求引入端，如果还要增加外部中断输入，则可将定时器/计数器的计数脉冲端作为外部中断请求输入线。以 T0 为例，若将 T0 定义为模式 2 计数方式，计数器初值为 FFH，则当计数输入端 T0（P3.4）发生一次负跳变时，计数器加 1 即产生溢出，向 CPU 发出中断请求。

```
        ORG    0000H
        AJMP   MAIN              ;复位入口转主程序
        ORG    0000BH
        AJMP   T0_INT            ;转 T0 中断服务程序
        ORG    0100H
```

```
MAIN: MOV  SP, #60H
 MOV  TMOD, #06H          ; T0 初始化程序
      MOV  TL0, #0FFH      ; T0 置初值
      MOV  TH0, #0FFH
      SETB TR0             ; 启动 T0
      SETB ET0             ; 允许 T0 中断
      SETB EA              ; CPU 开放中断
      …
      …
T0_INT: …                  ; 中断处理
      …
      RETI
      END
```

6.3.3 门控位 GATE 的使用

【例 6-3】试用 T1 测量某脉冲信号高电平期间的宽度。

分析：本题只要利用脉冲信号控制定时器的计时即可。由于在定时方式下，当门控位 GATE=1 时，定时器/计数器的启动和停止受控于外部引脚$\overline{INT1}$或$\overline{INT0}$。所以，如果将脉冲信号接至$\overline{INT1}$引脚，将 T1 所对应的 GATE 设为 1，将 TR1 也设置为 1，则$\overline{INT1}$引脚的电平信号即可以控制 T1 定时器的启动与停止。利用此方法来测量脉冲宽度。为了数据的读取方便，测试电路中加入一个测量键，当此键按下时才开始测量。测量电路及被测波形如图 6.11 所示。

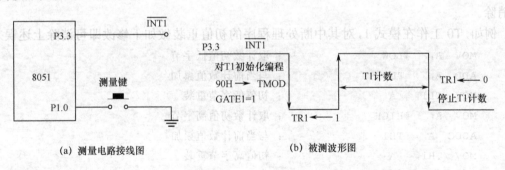

(a) 测量电路接线图   (b) 被测波形图

图 6.11 例题 6-3 图

程序清单如下：

```
      ORG  0000H
      AJMP MAIN            ; 复位入口转主程序
      ORG  0100H
MAIN: MOV  SP, #60H
LOOP: MOV  TMOD, #90H      ; 设 T1 定时器的工作模式，模式 1，GATE=1，
      MOV  TL1, #00H       ; 初值为 0000H
      MOV  TH1, #00H
```

```
JB      P1.0,   $           ; 等待测量被键按下
JB      P3.3,   $           ; 等待INT1变低
SETB    TR1                 ; 允许定时器启动
JNB     P3.3,   $           ; 等待INT1升高
JB      P3.3,   $           ; 开始计时, 等待INT1降低
CLR     TR1                 ; 结束计时, 清除 TR1, 防止过累加计时
...                         ; 结果在 TH1TL1 中, 脉宽时间显示处理
...
...
AJMP    LOOP                ; 再次测量
END
```

说明：由于脉冲是周期信号，所以，如果不设置测量按键控制，则测量程序将随着脉冲信号的周期反复执行，无法将测量结果显示给测量者。程序中将测量值的显示处理部分省略。

6.3.4　定时器/计数器中断响应延迟的处理

从定时器溢出请求中断到主机响应中断并做出处理存在着一定的时间延迟，这种延时随现场环境的不同而不同，一般需要 3 个机器周期以上。这种延时可能给实时处理带来误差，而对某些实时性要求比较高的系统来讲，这种误差是不可忽略的。

事实上，对于模式 0 或者模式 1 来讲，这种误差主要是由于从中断申请到中断响应期间可能会有脉冲计数发生，而这些计数值会在下一次初值重装过程中被覆盖。所以，如果将中断响应期间所发生的脉冲计数值累加到下一次重装的初值中，这一误差就可以被消除。

例如，T0 工作在模式 1，对其中断处理程序的初值重装做如下修改即可消除上述误差。

```
MOV A,   #LOW               ; 取计数初值低字节
ADD A,   TL1                ; 与当前计数值累加
MOV TL1, A                  ; 初值低字节重装
MOV A,   #HIGH              ; 取计数初值高字节
ADDC A,  TH1                ; 与当前计数值累加
MOV TH1, A                  ; 初值高字节重装
...
```

如此重装计数初值，则将上次的中断发生到初值重装期间的脉冲累加到下一次的计数初值中。

习题与思考题

6-1　试简述 8051 单片机 4 种定时、计数工作模式的结构特点。

6-2　设晶振频率为 12MHz，试编写一个使 T0 工作在方式 1 时 500μs 中断的初始化程序。

6-3　设系统晶振为 6MHz。试用 T1 方式 2 产生一个 200μs 的中断，之后用软件扩

展的方式产生一个 500ms 的延时，并使 P1.0 口状态每隔 500ms 求反一次。试编制初始化程序和中断处理程序。

6-4　设系统时钟频率为 11.0596MHz，试用 T0 方式 1 产生中断，使 P1.0 口产生一个周期为 1ms，占空比为 0.25 的脉冲波形。试编制初始化程序和中断处理程序。

6-5　试编写程序，使 8051 单片机对外部脉冲进行计数，每计满 1000 个脉冲后使内部 RAM 60H 单元中的内容加 1，试用 T0 以模式 1 中断实现。

6-6　系统晶振频率为 12MHz，试利用 T0 设计一个 24 小时制的时钟程序。要求在内存中设有毫秒单元、秒单元、分单元和小时单元，要求计数过程用十进制数实现。

展引为定义为一个 50 bps 的信号，并使 P1.6 口以低电平持续 50ms 来发送一次。以提高抗干扰能力，以便在中断处理程序中。

6.4 设系统时钟频率为 11.0592MHz，试用 T0 方式 1 产生中断，使 P1.0 口产生一个周期为 1ms 的……

6.5 试设计一个程序，使 8051 单片机输出……周期为 1000 个机器周期的方波，……

第 7 章 51 单片机的串行接口

串行通信是一种简单可靠的通信方式。使用极少的信道资源进行通信是串行通信的最大特点，是串行通信在远距离通信得到广泛应用的主要原因。近几年来，随着通信技术的进步，串行通信的速度得到有效提高，加之串行通信不需要地址译码，使其在近距离通信上也得到越来越多的应用。本章将介绍串行通信的基本概念和 51 系列单片机串行接口的结构及其应用。

7.1 串行通信基本知识

7.1.1 通信的概念

从广义上讲，将信息从某一方传送到另一方的过程即为通信。计算机与外部设备之间常常要进行信息交换，两台计算机之间也经常要进行信息交换，所有这些信息交换均可称为通信。在计算机系统中，通信分并行通信和串行通信两种方式。并行通信（Parallel Communication）是指在信息交换时，多位信息同时被传送的通信方式；而串行通信（Serial Communication）则是指信息被一位一位传送的通信方式。

并行通信由于多位信息同时被传送，所以其传送速度快，但缺点是同时占用多个数据传送通道。图 7.1（a）所示系统为单片机与外设间 8 位数据并行通信的连接方式。并行通信多用于系统内部通信及近距离设备之间的通信。

串行通信是将数据一位一位传送的通信方式，所以，只需要一根信号线即可实现通信。与并行通信相比，串行通信大大降低了对信息传送通道的占用，适用于远距离通信，但其传输速度比并行传输速度要低。图 7.1（b）所示为串行通信的连接方法。

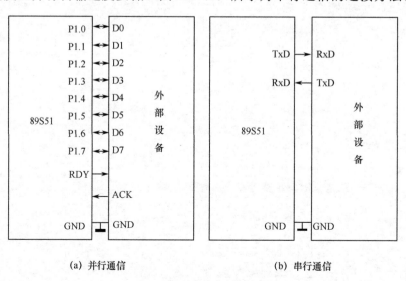

(a) 并行通信　　　　　　　　(b) 串行通信

图 7.1 两种通信方式的连接

7.1.2　通信的传送方式

通信的传送方式有单工、半双工和全双工三种方式。单工（Simplex）传送方式只允许信息向一个方向传送。例如，收音机、电视接收机都是单工方式，信息只能从发射台向接收机发送，反之不可。半双工（Half Duplex）传送方式是指接收与发送共用一个信息通道，但同一时刻只能发送或只能接收。对讲机即是半双工通信方式，收发双方使用一个载波频率，发送时按下 TALK 键，接通发送通路，断开接收通路，只允许发送信息，无法接收信息。TALK 不被按下时，发送通路被断开，只允许接收信息。全双工（Full Duplex）传送方式允许同时进行双向信息传送。电话即是全双工通信方式，使用者在讲话的同时可以听到对方的讲话声音。图 7.2 为数据通信传送方式示意图。

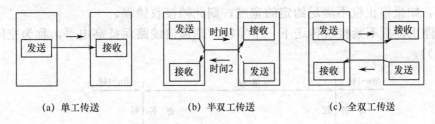

(a) 单工传送　　　　　　(b) 半双工传送　　　　　　(c) 全双工传送

图 7.2　数据通信传送方式示意图

7.1.3　异步通信和同步通信

串行通信有两种基本的通信方式：异步通信和同步通信。在串行通信中，一次完整的数据发送或接收称为一帧（Frame）。

异步通信（Asynchronous Data Communication）中每帧所包含的数据位较少，其信息仅位有 5～8 位，一次仅收发一个字符。除了信息位之外，每一帧中还需包含 2～4 位辅助位来保证信息通信的可靠。所以，异步通信一帧所包含的总的信息位数为 7～12 位。由于每帧收发的开始都进行一次同步，加之一帧的位数较少，所以收发双方可以使用各自的脉冲源来进行发送和接收，无须双方使用一个脉冲源。即使是收发脉冲源有一定的误差，也不至于在收发过程中产生较大的累计，基本可以保证在收发过程的可靠。

同步通信（Synchronous Data Communication）中每帧包含的位数远大于异步通信，信息位数从几十位到上千位不等。如果通信过程中使用各自的脉冲源，则在上千位的数据收发过程中，势必将两个脉冲源每个周期较小的误差累计上千次，从而导致收发过程无法同步。所以，同步通信要求双方使用同一个脉冲源，以保证信息通信的可靠。

异步通信和同步通信在每帧的格式上有很大区别，现分别介绍如下。

1. 异步通信

异步串行通信的一帧由 4 部分组成：起始位、数据位、奇偶校验位和停止位，数据格式如图 7.3 所示。

起始位：异步通信一帧开始时，发送设备首先发出 1 位起始位 0（低电平），用来通知接收设备开始发送。由于线路在不传送字符时保持为 1 状态，所以当接收端检测到 1 位宽度的低电平时，即可确认是起始位。由于起始位之后开始传送数据，所以起始位是数据收发的同步点。

数据位：数据位可以是 5 位、6 位、7 位或 8 位，具体位数根据通信内容确定。数据位是信息交换的实质内容。

奇偶校验位：为了校验通信的可靠性，数据发送完之后，发送方根据发送的数据状态发送 1 位奇偶校验位，为本次数据发送提供错误校验信息。奇偶校验是通信过程中一种简单的错误校验方法。所谓奇校验或偶校验是指在数据通信过程中，数据位加上奇偶校验位后使整个数据中 1 的个数为奇数或者偶数。如果接收方接收数据的奇偶性质与约定的校验模式不相符，则数据必定出错。奇偶校验位有时被省略。

停止位：一帧的最后是停止位。停止位可以是 1 位、1.5 位或 2 位，高电平，表征一帧的结束。如果停止位不满足约定的宽度，则此帧接收错误。

如果停止位后不紧接着传送下一个字符，则通信线路保持高电平，称为空闲位（见图 7.3（b））。

(a) 字符间无空闲位

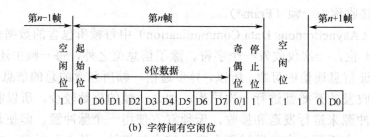

(b) 字符间有空闲位

图 7.3　异步通信的字符帧格式

异步通信的优点是通信设备简单，无须同步脉冲。但由于每帧都要附加辅助信息，所以传输效率低。以最严重的情况看，附加位最多时有 4 位，其中有 1 位起始位、1 位奇偶校验位和 2 位停止位，如果数据位是 5 位，则传输效率为 5/（4+5）=56%。也就是说，在通信过程中，附加位的量要达到 44%。这个效率是非常低下的。

2. 同步通信

同步通信的一帧由 3 部分构成：同步字符、数据区和校验码。数据格式如图 7.4 所示。

同步字符：与异步通信的起始位不同，同步通信通知接收方开始接收数据是用一个或两个特殊字符（如 011111110B）来进行的，称为同步字符。空闲时，接收方不断进行字符装配，当装配成一个同步字符时，即建立收发同步。

信息位：同步通信的信息位由多组字符组成，字符间没有空隙。

校验码：同步通信一帧的最后为循环冗余校验码（CRC）。

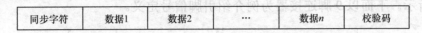

同步字符	数据1	数据2	...	数据n	校验码

图 7.4　同步通信的数据格式

7.1.4　波特率和发送接收时钟

1．波特率

波特率（Baud Rate）是数据传输速率，表示每秒传输二进制数的位数，其单位是 b/s。

2．发送时钟和接收时钟

发送数据时，先将要发送的数据送入移位寄存器，然后在发送时钟的控制下将该并行数据逐位移出。通常在发送时钟的下降沿将移位寄存器中的数据串行输出，每个数据位的时间间隔由发送时钟的周期来划分。在接收串行数据时一般要对接收数据进行三次采样，之后以其中两次相同的状态为最终状态，并将其移入移位寄存器中，最后组成并行数据。

7.1.5　常用的串行通信协议

1．常用的串行通信协议

使用较为广泛的串行通信技术标准是 EIA-232、EIA-422 和 EIA-485，也称 RS-232、RS-422 和 RS-485。由于 EIA（Electronic Industries Association，美国电子工业协会）提出的建议标准都以"RS"（Recommend Standard）作为前缀，所以在工业通信领域仍然习惯将上述标准以 RS 做前缀称谓。

EIA-232、EIA-422 和 EIA-485 都是串行数据接口标准，最初都是由 EIA 制定并发布的，EIA-232 在 1962 年发布，后来陆续发布改进版本，较为常用的是 EIA-232-C 版。由于 EIA-232 存在传输距离有限等不足，EIA-422 标准将传输速率提高到 10Mb/s，传输距离延长到 4000 英尺（约 1219m），并允许在一条平衡总线上连接最多 10 个接收器。但因为其平衡双绞线的长度与传输速率成反比，所以速率在 100Kb/s 以内传输距离才可能达到最大值，也就是说，只有在很短的距离下才能获得最高传输速率。一般在 100 米长的双绞线上所能获得的最高传输速率仅为 1Mb/s。

为扩展应用范围，EIA 于 1983 年在 EIA-422 的基础上制定了 EIA-485 标准，增加了多点、双向通信能力，即允许多个发送器连接到同一条总线上，同时增加了发送器的驱动能力和冲突保护特性，扩展了总线共模范围，后命名为 TIA/EIA-485-A 标准。

2．关于 RS-232

EIA-232 被定义为一种在低速率串行通信中增加通信距离的单端标准。EIA-232 采取不平衡传输方式，即所谓的单端通信。标准规定，EIA-232 的传输距离要求可达 50 英尺（约 15m），最高速率为 20kb/s。目前在个人计算机上的 COM1、COM2 接口就是 RS-232 接口。

由于 RS-232 并未定义连接器的物理特性，因此出现了 DB-25 和 DB-9 各种类型的连接器，其引脚的定义也各不相同。DB-25 和 DB-9 连接器如图 7.5 所示，DB-9 引脚定义如表 7.1 所示。下面以 9 脚连接器为例介绍引脚信号定义。

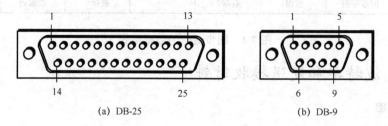

(a) DB-25   (b) DB-9

图 7.5   RS-232 连接器

表 7.1   引脚定义

插针序号	信号名称	功　能	信号方向
1	DCD	载波检出	DTE←DCE
2	RxD	接收数据（串行输入）	DTE←DCE
3	TxD	发送数据（串行输出）	DTE→DCE
4	DTR	DTE 就绪（数据终端准备就绪）	DTE→DCE
5	SGND	信号地	无方向
6	DSR	DCE 就绪（数据建立就绪）	DTE←DCE
7	RTS	请求发送	DTE→DCE
8	CTS	允许发送	DTE←DCE
9	RI	振铃指示	DTE←DCE

（1）联络控制信号线

数据发送准备好（DSR，Data Set Ready）：有效时表明 MODEM 处于可以使用的状态。

数据终端准备好（DTR，Data Terminal Ready）：有效时表明数据终端可以使用。

上述两个信号有时连到电源上，一上电就立即有效。这两个设备状态信号有效只表示设备本身可用，并不说明通信链路可以开始进行通信了，能否开始进行通信要由下面的控制信号决定。

（2）控制信号

请求发送（RTS，Request To Send）：用来表示 DTE（Data Terminal Equipment，指计算机终端）请求 DCE（Data Communication Equipment，一般指调制解调器）发送数据，即当终端要发送数据时使该信号有效，向 MODEM 请求发送。它用来控制 MODEM 是否要进入发送状态。

允许发送（CTS，Clear To Send）：用来表示 DCE 准备好接收 DTE 发来的数据，是对请求发送信号 RTS 的响应信号。当 MODEM 已准备好接收终端传来的数据并向前发送时使该信号有效，通知终端开始沿发送数据线 TxD 发送数据。

这对 RTS/CTS 请求应答联络信号用于半双工 MODEM 系统中发送方式和接收方式之间的切换。在全双工系统中，因配置双向通道，故不需要 RTS/CTS 联络信号，使其变高。

接收线信号检出（RLD，Received Line Detection）：用来表示 DCE 已接通通信链路，告知 DTE 准备接收数据。当本地的 MODEM 收到由通信链路另一端（远地）的 MODEM 送来的载波信号时，使 RLSD 信号有效，通知终端准备接收，MODEM 将接收下来的载波信号解调成数字信号后沿接收数据线 RxD 送到终端。RLD 线也叫做数据载波检出线（DCD，Data Carrier Detection）。

振铃指示（RI，Ringing）：当 MODEM 收到交换台送来的振铃呼叫信号时，使该信号有效，通知终端，已被呼叫。

（3）数据发送与接收线

发送数据（TxD，Transmitted Data）：通过 TxD 终端将串行数据发送到 MODEM，（DTE→DCE）。

接收数据（RxD，Received Data）：通过 RxD 终端接收从 MODEM 发来的串行数据，（DCE→DTE）。

（4）地线

GND：保护地和信号地。

上述控制信号线何时有效和失效的顺序表示了接口信号的传送过程。例如，只有当 DSR 和 DTR 都处于有效（ON）状态时，才能在 DTE 和 DCE 之间进行传输操作。若 DTE 要发送数据，则预先将 DTR 线置成有效（ON）状态，等 CTS 线上收到有效（ON）状态的回答后才能在 TxD 线上发送串行数据。这种顺序的规定对半双工的通信链路特别有用，因为半双工的通信才能确定 DCE 已由接收方向改为发送方向，这时链路才能开始发送。

RS-232 在 TxD 和 RxD 上规定逻辑 1（MARK）=-3～-15V，逻辑 0（SPACE）=+3～+15V。在 RTS、CTS、DSR、DTR 和 DCD 等控制线上信号有效=+3～+15V，信号无效=-3～-15V。以上规定说明了 RS-232C 标准对逻辑电平的定义。对于数据（信息码）：逻辑"1"（传号）的电平低于-3V，逻辑"0"（空号）的电平高于+3V。对于控制信号：接通状态（ON）即信号有效的电平高于+3V，断开状态（OFF）即信号无效的电平低于-3V，也就是说当传输电平的绝对值大于 3V 时，电路可以有效地检查出来介于-3～+3V 之间的电压无意义，低于-15V 或高于+15V 的电压也认为无意义，因此实际工作时，应保证电平在±（3～15）V 之间。

EIA RS-232C 与 TTL 转换：EIA RS-232C 是用正负电压来表示逻辑状态的，与 TTL 以高低电平表示逻辑状态的规定不同，电压等级也不一样。因此，为了能够同计算机接口的 TTL 器件连接，必须在 EIA RS-232C 与 TTL 电路之间进行电平和逻辑关系的变换。目前较为广泛使用的集成电路转换器件有 MAX-232、AD-232 等，该类芯片只需 5V 电源即可完成 TTL 到 EIA-232 的双向转换。

7.2　51 单片机串行口结构

51 系列单片机的串行口是一个可编程的全双工串行通信接口。此串行接口可以做通用异步接收和发送器 UART 用，也可以做同步移位寄存器使用。其帧格式有多种，并能设置各种波特率，给使用带来很大的灵活性。

7.2.1　基本结构

51 单片机的串行接口内部结构如图 7.6 所示。图中可以看出，串行口的收发两部分相互独立。接收和发送缓冲器都命名为 SBUF，占用同一地址 99H，但实际上是两个缓冲器，分别由 RD 和 WR 控制读出和写入，可同时进行发送和接收工作。51 单片机用定时器 T1 作为串行通信的波特率发生器。

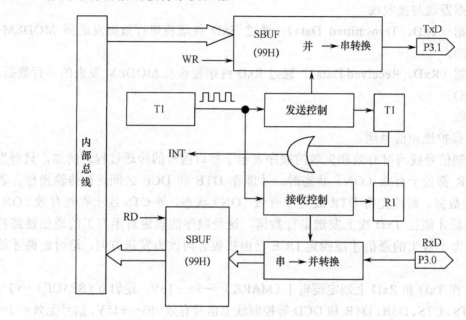

图 7.6　串行口内部结构示意图

图中还可看出，接收器是双缓冲结构，前一字节从接收缓冲器 SBUF 读出之前，第二个字节可以开始接收至移位寄存器。每当接收一个完整帧时接收数据写入 SBUF，中断标志 RI 被置位。

当向 SBUF 发"写"命令时（执行"MOV SBUF，A"指令）便启动一次串行发送，串口将写入发送缓冲区的数据经 TxD 引脚串行送出。数据发送完毕时发送中断标志 TI 置位。

7.2.2　控制寄存器

51 单片机串行口是可编程接口，有 4 种工作方式。相关控制字为串行口控制寄存器 SCON 和电源控制寄存器 PCON。

1. SCON（98H）

串行口控制寄存器 SCON 的内容包括单片机串行工作方式的选择、接收和发送控制，以及串行口的状态标志等信息位，其格式如图 7.7 所示。该寄存器可位寻址，具体内容如下。

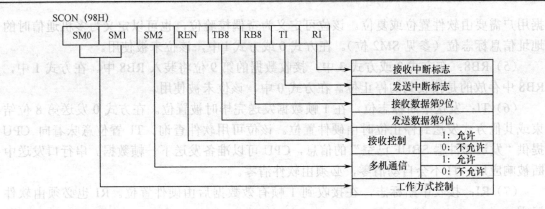

图 7.7 串行口控制寄存器 SCON

（1）SM0 和 SM1：串行口工作方式选择位。串行口有 4 种工作方式，如表 7.2 所示，其中 f_{osc} 是振荡频率。

表 7.2 串行口的工作方式

SM0	SM1	工 作 方 式	说 明	波 特 率
0	0	方式 0	同步移位寄存器	$f_{osc}/12$
0	1	方式 1	10 位异步收发	由定时器 1 控制
1	0	方式 2	11 位异步收发	$f_{osc}/32$ 或 $f_{osc}/64$
1	1	方式 3	11 位异步收发	由定时器 1 控制

（2）SM2：多机通信控制位，用于方式 2 和方式 3。在方式 2、3 接收时，若 SM2=1，当接收到的第 9 位为 1（RB8=1）时，则在接收完毕后 RI 被置位；若第 9 位为 0，则数据接收完毕后 RI 不被置位。若 SM2=0，无论接收的第 9 位为何状态，接收完毕时 RI 都被置位。请注意，RI 位是 CPU 判断串行口是否收到数据的唯一标志。串行口多机通信从机结构示意图如图 7.8 所示。

在多机通信中，第 9 位为 1 意味着本帧为地址帧，若为 0，则本帧为数据帧。当一个主机与多个从机开始通信时，所有从机的 SM2 位都置 1，只接收地址帧。此时，主机首先发送 1 帧地址，即某从机号第 9 位为 1。所有从机都将接收地址帧，之后判断是否与本机地址相同。如果与本机地址相同，则从机将 SM2 清零。之后，主机将发送数据信息，第 9 位为 0。这样，只有 SM2 位清零的从机能够接收，其他从机无法接收。双机通信时 SM2 必须为 0，否则将无法正常通信。

（3）REN：允许接收控制位，由软件置 1 或清零。

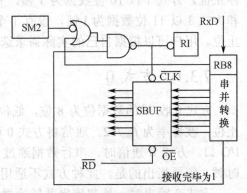

图 7.8 多机通信从机结构

当 REN＝1 时，允许接收；当 REN＝0 时，禁止接收。在串行通信接收控制过程中，如果满足 RI＝0 和 REN=1（允许接收）的条件就允许接收。

（4）TB8：在方式 2 或方式 3 中，发送数据的第 9 位（D8）装入 TB8 中，其内容根据用户需要由软件置位或复位。该位可定义为奇偶校验位，也可以定义为多机通信时的地址信息标志位（参见 SM2 位）。在方式 0 或方式 1 中，该位未被使用。

（5）RB8：在方式 2 或方式 3 中，接收数据的第 9 位将装入 RB8 中。在方式 1 中，RB8 中存放的是接收到的停止位。在方式 0 中，该位未被使用。

（6）TI：发送中断标志位，在 1 帧数据发送完毕时被置位。在方式 0 发送第 8 位结束或其他方式发送到停止位时由硬件置位。该位可用软件查询。TI 置位意味着向 CPU 提供"发送缓冲器 SBUF 已空"的信息，CPU 可以准备发送下一帧数据。串行口发送中断被响应后，TI 不会自动清零，必须由软件清零。

（7）RI：接收中断标志，在接收到 1 帧有效数据后由硬件置位。RI 也必须由软件清零。

2. PCON（87H）

电源控制寄存器 PCON 中只有 SMOD 位与串行口工作有关，如图 7.9 所示。

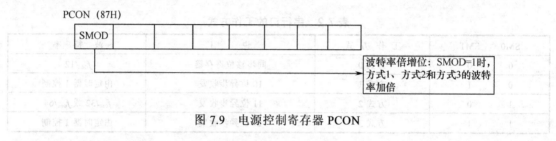

图 7.9　电源控制寄存器 PCON

SMOD：波特率倍增位。在串行口方式 1、方式 2 和方式 3 时，波特率和 SMOD 成正比，亦即当 SMOD＝1 时，波特率提高一倍。

7.3　串行口工作方式

51 单片机串行口可以设置 4 种工作方式。方式 0 以 8 位数据为 1 帧，不设起始位和停止位。方式 1 以 10 位数据为 1 帧，有 1 个起始位、8 个数据位和 1 个停止位。方式 2 和方式 3 以 11 位数据为 1 帧，设有 1 个起始位、8 个数据位、1 个附加第 9 位和 1 个停止位。用户可以根据自己的实际需求选择合适的工作方式。

7.3.1　方式 0

方式 0 收/发的数据位为 8 位，低位在前，高位在后，没有起始位、奇偶校验位及停止位，波特率为 $f_{osc}/12$。通常将方式 0 称为同步移位寄存器输入/输出方式，常用于扩展 I/O 口。方式 0 通信时，串行数据通过 RxD 输入或输出，而 TxD 用于输入/输出的移位时钟。需要指出的是，此种方式不适用于两个单片机之间的直接数据通信。

方式 0 输出时，外部接串并转换器，如 74HC164，可用于扩展并行输出口。图 7.10 为发送电路，图 7.11 为发送时序。

将数据写入发送缓冲器 SBUF 的指令后便启动一次发送过程。串行口把 SBUF 中的 8 位数据以 $f_{osc}/12$ 的波特率从 RxD 端输出，发送完毕置中断标志 TI=1。方式 0 发送时序如图 7.11 所示。写 SBUF 指令在 S6P1 处产生一个正脉冲，在下一个机器周期的 S6P2

处，数据的最低位输出到 RxD（P3.0）脚上。再下一个机器周期的 S3、S4 和 S5 输出移位时钟为低电平时，在 S6 及下一个机器周期的 S1 和 S2 为高电平。以此类推，将 8 位数据由低位至高位顺序通过 RxD 线输出，同时，在 TxD 脚上输出频率为 $f_{osc}/12$ 的移位时钟。在写 SBUF 后的第 10 个机器周期的 S1P1 处发送中断标志 TI 置位。

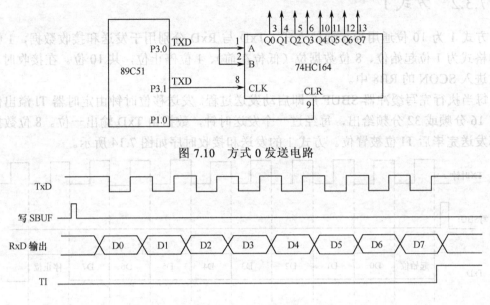

图 7.10　方式 0 发送电路

图 7.11　方式 0 发送时序

方式 0 输入时，外部接并串转换器，如 74HC165，可用于扩展并行输入口。接收电路图如图 7.12 所示。接收时，用软件置 REN=1（同时 RI=0），即启动一次接收过程。接收时序如图 7.13 所示。

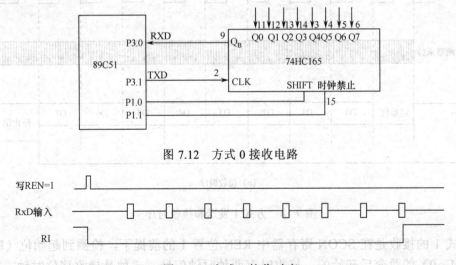

图 7.12　方式 0 接收电路

图 7.13　方式 0 接收时序

当使 SCON 中的 REN=1（RI=0）时，在下一个机器周期的 S3P1～S5P2，从 TxD 脚上输出低电平的移位时钟，在此周期的 S5P2 对 P3.0 脚进行采样，并在本机器周期的 S6P2 将采样值移位接收。同时，S6P1 到再下一个机器周期的 S2P2，输出移位时钟为高电平。

以此类推，数据从低位至高位一位一位地被接收，8 位接收完毕后数据被装入 SBUF，再启动接收过程（即写 SCON，清 RI 位）将 SCON 中的 RI 清零之后的第 10 个机器周期的 S1P1 和 RI 置位。

7.3.2　方式 1

方式 1 为 10 位通用异步通信方式，TxD 与 RxD 分别用于发送和接收数据，1 帧数据的格式为 1 位起始位、8 位数据位（低位在前）、1 位停止位，共 10 位。在接收时，停止位进入 SCON 的 RB8 中。

每当执行完写缓冲器 SBUF 后即启动发送过程。发送移位时钟由定时器 T1 溢出信号经过 16 分频或 32 分频给出，每经过一个发送时钟，数据由 TxD 输出一位。8 位数据位全部发送完毕后 TI 位被置位。方式 1 的发送和接收时序如图 7.14 所示。

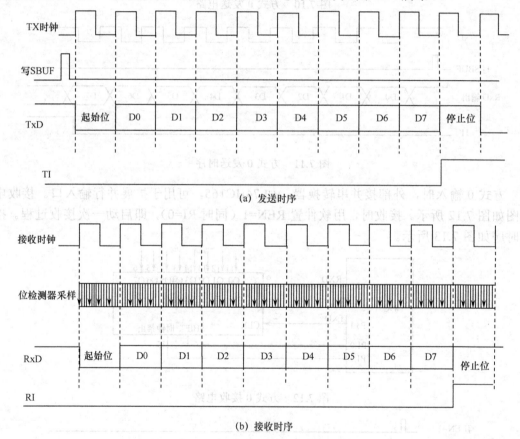

(a) 发送时序

(b) 接收时序

图 7.14　方式 1 发送和接收时序

方式 1 的接收是在 SCON 寄存器中 REN 位置 1 的前提下，检测到起始位（RxD 上检测到 1→0）的跳变后开始的。接收时有两种时钟信号：一种是接收移位时钟，其频率和传送波特率相同，由定时器 T1 溢出信号经过 16 或 32 分频得到；另一种是位检测采样脉冲，它的频率是移位时钟的 16 倍。为提高接收的准确率，系统连续对 RxD 采样 3 次，取其中两次相同的值作为本次采样结果，这样能较好地消除干扰的影响。

当 1 帧数据接收完毕后必须同时满足以下两个条件，这次接收才真正有效。一是 RI=

0，即上一帧数据接收完成时发出的中断请求已被响应，并由软件使 RI=0。二是 SM2=0 或接收到的停止位为 1（方式 1 时，停止位进入 RB8），则将接收到的数据装入串行口的 SBUF，并置位 RI。如果这两个条件不能同时满足，则接收到的数据就不能装入 SBUF，该帧信息将会丢失。

值得注意的是，在整个接收过程中，保证 REN=1 是一个先决条件，只有当 REN=1 时，才能对 RxD 进行检测。

7.3.3 方式 2 和方式 3

方式 2 和方式 3 的通信过程完全一样，只是波特率的设置不同。两种方式下每帧均为 11 位：1 位起始位、8 位数据位（低位在前）、1 位可编程的第 9 数据位和 1 位停止位。发送时，第 9 数据位（TB8）可以设置为 1 或 0，也可将奇偶校验位装入 TB8，从而进行奇偶校验；接收时，第 9 数据位进入接收方 SCON 的 RB8 中。

方式 2 和方式 3 的发送、接收时序如图 7.15 所示。其操作与方式 1 类似。

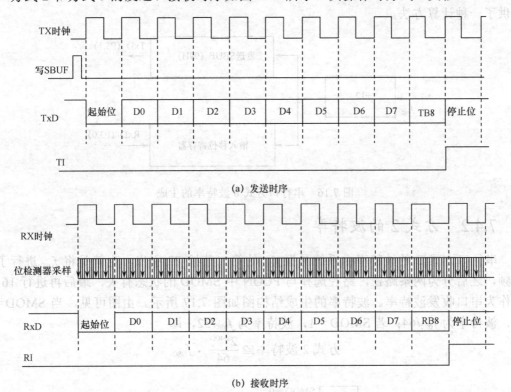

图 7.15 方式 2 和方式 3 的发送、接收时序

发送前，先根据通信协议由软件设置 TB8（如做奇偶校验位或地址/数据标志位），然后将要发送的数据写入 SBUF 即可启动发送过程。串行口能自动把 TB8 的数据取出，并装入到第 9 数据位的位置，再逐一发送出去。发送完毕使 TI＝1。

接收时使 SCON 中的 REN＝1，允许接收。当检测到 RxD 端有 1→0 的跳变（起始位）时，便开始接收数据。当满足 RI＝0 且 SM2＝0，或接收到的第 9 位数据为 1 时，前 8 位数据送入 SBUF，第 9 位数据送入 RB8，置位 RI；如果上述条件不满足，则此次接收无效，不置位 RI。

7.4　串行通信波特率的设置

在串行通信中，收发双方必须使用相同的波特率，否则无法正常通信。51 串行口的 4 种工作方式中，方式 0 和方式 2 的波特率是固定的，方式 1 和方式 3 的波特率是可变的，具体数值由定时器 T1 的溢出率决定。串行口的 4 种工作方式对应着 3 种波特率。由于输入的移位时钟来源不同，因此各种方式的波特率计算公式也不同。

7.4.1　方式 0 的波特率

串行口方式 0 的收发波特率是不变的，即是系统晶振的 1/12，可写为

$$方式\ 0\ 波特率 \cong f_{osc}/12$$

注意：符号"$\cong$"表示左面的表达式只是引用右面表达式的数值，即右面的表达式提供了一种计算方法。

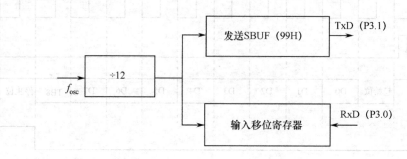

图 7.16　串行口方式 0 波特率的生成

7.4.2　方式 2 的波特率

串行口方式 2 的波特率由系统晶振 f_{osc} 的第二节拍 P2 引出，也就是将 f_{osc} 进行了 2 分频，之后分为两条路径，路径选择与 PCON 中 SMOD 的状态有关，最后再进行 16 分频作为串口收发波特率。波特率的生成结构图如图 7.17 所示。由图可见，当 SMOD＝0 时，波特率为 $f_{osc}/64$；若 SMOD＝1，波特率为 $f_{osc}/32$，即

$$方式\ 2\ 波特率 \cong \frac{2^{SMOD}}{64} \cdot f_{osc}$$

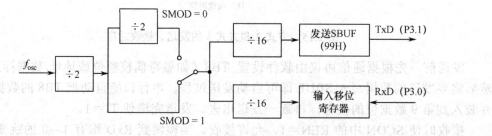

图 7.17　串行口方式 2 波特率的生成

7.4.3　方式 1 和方式 3 的波特率

方式 1 和方式 3 的波特率由定时器 T1 的溢出率和 SMOD 的状态决定,结构图如图 7.18 所示。由图可以看出,串行口方式 1 和方式 3 的波特率为

$$\text{方式 1、方式 3 波特率} \cong \frac{2^{\text{SMOD}}}{32} \cdot (\text{T1溢出速率})$$

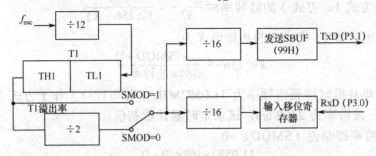

图 7.18　串行口方式 1 和方式 3 波特率的生成

式中,T1 溢出速率取决于系统时钟 f_{osc} 和 T1 预置的初值。若定时器 T1 采用模式 1,则波特率为

$$\text{方式 1、方式 3 波特率} \cong \frac{2^{\text{SMOD}}}{32} \cdot \frac{f_{osc}}{12}/(2^{16}-\text{初值})$$

表 7.3 列出了串行口方式 1、方式 3 的常用波特率及定时器 1 的初值。

表 7.3　常用波特率与其他参数的选取关系

串行口工作方式	波特率/Kb/s	f_{osc}/MHz	定时器 T1			
			SMOD	C/T̄	模式	定时器初值
方式 0	1 000	12	×	×	×	×
方式 2	375	12	1	×	×	×
	187.5	12	0	×	×	×
方式 1 和方式 3	62.5	12	1	0	2	FFH
	19.2	11.059	1	0	2	FDH
	9.6	11.059	0	0	2	FDH
	4.8	11.059	0	0	2	FAH
	2.4	11.059	0	0	2	F4H
	1.2	11.059	0	0	2	E8H
	0.137 5	11.059	0	0	2	1DH
	0.11	12	0	0	1	FEEBH
方式 0	500	6	×	×	×	×
方式 2	187.5	6	1	×	×	×
方式 1 和方式 3	19.2	6	1	0	2	FEH
	9.6	6	1	0	2	FDH
	4.8	6	0	0	2	FDH
	2.4	6	0	0	2	FAH
	1.2	6	0	0	2	F3H
	0.6	6	0	0	2	E6H
	0.11	6	0	0	2	72H
	0.055	6	0	0	1	FEEBH

定时器 T1 用作波特率发生器时，通常选用定时器模式 2，此方式自动重装计数初值，启动后无须中断重装初值。设计数初值为 X，那么每过 (2^8-X) 个机器周期，定时器 T1 就会产生一次溢出。因此，T1 溢出速率为

$$T1 溢出速率 \cong \frac{f_{osc}}{12}/(2^8-X)$$

所以，串行 D 方式 1、方式 3 的波特率 $\cong \frac{2^{SMOD}}{32} \cdot \frac{f_{osc}}{12(256-X)}$

于是，可得出定时器 T1 模式 2 的初始值 X 为

$$X \cong 256 - \frac{f_{osc} \times (SMOD+1)}{384 \times 波特率}$$

【例 7-1】单片机时钟振荡频率为 11.0592MHz，若串行口工作于方式 1，定时器 T1 工作于模式 2，波特率为 2400 b/s，试求定时器计数初值。

解：设波特率控制位（SMOD）=0

$$X \cong 256 - \frac{11.0592 \times 10^6 \times (0+1)}{384 \times 2400} = 244 = F4H$$

所以，（TH1）=（TL1）=F4H。

系统晶体振荡频率选为 11.0592MHz 就是为了使初值为整数，从而产生精确的波特率。

如果串行通信选用很低的波特率，则可将定时器 T1 置于模式 0 或模式 1，即 13 或 16 位定时方式。在这种情况下，T1 溢出后需在中断服务程序中重装初值。中断响应时间和执行指令时间会使波特率产生一定的误差，此误差可用改变初值的办法加以消除（参见 6.3.4 节）。

7.5　串行通信应用举例

串行通信开始之前，要对串行口进行初始化，其中包括串行口工作方式初始化和通信波特率的确定等内容。串行通信可采用查询和中断两种方式进行收发数据。如果采用查询方式，可通过查询 TI、RI 位的状态来进行收发数据；如果采用中断方式，则在收发数据结束使 TI 或 RI 置位时直接进入中断处理程序。

7.5.1　串行口方式 0 的应用

串行口方式 0 的数据传送可以采用中断方式，也可以采用查询方式。无论哪种方式，都要借助于 TI 或 RI 标志，TI 和 RI 是发送和接收完毕的唯一标志。在方式 0 中，SCON 寄存器的初始化只是简单地把 00H 送至 SCON 即可。

【例 7-2】51 单片机系统采用串并转换移位寄存器 74HC164 扩展 8 位并行口，接线如图 7.19 所示。并行输出接有发光二极管，要求发光二极管从左到右以一定延迟轮流显示，并不断循环。

解：本题采用中断方式发送数据。显示从最高位开始，延时程序 DELAY 略。

程序清单：

```
ORG  0000H
LJMP  MAIN
```

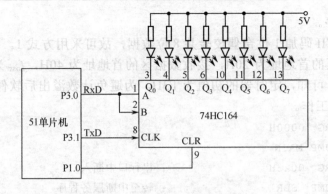

图 7.19　串行口方式 0 的应用

```
         ORG   0023H   ；串行口中断入口
         LJMP  SBR
         ORG   2000H
MAIN:    MOV   SP, #40H
         MOV   SCON, #00H
         SETB  ES      ；开放串行口中断
         SETB  EA
         MOV   A, #7FH
         CLR   P1.0
         MOV   SBUF, A
LOOP:    SJMP  $
SBR:     ACALL DELAY
         CLR   TI
         RR    A
         MOV   SBUF, A ；第二次发送数据时，74HC164 将第一次移入的数据移出
         RETI
DELAY:   …；略
         …
         RET
         END
```

需要指出的是，串行口输出数据是低位在前高位在后，即先移出 D0 后移出 D7，而串并转换器 74HC164 则是最先移入的数据位经 8 个脉冲后要移至 Q7 的位置，使用时需注意。此外，用方式 0 外加移位寄存器来扩展 8 位并行输入口时，串行移位过程会反映到并行输出口。但本题的移位速度较快，肉眼很难观察到。

7.5.2　串行口方式 1 的应用

全双工通信要求数据的收发能同时进行。由于串口的收发采用同一个中断源，所以如果数据传送采用中断方式，则在中断处理程序开始时必须通过判断 RI 和 TI 的状态来确定接下来进行的是发送操作还是接收操作。

【例 7-3】两台单片机通过串行口以全双工方式收发 7 位 ASCII 字符。为提高传送的可靠性，最高位 D7 做奇偶校验位，采用奇校验方式，要求传送的波特率为 1200b/s。试编写有关通信程序。

解：7 位 ASCII 码加 1 位奇偶校验共 8 位数据，故可采用方式 1。

设发送数据区的首地址为 20H，接收数据区的首地址为 40H，f_{osc} 为 6MHz，通过查波特率初值表 7.3 可知，定时器的初值为 F3H。为避免计数溢出后软件重装初值，定时器 T1 采用模式 2 工作。

```
            ORG   0000H
            AJMP  MAIN
            ORG   0023H              ; 串行口中断入口
            AJMP  SBR1               ; 转至中断服务程序
            ORG    0100H
    ; 主程序
            MAIN:   MOV SP,    #60H
            MOV   TMOD, #20H         ; 定时器 1 设为模式 2
            MOV   TL1, #0F3H         ; 定时器初值
            MOV   TH1, #0F3H         ; 8 位重装值
            CLR   ET1                ; 禁止定时器 1 中断
            SETB  TR1                ; 启动定时器 1
            MOV   SCON, #50H         ; 将串行口设置为方式 1，REN=1
            MOV   R0, #20H           ; 发送数据区首地址
            MOV   R1, #40H           ; 接收数据区首地址
            ACALL    SOUTL          ; 先输出一个字符
            SETB     ES             ; 允许串口中断
            SETB     EA             ; 开放总中断
    LOOP: SJMP   $                  ; 等待中断
    ; 中断服务程序
    SBR1: JB    TI, SEND            ; 若 TI=1，为发送中断
            ACALL SIN               ; 若 RI＝1，为接收中断
            SJMP   NEXT             ; 转至统一的出口
    SEND: ACALL  SOUT               ; 调用发送子程序
    NEXT: RETI                      ; 中断返回
    ;发送子程序
    SOUT: CLR    TI
            MOV     A, @R0          ; 取 ASCII 码数据到 A
            MOV     C, P            ; 奇偶标志赋予 C
            CPL     C               ; 奇校验
            MOV     ACC.7, C        ; 添加到 ASCII 码最高位
            INC     R0              ; 修改发送数据指针
            MOV     SBUF, A         ; 发送 ASCII 码
            RET                     ; 返回
    ; 接收子程序
    SIN:  CLR       RI
```

```
            MOV      A, SBUF        ;读出接收缓冲区的内容
            JNB      P, ERR         ;如果 P=0，则偶数个 1，出错
            ANL      A, #7FH        ;删去校验位
            MOV      @R1, A         ;读入接收缓冲区
            INC      R1             ;修改接收数据指针
            RET                     ;返回
            ERR: …                  ;出错处理略
            …
```

7.5.3　串行口方式 2 和方式 3 的应用

当接收到一个字符时，从 SBUF 转移到 ACC 中时会产生接收端的奇偶值，而保存在 RB8 中的值为发送端的奇偶值，两个奇偶值应相等，否则接收字符有错。发现错误要及时通知对方重发。

【例 7-4】设内部 RAM 的 50H～5FH 中的数据从串行接口输出，串行接口以方式 2 工作，TB8 做奇偶校验位，要求写入 TB8 发送。源程序如下：

```
    START:  MOV     SCON, #80H     ;串行接口工作方式 2
            MOV     PCON, #80H     ;设波特率为 1/32 振荡频率
            MOV     R0, #50H       ;设地址指针
            MOV     R7, #10H       ;设数据块长度
    LOOP:   MOV     A, @R0         ;取数据
            MOV     C, P           ;奇偶校验位送 TB8
            MOV     TB8, C
            MOV     SBUF, A        ;数据送 SBUF，启动发送
    WAIT:   JBC     TI, NEXT       ;等待发送完毕，若 TI=1 则去下一个，同时 TI 清零
            SJMP    WAIT
    NEXT:   INC     R0             ;修改地址指针
            DJNZ    R7, LOOP       ;判断循环是否结束
            SJMP    $              ;发送完毕
```

习题与思考题

7-1　串行通信和并行通信有什么区别？各有什么优点？

7-2　同步通信和异步通信各有何特点？

7-3　利用串行口进行并行口的扩展时采用哪种工作方式？试画出原理图。

7-4　单片机串行口有几种工作方式？各种方式的数据格式都包含哪些位？

7-5　试举例说明串行口工作在方式 3 时波特率如何设置？

7-6　TI 和 RI 为串行口发送和接收中断的标志，它们与其他中断源的中断标志有何不同？如何使用和处理？

7-7　简述串行口控制寄存器 SCON 各位的名称及含义，有何功能？

7-8　若单片机的晶振为 6MHz，波特率为 2400b/s，设 SMOD=1，则定时器/计数器

T1 的计数初值为多少？并进行初始化编程。

7-9　若在异步通信下，每个字符由 11 位组成，串行口每秒传送 250 个字符，问波特率是多少？

7-10　设串行异步通信的传输速率为 2400b/s，传送的数据是带奇偶校验的 ASCII 码字符，每个字符包含 10 位（1 个起始位，7 个数据位，1 个奇偶校验位，1 个停止位），问每秒最多可传送多少个字符？

7-11　若内部存储器 30H 开始存放有 50 字节的数据，要求通过串行口将其传送到目标计算机。试编制串行口初始化程序和数据传送程序。

7-12　在多机通信时 SM2 位的状态有何用途？

第8章 单片机系统的扩展

51 单片机芯片内部集成了微处理器、存储器、并行和串行接口，以及定时器/计数器等计算机基本功能部件，对于较小的应用系统而言，这些部件足以构成一个实用系统。但是，如果系统较大，单片机的内部资源即显得捉襟见肘，此时，必须通过扩展一些外围芯片来弥补片内资源的不足。本章将重点介绍 51 单片机的存储器及常用输入/输出接口的扩展方法。

8.1 51 单片机的外部三总线

为进行外部功能扩展，51 单片机专门设有外部三总线，即地址总线、数据总线及控制总线。三总线的定义及时序在第 2 章简单介绍过，本节将从使用的角度对三总线进行介绍。

8.1.1 系统总线

1．地址总线（AB，Address Bus）

51 单片机的地址总线共有 16 根，由 P0 和 P2 口送出。P0 口提供低 8 位地址 A0～A7，P2 口提供高 8 位地址 A8～A15。

由于芯片引脚数量有限，P0 被设计成分时复用方式，即 P0 口作为总线使用时除了提供低 8 位地址之外，它还承担着数据总线的作用。为了避免地址和数据的冲突，P0 口先给出地址信息，之后才是数据信息。P0 口和 P2 口作为地址总线使用后不能再作为普通的 I/O 口使用，否则数据会发生冲突。

2．数据总线（DB，Data Bus）

数据总线也由 P0 口提供，共 8 位（D7～D0），用于 CPU 与扩展的外部存储器或 I/O 接口交换数据。数据信息出现在地址信息之后。

3．控制总线（CB，Control Bus）

用于存储器和 I/O 接口扩展的控制信号线一共有 5 根，这些信号在 CPU 和扩展设备交换信息时有严格的时序关系，相关内容参见 2.5.3 CPU 时序一节。

（1）读控制信号$\overline{RD}$

$\overline{RD}$为读控制信号，用于外部扩展数据存储器或者 I/O 接口的读控制。

（2）写控制信号$\overline{WR}$

$\overline{WR}$为写控制信号，用于外部扩展数据存储器或者 I/O 接口的写控制。

上述两个信号在 CPU 执行外部扩展存储器或者 I/O 接口读写指令 MOVX 时有效。在指令执行过程中，首先由 CPU 通过地址总线给出要访问的存储器或者 I/O 接口的地址信息，待地址信息通过译码器选择目标以后 CPU 再发出读写信号。如果是读过程，则地址译码有效后，CPU 发 $\overline{RD}$ 信号将访问目标内的数据通过数据总线读出并送入 CPU；如果是写过程，则在目标选中以后，CPU 将要写的数据先送上数据总线，之后发 $\overline{WR}$ 信号将数据总线上的内容写入选中目标内。

（3）外部程序存储器选择信号 $\overline{PSEN}$

$\overline{PSEN}$ 为外部程序存储器选择信号，该信号在 CPU 读取指令过程或者执行 MOVC 指令时有效。51 系列单片机属于哈佛结构，其程序存储器和数据存储器地址空间相互不重叠。数据存储器访问用 $\overline{RD}$ 和 $\overline{WR}$ 信号，程序存储器访问用 $\overline{PSEN}$ 信号。在单片机中，外扩的程序存储器一般是 ROM 芯片，扩展时将 ROM 芯片的读出引脚与 51 单片机的 $\overline{PSEN}$ 引脚相连。

（4）地址锁存信号 ALE

ALE 为地址锁存信号，在 P0 口送出的地址信息有效时发出正脉冲。该信号用于锁存 P0 口输出的低 8 位地址信息，与地址锁存器的锁存端相连。

8.1.2　P0 口地址信息的锁存

由于 P0 口输出的低 8 位地址信息在数据信息到来之前只保持几个时钟周期，所以必须外加一个锁存器将 P0 口瞬时出现的地址信息进行锁存，使低 8 位地址信息在整个 CPU 寻址期间一直保持有效。这个锁存器称为地址锁存器。地址锁存常使用 373 或 573 锁存器完成，其引脚图如图 8.1 所示。该类锁存器是带有三态输出的 8D 锁存器，其锁存信号为高电平选通，低电平锁存，可与 ALE 信号直接相连。锁存器的 8 位数据输入线与 P0 口相连，8 位数据输出线即为锁存后的地址输出。锁存器的输出使能端直接接地，使其输出三态门始终打开，输出地址始终有效。

高 8 位地址信息由 P2 口送出，该信息在 CPU 寻址期间一直保持有效，如果不考虑功率驱动问题，刚无须外加锁存器。三总线及锁存器的接线如图 8.2 所示。

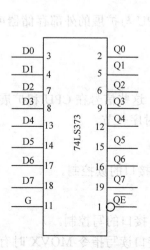

图 8.1　锁存器引脚图

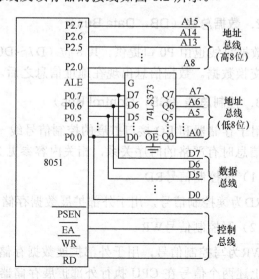

图 8.2　三总线及锁存器的接线图

8.1.3　地址译码方式

地址信息是 CPU 为区分不同的目标单元所使用的。如果同一系统中接有多个存储器或者 I/O 接口芯片，系统必须首先选择访问哪一个芯片，之后才是芯片内部的具体单元。芯片的选择有线选法和译码法两种方式。

1．线选法

线选法是直接利用某一根高位地址线作为存储器或 I/O 接口芯片片选信号的方法。线选法的优点是电路简单，不需要译码器件，缺点是地址状态利用率低，可寻址的器件数目少，只能用于芯片较少的系统中。另外，线选法的地址空间不连续，这会给程序设计带来一些不便。

2．译码法

译码法是用高位地址接译码器，再用译码器输出选择芯片的方法。译码法分部分译码和全译码两种方式。部分译码指地址信号没有全部被使用，还有剩余地址信号没有被接入到系统中。由于那些没有使用的地址线的状态与 CPU 的寻址没有关系，所以会出现同一个物理单元可用多个地址访问的现象，通常称其为地址重叠。在线选法中，如果有剩余的地址线也会出现地址重叠现象。地址重叠不影响系统运行，编址时一般将没有使用的地址线设为 0，即仅使用低地址编号。

全译码是指所有地址信号都参与译码的方式。全译码利用了全部地址状态，使地址空间达到最大。

8.2　外部存储器的扩展

51 单片机的内部有 128 字节的数据存储器，此数据存储器可以作为工作寄存器、堆栈、数据缓冲等使用。CPU 对内部 RAM 的操作有丰富的指令。在某些数据处理量较大的应用场合，51 单片机的内部 RAM 不能够满足系统要求，此时需要对单片机的 RAM 数据存储器进行外部扩展。数据存储器和程序存储器使用相同的 64KB 地址空间，即 0000H～FFFFH，但两者相互独立。数据存储器访问使用 MOVX 指令和 $\overline{RD}$、$\overline{WR}$ 信号，程序存储器访问使用 MOVC 指令和 $\overline{PSEN}$ 信号，两者不发生冲突。

8.2.1　外部数据存储器的扩展

单片机应用系统中常用的数据存储器 RAM 芯片型号为 6264、62128、62256 等。这几款芯片都是 8 位芯片，容量分别为 8KB、16KB 和 32KB。图 8.3 给出了上述 RAM 芯片的引脚图。图中可以看出，RAM 芯片有地址线、数据线、写信号、输出使能信号和片选信号。其中，输出使能信号有效时将选中的地址单元内容送出，故此线应与单片机的读信号相连。下面以 6264 为例实现不同容量存储器的扩展。

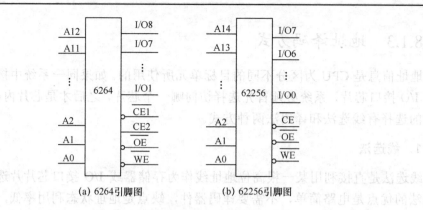

(a) 6264引脚图　　　　　　　　(b) 62256引脚图

图 8.3　存储器引脚功能图

【例 8-1】试用 2 片 6264 存储器芯片采用线选法实现 8051 系统的 16KB 内存扩展。

分析：如果将 6264 的 13 根地址线连接 CPU 地址总线后，地址总线仍剩余 3 根，这 3 根即可用于片选，接线图如图 8.4 所示。由于片选线连接到低电平有效的 $\overline{CE1}$，所以该地址线为 0 时芯片被选中，即 A13 为 0 时选中 RAM1，A14 为 0 时选中 RAM2。必须注意，二者不可同时为 0，否则会引起数据冲突。各芯片的地址范围为：

RAM1 芯片：4000H～5FFFH(A13 保持低电平，A14 保持高电平)

RAM2 芯片：2000H～3FFFH(A14 保持低电平，A13 保持高电平)

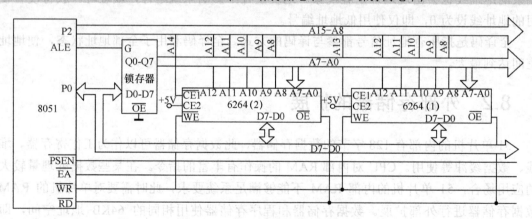

图 8.4　线选法扩展数据存储器

由于 A15 没有被使用，所以其状态和存储器芯片没有关系，上述地址中取 A15 为 0。如果 A15 取 1，仍可对芯片进行读写，此时地址范围为：

RAM1 芯片：C000H～DFFFH(A13 保持低电平，A14 保持高电平)

RAM2 芯片：A000H～BFFFH(A14 保持低电平，A13 保持高电平)

每个芯片对应两套地址，这就是所谓的地址重叠。两套地址都可以使用，一般只选第一套。

问题：如果将 A13 接到 RAM1 的 CE1 端，同时将 A13 接到 RAM2 芯片的 CE2 端（其 $\overline{CE1}$ 接地），此时，A13=0 时选中 RAM1 芯片，A13=1 时选中 RAM2 芯片。这样又可以多空余出一条地址线 A14 用作其他芯片的选择。试问，此方法是否可行？

【例 8-2】试用 4 片 6264 存储器芯片采用译码法实现 8051 系统的 32KB 外部存储器扩展。

本题选用译码器。该译码器为双 2-4 译码器，芯片内有两个完全相同且相互独立的 2-4 译码器。每个译码器有两个输入端、4 个输出端和一个片选端。片选端为低电平有效。系统接线如图 8.5 所示，图中将译码输入端接 CPU 数据总线的 A14、A13，74LS139 的片选接 A15。

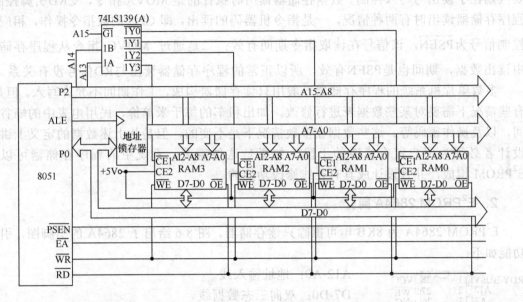

图 8.5 译码方式扩展存储器

各芯片的地址范围如下：

RAM0：0000H～1FFFH

RAM1：2000H～3FFFH

RAM0：4000H～5FFFH

RAM0：6000H～7FFFH

寻址过程中 A15 必须为 0。由于所有地址线全部参与译码，所以系统中没有地址重叠。

尽管图 8.5 所示系统采用了全译码方式，但是地址线 A15 还有一个"1"状态没有被利用，所以如果希望将内存扩展到 64KB，可以在上图的基础上再添加一套类似的电路，整个电路有两个 2-4 译码器和 8 片 6264 存储器芯片。两套电路唯一不同的是，第二套电路的译码器片选端须将地址线 A15 经反相器反相后再接入，即当 A15=1 时选中第二套电路。第二套电路的地址范围为 8000H～FFFFH，从而所有地址状态全部被使用，地址空间达到 64KB。

8.2.2 外部程序存储器的扩展

1. 程序存储器的特点

早期 Intel 公司生产的 8751 带有 4KB 紫外线可擦除的 EPROM，由于这种 EPROM 采取离线编程的方式，所以擦除时须用紫外光照射约 20 分钟，使用起来不太方便，现已经被淘汰。目前市场上可以采购到很多内部带有 E²PROM 的 51 系列 CPU，不仅有各种容量，而且可以在线编程（In-System Programmable）与擦除，非常方便实用。如果市场上能够采购到满足用户需求的带有内部程序存储器的单片机芯片就没有必要外部扩展程序存储器了。但是，在某些特殊情况下可能还需要进行外部程序存储器扩展。

外部程序存储器扩展时，地址总线和数据总线与数据存储器扩展接法是一样的，主要区别在于读出与写入控制。数据存储器读出时执行的是 MOVX 指令，受 $\overline{RD}$ 引脚控制。程序存储器读出时有两种情况，一是指令机器码的读出，即 CPU 的取指令操作，相应的控制信号为 $\overline{PSEN}$，该信号在读取指令期间有效；二是通过 MOVC 指令从程序存储器中读出数据，期间也是 $\overline{PSEN}$ 有效，所以正常的程序存储器读出与 $\overline{RD}$ 信号没有关系。

多数单片机系统的程序存储器一般用只读存储器构成，工作期间不允许写入。但是，有些情况下需要对某些数据表进行修改，如出租车的每千米单价、民用电表中的峰谷时间，以及操作密码等。这些数据在多数情况下是不变的，但是从上述数据的定义上讲，设计者必须为用户留有修改的手段。如果是这种需求，系统中的程序存储器可以由 E²PROM 构成，并且设计成具有在线修改功能的。

2. E²PROM 2864A 简介

E²PROM 2864A 为 8KB 电可擦除只读存储器，图 8.6 给出了 2864A 的引脚图，引脚功能如下：

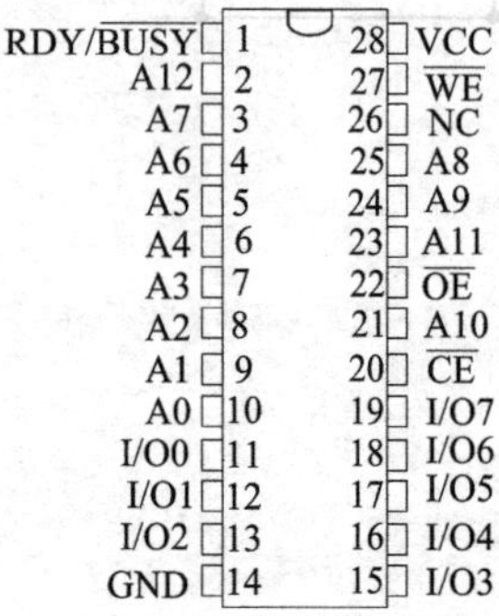

RDY/$\overline{BUSY}$ ⎕1   28⎕ VCC
A12 ⎕2   27⎕ $\overline{WE}$
A7 ⎕3   26⎕ NC
A6 ⎕4   25⎕ A8
A5 ⎕5   24⎕ A9
A4 ⎕6   23⎕ A11
A3 ⎕7   22⎕ $\overline{OE}$
A2 ⎕8   21⎕ A10
A1 ⎕9   20⎕ $\overline{CE}$
A0 ⎕10   19⎕ I/O7
I/O0 ⎕11   18⎕ I/O6
I/O1 ⎕12   17⎕ I/O5
I/O2 ⎕13   16⎕ I/O4
GND ⎕14   15⎕ I/O3

图 8.6 2864A 引脚图

A12-A0：地址输入线。

D7-D0：双向三态数据线。

$\overline{CE}$：片选信号输入线，低电平有效。

$\overline{OE}$：输出选通信号输入线，低电平有效。

$\overline{WE}$：写选通信号输入线，低电平有效。

RDY/$\overline{BUSY}$：状态输出线，在写操作时，低电平表示"忙"，写入完毕后该线为高电平，表示"准备好"。

VCC、GND：5V 电源和地。

2864A 有字节写入和页面写入两种模式，页面写入时一次写入 16 字节，两字节间的写入间隔时间应在 $3\sim20\mu s$ 之间，写入期间 RDY/$\overline{BUSY}$ 为低电平。由于片内设有高压脉冲产生电路，无须外加编程电压与写入脉冲即可完成写入操作。

3. E²PROM2864A 的应用

【例 8-3】试用 2864A 扩展 8KB 外部程序存储器，使其具有在线写入功能。系统接线图如图 8.7 所示。

分析：由图可以看出，系统采用线选法选择 2864，地址范围为 0000H～01FFFH。图中 $\overline{RD}$ 与 $\overline{PSEN}$ 相"与"后接到 $\overline{OE}$，如此接法使 E²PROM 的 $\overline{OE}$ 在执行指令 MOVX 或者执行指令 MOVC 时都有效。因此该存储器既可作程序存储器用，又可使用 MOVX 访问。由于是 E²PROM 存储器，在写入时应该检测 RDY/$\overline{BUSY}$ 是否为忙状态（低电平），如果为低电平则应等待。图中将 $\overline{RDY/BUSY}$ 连接到单片机的 P1.0 端，以此来检测 $\overline{RDY/BUSY}$ 的信号状态。如果想写入一页（16 字节）的数据到 E^2PROM 2864A 中，则可用如下程序完成：

```
SOURCE    DATA    40H          ; 源数据区首地址
OBJECT    DATA    0000H        ; E²PROM 首地址
LENGTH    DATA    16           ; 一页数据长度
          MOV     R0, #SOURCE  ; 取源地址
          MOV     R1, #LENGTH  ; 取数据块长度
          MOV     DPTR, #OBJECT; 取目的地址
LOOP:     MOV     A, @ R0      ; 取源数据
          MOVX    @ DPTR, A    ; 写入 E²PROM 中
          INC     R0           ; 源地址指针指向下一单元
          INC     DPTR         ; 目的地址指针指向下一单元
          JNB     P1.0 $
          DJNZ    R1, LOOP     ; 字节数未满，转移
          SJMP    $
```

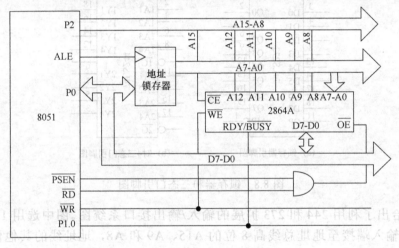

图 8.7　程序存储器 E^2PROM 的扩展

8.3　并行 I/O 接口的扩展

51 单片机为用户提供了 4 个 8 位的并行 I/O 接口，P0～P3。但是，如果需要更多的并行端口，或者应用系统扩展外部存储器占用 P0 和 P2 口使系统端口不足时，通常要进行 I/O 接口的扩展。

并行 I/O 接口的扩展通常采用两类芯片，一类是使用简单的 8 三态门或 8 锁存器实现输入和输出的扩展，如 244、273 等。另一类是使用可编程并行接口芯片实现 I/O 口的扩展，如 8155 或 8255 等。前者的特点是电路简单、体积小，使用时可直接读写。后者是专用的扩展接口芯片，结构略为复杂，使用时要进行初始化编程来定义端口的工作方式或者输入/输出模式等。8155 芯片除带有 3 个并行端口外还带有 256 字节的 RAM

及一个 14 位的定时器/计数器。如果应用系统在这几个方面都有需求，则 8155 是一个不错的选择。

扩展的 I/O 接口与系统的连接方式采取与扩展 RAM 一样的方式，通过地址总线进行译码来选择芯片，通过数据总线用 MOVX 指令读入或送出数据。注意，如果 P2 口和 P0 口作为地址总线和数据总线使用，则不能再作为普通 I/O 接口使用。

8.3.1　并行 I/O 接口的简单扩展

本节以 8D 锁存器 273 和 8 三态门 244 为例进行输入/输出端口的扩展。之所以选择 273 芯片，是因为该芯片为上升沿锁存，可以直接利用 $\overline{WR}$ 的上升沿进行锁存。低 8 位地址锁存经常使用 373 芯片，然而 373 芯片为高电平选通，低电平锁存，如果利用 $\overline{WR}$ 信号控制 373 锁存，还需将 $\overline{WR}$ 信号反相后方能实现。244 为双 4 三态门，芯片中有两组三态门，每组 4 个三态门共用一个控制端，控制端为 $\overline{1G}$ 和 $\overline{2G}$。控制端为低电平时三态门打开，将输入端 A 的状态送给输出端 Y。当控制端为高电平时，输出端为高阻状态。芯片引脚图如图 8.8 所示。

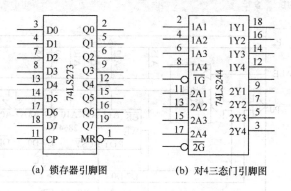

(a) 锁存器引脚图　　　(b) 对4三态门引脚图

图 8.8　锁存器和三态门引脚图

图 8.9 给出了利用 244 和 273 扩展的输入/输出接口系统图。图中选用 139 为双 2-4 译码器，其输入端接至地址总线高 8 位的 A15、A9 和 A8，地址线的其他信号没有被使用。注意，如果系统中有其他设备（程序存储器除外），地址应统一考虑，避免冲突。译码器的 4 个输出与单片机的读/写信号相"或"以后分别送给 244 和 273 作为选通信号。由于使用的是负逻辑，所以用或门。244 的输入端和 273 的输出端与外部设备相连接。

各芯片的地址分配如下：

```
244-1: 0000H
244-2: 0100H
273-1: 0200H
273-2: 0300H
```

如果想节省一些地址译码器，可以将输入设备和输出设备共用一个地址译码，这样就可以省出一半的地址译码器。由于使用 $\overline{RD}$ 和 $\overline{WR}$ 来区分读和写，所以共用一个地址的两个芯片不会产生冲突。接线如图 8.10 所示。此时各芯片的地址为：

244-1: 0000H
244-2: 0100H
273-1: 0000H
273-2: 0100H

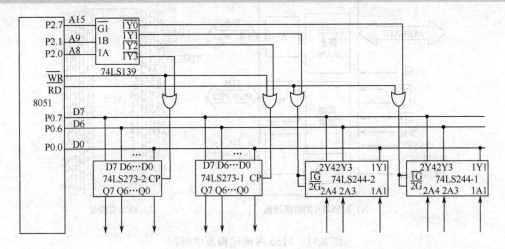

图 8.9　简单方式的 I/O 接口扩展

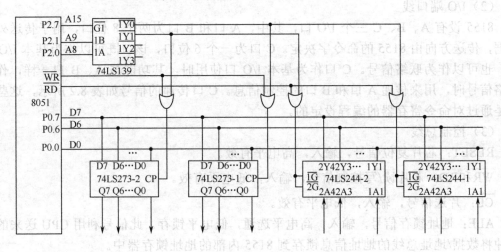

图 8.10　输入/输出共用一个地址

8.3.2　可编程并行 I/O 接口芯片 8155

8155 为一可编程通用接口芯片,其内部设有两个 8 位并行接口和一个 6 位并行接口,256 字节的静态 RAM 及一个 14 位的定时器/计数器,有多种工作模式及中断系统等。8155 内部结构如图 8.11 所示。

1. 8155 的引脚定义及功能

8155 共有 40 个引脚,各个引脚的功能如下。

（1）AD7～AD0

地址/数据总线的地址数据信号分时复用,用于传送芯片内部存储器或 I/O 接口的地址及地址单元或 I/O 接口中的数据。在与 51 单片机相连接时可以与单片机的数据地址总线（P0 口）直接相连，用 MOVX 指令直接访问。8155 内部带有地址锁存器，当 ALE 信号发来正脉冲时，将总线的地址锁存到内部地址锁存器。

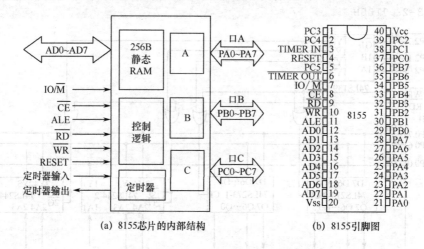

(a) 8155 芯片的内部结构　　　　　　　　(b) 8155 引脚图

图 8.11　　8155 内部结构及引脚图

（2）I/O 端口线

8155 设有 A、B、C 三个 I/O 口，其中，A 口和 B 口为两个 8 位口，用于传送外设数据，传送方向由 8155 的命令字决定。C 口为一个 6 位口，该口既可以作为基本 I/O 接口，也可以作为联络信号。C 口作为基本 I/O 口使用时，其功能与 A、B 口一样，作为联络信号时，用来传递 A 口和 B 口的控制信息。C 口传递的信号如表 8.2 所示，这些功能是通过对命令寄存器的编程设定的。

（3）控制总线

RESET：芯片复位信号，输入，高电平有效。

$\overline{WR}$ 和 $\overline{RD}$：芯片读/写控制信号，输入，低电平有效。

$\overline{CE}$：片选信号，输入，低电平有效。

ALE：地址锁存信号，输入，高电平选通，低电平锁存。此信号利用 CPU 送来的正脉冲将数据/地址总线的地址信息锁存到 8155 内部的地址锁存器中。

$IO/\overline{M}$：端口或存储器选择信号，输入，低电平时，选中 8155 片内存储器；为 1 时，选中 8155 片内 5 个寄存器（命令寄存器，状态寄存器，A、B、C 端口寄存器）。

TIMER IN：定时器/计数器脉冲输入端。

$\overline{TIMEROUT}$：定时器/计数器脉冲输出端，其波形与定时器的工作模式有关。

（4）电源及地

V_{CC} 接+5V，V_{SS} 接地。

2. 8155 的工作模式

8155 端口有两种工作模式，基本输入/输出模式和选通输入/输出模式，具体工作模式通过工作命令字中的 PC1、PC2 位确定。基本输入/输出模式时，单片机通过指令直接将数据送出到端口或者从端口直接读入，此种工作模式简单，不需要联络线。选通输入/

输出模式时，8155 将 C 端口的引线作为联络线使用。联络信号有 3 种，选通信号 $\overline{\text{STB}}$、缓冲器满信号 BF 和中断请求信号 INTR，信号的时序与端口工作方式（输入或输出）有关。现将各信号说明如下。

$\overline{\text{STB}}$(Strobe)：选通信号，输入，低电平有效。输入工作方式时，外部设备将数据稳定建立在端口上后外设发 $\overline{\text{STB}}$ 信号，其低电平使输入端口选通，其上升沿使数据锁存到输入锁存器。输出工作方式时，此线为应答线，外设将数据取走后发 $\overline{\text{STB}}$ 信号告知 8155。

BF（Buffer Full）：缓冲器满信号，输出，高电平有效。输入方式时指输入缓冲器满，当外部设备发 $\overline{\text{STB}}$ 信号写入一个新数据时此信号有效，告知外部设备新写入的数据还未读走。当 CPU 发 $\overline{\text{RD}}$ 信号读走数据后使其失效。输出方式时指输出缓冲器满。CPU 写入一个新数据后（$\overline{\text{WR}}$ 上升沿）使其有效，数据被外设取走后发应答信号 $\overline{\text{STB}}$ 后使 BF 失效。

INTR（Interrupt Request）：中断请求信号，输出，高电平有效。输入方式时，$\overline{\text{STB}}$ 和 BF 的上升沿使其有效，即新数据已经锁存，向 CPU 申请中断。当 CPU 发读信号读走数据后使该信号变低，撤销中断请求。输出方式时，外设取走数据后发出的应答信号 $\overline{\text{STB}}$ 使该信号有效，向 CPU 申请中断，请求再发数据。当 CPU 写入一个新数据时使该信号失效，撤销中断请求。

图 8.12 和图 8.13 分别给出了端口工作在输入方式和输出方式时各联络信号的时序图。

3．8155 的编程

8155 提供的 A 口、B 口、C 口及定时器/计数器都是可编程的，其工作方式由写入到命令寄存器中的控制字决定。此外，芯片内部还设有一个状态寄存器，其内容为 8155 状态字。命令寄存器和状态寄存器共用一个地址，对该地址进行读出时，读出的是状态寄存器的内容，对该地址进行写入时，写入到命令寄存器。

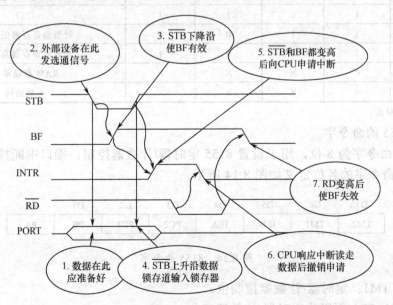

图 8.12　选通工作方式输入时的联络线时序

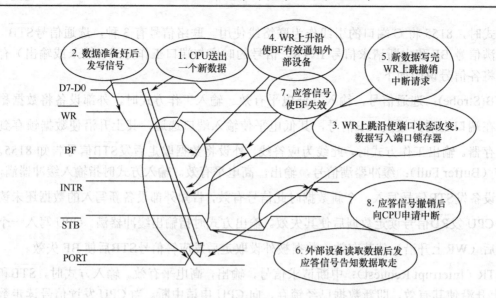

图 8.13　选通工作方式输出时的联络线时序

（1）RAM 和 I/O 的寻址

8155 内部有 7 个寄存器和 256 个存储单元，这些设备的寻址通过地址线和 IO/$\overline{\text{M}}$ 进行。$\overline{\text{CE}}$ 为总的片选，访问 8155 时必须为低电平。表 8.1 给出了 8155 的地址分配情况。

表 8.1　8155 的地址分配

$\overline{\text{CE}}$	IO/$\overline{\text{M}}$	A2	A1	A0	选通端口
0	1	0	0	0	命令/状态寄存器
0	1	0	0	1	A 口
0	1	0	1	0	B 口
0	1	0	1	1	C 口
0	1	1	0	0	计数器寄存器低 8 位
0	1	1	0	1	计数器寄存器高 8 位
0	0	×	×	×	RAM 存储单元
1	×	×	×	×	无效访问

注：×为任意状态。

（2）8155 的命令字

8155 的命令字为 8 位，用于设置 8155 定时器/计数器控制、端口中断控制及端口工作模式等。命令字的各位定义如图 8.14 所示。

D7	D6	D5	D4	D3	D2	D1	D0
TM2	TM1	IEB	IEA	PC2	PC1	PB	PA

图 8.14　8155 命令字

TM2 和 TM1：定时器/计数器控制位。

TM2TM1=00：不影响定时器/计数器工作。

TM2TM1=01：停止计数器/定时器工作，若定时器/计数器未启动，则不起作用。

TM2TM1=10：等待本次计数终止时立即停止计数器工作，若定时器/计数器未启动，则不起作用。

TM2TM1=11：装入输出方式和计数长度后立即启动，若定时器正在运行，当本次计数结束时立即按新装入的方式和长度运行。

IEB 和 IEA：中断允许位。

当 A 口、B 口以选通输入/输出方式工作时，IEB 和 IEA 两位分别用来禁止和开放 B 口和 A 口的中断请求，为 1 时表示开放中断，为 0 时表示关闭中断。

PC2 和 PC1：端口工作模式位。

PC2PC1=00：A 口、B 口作为基本输入/输出，C 口作为基本输入口。

PC2PC1=01：A 口为选通输入/输出口，B 口作为基本输入/输出口，C 口的 PC0～PC2 作为 A 口的联络信号，联络信号如表 8.2 所示。PC3～PC5 作为基本输出口使用。

PC2PC1=10：A 口、B 口为选通输入/输出口，C 口的 PC0～PC2 作为 A 口的联络信号，PC3～PC5 作为 B 口的联络信号，联络信号如表 8.2 所示。

PC2PC1=11：A 口、B 口作为基本输入/输出，C 口作为基本输出口。

表 8.2　C 口做联络线时的定义

引脚	PC0	PC1	PC2	PC3	PC4	PC5
联络信号	AINTR	ABF	ASTB	BINTR	BBF	BSTB
信号定义	A 口 中断请求	A 口 缓冲器满	A 口 选通	B 口 中断请求	B 口 缓冲器满	B 口 选通

PB 和 PA：PB 和 PA 分别用来确定 8155 的 B 口和 A 口的工作方式，0 表示输入方式，1 表示输出方式。

（3）8155 的状态字

8155 的状态字有 7 位，存放在状态寄存器中，主要用来保存 A、B 两个端口及定时器的状态信息，可以通过读指令进行访问。状态字各位的定义如图 8.15 所示。

D7	D6	D5	D4	D3	D2	D1	D0
	TIMER	INTEB	BBF	INTRB	INTEA	ABF	INTRA

图 8.15　8155 状态字

TIMER：定时器中断标志位，为 1 时表示有定时器中断，为 0 时表示没有定时器中断。当计数至终点时，TIMER 被置 1，状态寄存器接收读操作或硬件复位后，TIMER 自动清零。

INTEB 和 INTEA：B 口和 A 口的中断允许位，为 0 时表示禁止中断，为 1 时表示允许中断。

BBF 和 ABF：B 口和 A 口的缓冲器满标志位，为 1 时表示缓冲器满，为 0 时表示缓冲器空。

INTRB 和 INTRA：B 口和 A 口的中断请求标志位，为 0 时表示无中断请求，为 1 时表示有中断请求。

4．8155 内部定时器/计数器

（1）定时器/计数器结构

8155 片内定时器/计数器为 14 位定时器/计数器。该定时器包含一个用于存放计数器

初值的计数器寄存器和一个减法工作单元。当初值被装入减法工作单元后，引脚 TIMER IN 上每来一个脉冲则计数单元进行一次减 1 计数。当计数回零时便在输出引脚TIMER OUT 上输出负脉冲。8155 的最高计数频率为 5MHz。

（2）定时器/计数器的编程

定时器/计数器带有两字节的计数器寄存器，其高字节的最高两位用于工作方式设定，高字节余下的 6 位和低字节的 8 位构成定时器/计数器的 14 位计数初值，其结构如图 8.16 所示。

高字节								低字节							
D7	D6	D5	D4	D3	D2	D1	D0	D7	D6	D5	D4	D3	D2	D1	D0
M2	M1	T13	T12	T11	T10	T9	T8	T7	T6	T5	T4	T3	T2	T1	T0

图 8.16　计数器寄存器的字节定义

定时器/计数器有 4 种工作方式，在不同的工作方式下，定时器输出引脚TIMER OUT 上输出的波形不同。

① M2M1=00 时，工作方式 0，定时器在计数的后半周期内使TIMER OUT引脚输出低电平（单次矩形波）。矩形波的周期与计数初值有关，若计数器寄存器长度初值为偶数，则TIMER OUT上的矩形波是对称的；若为奇数，则矩形波高电平持续的时间比低电平多一个计数脉冲。

② M2M1=01 时，工作方式 1，输出波形与方式 0 相同，但是在该方式下定时器/计数器回零时能够自动重装计数初值，故能够在输出引脚上持续输出矩形波。

③ M2M1=10 时，工作方式 2，定时器/计数器每次计数溢出时在输出引脚上输出一个单脉冲，脉冲宽度等于 TIMER IN 输入脉冲周期。

④ M2M1=11 时，工作方式 3，输出波形与方式 2 相同，但在该方式下定时器/计数器在回零时能够自动重装计数初值，故能够在输出引脚上持续输出波形。

模式字中的 M1 位称为重装位，如果该位为 1，则定时器/计数器在完成计数时（减到 0）将初值重新装入减法计数单元开始重新计数，在输出端将输出连续的波形。

单片机对定时器的控制是通过对命令字的编程及对计数寄存器赋初值来实现的。通常情况下，单片机需要给 8155 送三个 8 位初始化字：首先送计数初值高字节给计数寄存器，之后送计数初值低字节给计数寄存器，最后送命令字。8155 的片内定时器/计数器是 14 位减法计数器，对 TIMER IN 引脚上输入的脉冲做减 1 计数，当计数回零时，先使状态字中的 TIMER 置位以供 CPU 查询定时器/计数器的状态，接着在TIMER OUT引脚上输出方波或者脉冲。该脉冲可以用来作为定时器/计数器回零的中断请求送至 51 单片机。在计数期间，CPU 可以随时查询定时器/计数器的状态。

【例 8-4】设 8155 外接一个 1MHz 的脉冲源，试利用 8155 的定时器/计数器将其做 100 分频后在TIMER OUT输出。

解：设 8155 寄存器地址分配为：命令寄存器 8060H、计数寄存器低字节 8064H、计数寄存器高字节 8065H。程序清单如下：

```
ORG    2000H
MOV    DPTR, #8065H    ; 计数寄存器高字节地址送入 DPTR
MOV    A, #0C0H        ; 计数初值高字节, 最高两位为 11, 输出连续脉冲
MOVX   @DPTR, A        ; 计数初值送入计数寄存器高字节
DEC    DPTR            ; DPTR 指向计数寄存器低字节
MOV    A, #100         ; 计数初值送入 A
MOVX   @DPTR, A        ; 计数初值送入计数寄存器低字节
MOV    DPTR, #8060H    ; DPTR 指向命令寄存器
MOV    A, #0C0H        ; 命令字送入 A
MOVX   @DPTR, A        ; 装载命令字, 最高两位为 11, 启动计数器工作
...
END
```

8155 初始化程序执行完毕后, 定时器/计数器开始对外部输入的脉冲做减 1 操作, 减到 0 时自动把计数初值重装入计数器寄存器的高字节和低字节, 并且在输出引脚上输出一个负脉冲。由于定时器/计数器的计数初值为 100, 故输出引脚上的脉冲频率为输入引脚上输入脉冲频率的 1/100。

8155 在复位后并不预置定时器/计数器的工作方式和计数初值, 但使计数器停止工作。8155 的定时器在计数过程中, 计数寄存器中的值并不直接表示外部输入脉冲的个数, 当 8155 对外部事件发生次数计数时, 由计数器的状态求输入脉冲个数的步骤如下。

① 停止计数器计数。

② 分别读出计数器的高字节和低字节。

③ 取低 14 位的计数值。

④ 若计数值为偶数, 则将计数值右移 1 位即为输入的脉冲数; 若计数值为奇数, 则将计数值右移 1 位并加上计数初值的 $\frac{1}{2}$ 的整数部分即为输入的脉冲数。

5. 8051 单片机与 8155 的接口

由于 8155 片内带有地址锁存器, 所以该芯片可以与 51 单片机直接连接, 无须外加地址锁存器。图 8.17 为 51 单片机与 8155 的连接图。图中 P2.0 作为 8155 片内存储器和 I/O 接口的选择位在读写存储器时应使 A8 为 0, 读写 I/O 接口时应使 A8 为 1。P2.7 为 8155 片选, 在访问芯片时 A15 应为 0。

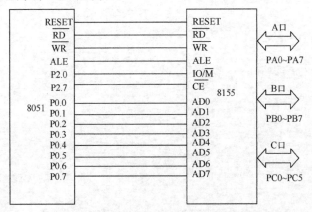

图 8.17　51 单片机与 8155 连接

习题与思考题

8-1　什么叫线选法和译码法？它们各有何优缺点？

8-2　什么叫地址重叠？地址重叠在编程时是否会发生冲突？

8-3　访问外部存储器或者接口时，可以使用哪几条指令？

8-4　试利用 6264 芯片和 2864 芯片为单片机扩展 8KB 数据存储器和 8KB 程序存储器，数据存储器的起始地址为 2000H，程序存储器的起始地址为 4000H，并编制程序将程序存储器中 4100H 单元的内容传送到数据存储器 2100H 单元中去。

8-5　在单片机系统中，试用 8D 锁存器芯片 373 和 8 三态门芯片 244 分别扩展一个 8 位输出端口和一个 8 位输入端口。输出端口连接 8 个发光二极管（共阴极接法），输入端口连接 8 个开关（设开关闭合时输入低电平）。如果用二极管点亮和熄灭反映开关的状态，则点亮表示开关闭合，熄灭表示开关断开。请画出接线原理图，并编制程序。提示：373 为正脉冲锁存。

8-6　试自行设计一个扩展一片 8155 芯片的单片机系统，指出 8155 各端口地址和存储器的地址范围。

第 9 章　　C51 简介

汇编语言是计算机的底层语言，也是访问硬件最方便的语言，但汇编语言功能简单，如果用其编制较为复杂的算法将是非常烦琐和困难的。此外，汇编语言的可读性和可移植性也远不及高级语言。

ANSI Standard C 语言是美国国家标准协会（American National Standards Institute）制定的一个 C 语言标准（以下称标准 C 语言），是一种非常流行的高级程序设计语言。C 语言除具有一般高级语言的特点以外，它还能较为方便地对计算机硬件进行访问，这一特点使其在单片机高级语言中成为一枝独秀。专门为 51 系列单片机设计的高级语言 C51 继承了标准 C 语言的大部分特性，同时还针对 51 系列单片机的结构进行了专门的设计，这使得用 C51 对 51 系列单片机进行编程变得非常方便。但是，由于单片机系统资源有限，在用 C51 对其进行编程时，还应注意有效利用系统资源，合理选择数据格式和算法以生成高效代码。

本章针对具有一定 C 语言基础的读者重点讲述 C51 的扩展功能部分，标准 C 语言的细节和使用技巧请参考相关书籍。

9.1　C51 程序结构

C51 的程序结构与标准 C 语言相同，也就是说，C51 程序也是函数的集合。在这个集合中有且只有一个名为 main 的函数，称之为主函数。如果把一个 C51 程序比作一本书，那么主函数就相当于书的目录部分，其他函数就是章节，主函数中的所有语句执行完毕，则总的程序执行结束。C51 中使用的编译器主要是 Keil C51。Keil C51 完全支持标准 C 的指令，同时还支持针对 51 单片机的扩展指令。

C 语言程序的组成结构如下所示：

```
预处理命令        #include<reg51.h>
函数说明          long  fun1();
                 float  fun2();
主函数           main( )
主函数体          {
                     ……
                 }
功能函数 1        fun1()
函数体            {
                     ……
                 }
功能函数 2        fun2()
```

```
函数体                {
                        ......
                    }
```

【例 9-1】一个 C51 程序例子。

```
/* 这是一个 C51 程序的例子 */
#include <reg51.h>
// 使用 include 预处理伪指令将所需库函数包含进来
unsigned int rate;      // 变量定义
unsigned int fetch_rate(void);    // 函数说明
main( )
 {
  char loam;
  do
  {
    rate = fetch_rate();                    // 函数调用
  }while(1);
 }
unsigned int fetch_rate(void);    // 函数定义
 {
   unsigned int loam;
   loam = loam++;
   return loam;
 }
```

C51 的结构特点如下。

（1）C51 程序是由函数构成的。函数是 C51 程序的基本单位。

（2）一个 C51 程序总是从 main 函数开始执行的，而不论 main 函数在整个程序中所处的位置如何。

（3）C51 程序书写格式自由，一行内可以写几个语句，一个语句可以分写在几行上。

（4）每个语句和数据定义的最后必须有一个分号。分号是 C51 语句的必要组成部分，分号必不可少，即使是程序中的最后一个语句也应包含分号。

（5）C51 本身没有输入/输出语句。标准的输入和输出（通过串行口）是由 scanf 和 printf 等库函数来完成的。对于用户定义的输出，如直接以输出端口读取键盘输入或者驱动 LED，则需要自行编制输入/输出函数。

9.2　C51 的数据

9.2.1　C51 的数据类型

在使用某种语言进行数据处理时首先要根据编程任务的需要来选择合适的数据类型。C51 语言除具有标准 C 语言的全部数据类型外还根据 51 系列单片机的结构扩展了部分数据类型。

1. 标准 C 语言的数据类型

表 9.1 给出了标准 C 语言常用的 14 种数据类型，各种类型的具体细节请参考相关书籍。

表 9.1　标准 C 语言的数据类型

类　　型	位　数	字节数	取　值　范　围
无符号字符型（unsigned char）	8	1	0～255
有符号字符型（signed char）	8	1	+127～-128
无符号整型（unsigned int）	16	2	0～65535
有符号整型（signed int）	16	2	+32768-32768
无符号长整型（unsigned long）	32	4	0～4294967295
有符号长整型（signed long）	32	4	-2147483648～+2147483647
浮点型（float）	32	4	$\pm1.175494351\times10^{-38}\sim\pm3.402823466\times10^{38}$
双精度浮点型（double）	64	8	$\pm2.2250738585072014\times10^{-308}\sim$ $\pm1.7976931348623158\times10^{308}$
数组类型（array）			
结构体类型（struct）			
共用体类型（union）			
枚举型（enum）			
指针型（*）			
无值型（void）			

2. C51 扩展的数据类型

C51 在标准 C 的基础上根据 51 系列单片机的特点扩展了位型、可寻址位型、特殊功能寄存器和 16 位特殊功能寄存器 4 种数据类型，可以看出，这几种数据类型都和单片机的硬件有关。

（1）位型（bit）

位型定义了一个位变量，取值范围为 0 和 1。位型变量类似于其他语言中的布尔变量，但不可以定义指针，不可以定义数组。

（2）可寻址位型（sbit）

此种类型也为位型，取值范围也是 0 和 1。可寻址位型用于定义 8051 内部 RAM 中的可寻址位或特殊功能寄存器中的可寻址位，如：

```
sfr   P0=80H              /*P0 为特殊功能寄存器变量，地址为 80H*/
sbit  FLAG1=P0^1          /* FLAG1 为可位寻址型变量，地址为 P0 的第 1 位*/
```

也可以直接写成：

```
sbit  FLAG1=0x80^1
```

如果某变量定义为 bdata 类型（bdata 用于定义可位寻址的存储类型，参见 9.2.2 节），利用 sbit 可以访问该变量的某一位：

```
int   bdata ibase;         /*位存储区定义整型变量 ibase*/
char  bdata bary[4];       /*位存储区定义字符型数组 bary*/
sbit  mybit0=ibase^0;      /*定义可寻址位变量为 ibase 的第 0 位*/
sbit  mybit15=ibase^15;    /*定义可寻址位变量为 ibase 的第 15 位*/
```

```
sbit  bary07=bary[0]^7        /*位置为第 0 个元素的第 7 位*/
sbit  bary35=bary[3]^5        /*位置为第 3 个元素的第 5 位*/
```

（3）特殊功能寄存器类型（sfr）和 16 位特殊功能寄存器类型（sfr16）

特殊功能寄存器类型可以将单片机内部的特殊功能寄存器定义成 8 位变量，也可以将两个连续的特殊功能寄存器定义成一个 16 位变量，如：

```
sfr    P0=0x80              /*将 P0 地址定义为 80H，即 P0 口地址为 80H*/
sfr16  T2=0xCC              /*将 T2 定义为计数器 2 计数单元*/
```

表 9.2 给出了 C51 扩展数据类型。

表 9.2　C51 扩展数据类型

类　　型	位　　数	字 节 数	取 值 范 围
位型（bit）	1		0 和 1
可寻址位型（sbit）	1		0 和 1
特殊功能寄存器（sfr）	8	1	0～255
16 位特殊功能寄存器（sfr16）	16	2	0～65535

值得一提的是，特殊功能寄存器以及寄存器中的可寻址位等，如定时器 TL0、TH0、串行口缓冲器 SBUF、进位位 CY、总中断允许位 EA 等，已经全部在 C51 的头文件 REG51.H 中按照常用的名称定义好，编程人员可以直接使用。

9.2.2　C51 的数据存储

在个人计算机上使用标准 C 语言时，可以认为存储器是"海量的"，因为当数据量非常大时，可以通过硬盘对数据进行读写。但是，由于单片机特殊的存储结构和有限的存储量，C51 语言的内存具有种类多，数量少的特点。所谓种类多是指单片机有片内存储器、片外存储器、程序存储器、数据存储器等，各种存储器除读写性质、读写方式不同外，读写速度也有很大区别。所谓数量少是指单片机内存资源极其有限，编程者有必要了解数据放在何处、存储容量还剩多少等问题。C51 为了高效编译代码，为数据赋予了两个存储属性，即存储种类和存储类型，用于决定数据的作用域和存放域。程序员在使用 C51 编制单片机程序时，合理地为数据和变量分配内存对于高效代码的产生、提高程序的运行速度，以及有效利用存储空间是非常重要的。

C51 的存储种类（Storage Class）有自动变量（或局部变量）、静态变量和寄存器变量三种。存储种类决定了变量的作用域，其定义和使用方法与标准 C 语言相同，关于存储种类的详细定义和使用方法请参考其他 C 语言书籍。

数据的存储类型（Memory Type）是 C51 的扩展功能。由于 51 系列单片机分片内、片外、程序、数据等不同存储区域，各区域的存储性质截然不同。为了能使程序员有效定位数据，C51 为数据赋予了 6 种存储类型，即 code、data、bdata、idata、pdata、xdata。这 6 种类型所对应的内存区域如表 9.3 所示，其中，除程序区（Code）为只读性质的 ROM 外，其余都为随机读写 RAM。

数据存储类型在程序中是可选项。当程序中没有指明数据的存储类型时，编译系统会按照编译器所设置的存储模式（Memory Model）来决定数据的存储类型，也就是说，在编译器里所设置的存储模式为所有没有声明存储类型的数据指定了默认类型。存储模式有 small、compact 和 large 三种，这三种存储模式所对应的存储类型分别为 data、pdata 和 xdata，也就是说，当编译器被设置为 small、compact 和 large 模式时，编译器将会把没有特别声明的变量分别默认为 data、pdata 和 xdata 型变量。

表 9.3　C51 的存储类型

类　　型	存储位置	特　　　点
code	程序存储区	片内或片外，最大 64KB(只读性质)
data	内部数据区	低 128 字节，直接寻址访问，访问速度快
idata	内部数据区	可位于内部 RAM 的任何位置，间接寻址访问，访问速度略慢
bdata	内部数据区	位于片内 20H～2FH，读写性质，可按位或字节访问
pdata	外部数据区	最大 256 字节，用 movx @r_i 访问，访问速度慢
xdata	外部数据区	最大 64KB，用 movx @dptr 访问，访问速度最慢

C51 存储模式可以通过编译器来设定（参见附录 Keil C51 集成环境），也可以在语句行中进行设定。在语句行的设定方式可以更灵活一些，因为它同时还可以设定存储模式的作用域，例如，在某个函数 my_function 后进行设定：

```
int my_function() small
```
即指明了函数 my_function 中没有特殊说明的变量放在内部 RAM 中。

下面的几个例子指定了几个变量的存储类型：

```
char  data a1;                       /*在内部数据存储器区定义 a1*/
char  code string1[ ]="This is my program."   /*程序存储器区定义字符串,
并赋初值*/
unsigned  char xdata mat[1][2][3]         /*在外部存储器区定义数组,并赋
初值*/
```

9.3　C51 的函数

C 语言由函数构成，主程序叫做主函数 main()，其余程序叫子函数。C51 在标准 C 语言的基础上扩展了中断函数，并根据 51 单片机堆栈空间小的特点专门设计了使用专用空间传递参数的可重入函数。标准 C 语言函数的定义与使用在此不再讲述，相关细节可以参考其他相关书籍。本节只对扩展的 C51 函数做简单介绍。

对于单片机来讲，中断是经常使用的控制手段，用于提高 CPU 的利用率。C51 专门为中断设计了一种函数叫做中断函数，用来指定该函数为中断处理函数。中断服务函数只有在中断源请求响应中断时才会被执行，在处理突发事件和实时控制是十分有效的。

中断函数定义如下：

```
函数名 () interrupt m [using n]
```

中断函数的关键字为 interrupt，它指明该函数为中断服务函数。interrupt 后面的 m 用于指明所使用的中断号，其取值范围为 0～31，最大中断号与所使用的芯片型号有关。目前市场上较为流行的低端芯片 AT89C51 只使用 0～4 号中断。每个中断号都对应一个中断向量，中断入口地址为 8m+3。中断源的申请被响应后，处理器会跳转到该中断向

量所指向的地址执行程序。表 9.4 是 51 芯片最基本的中断号和中断向量、中断源的关系。中断号后面可加一个选项 using n，该选项用于指定中断过程中 CPU 将使用 4 组工作寄存器中的第 n 组。

表 9.4　中断号与中断源、中断向量的关系

中断号 m	中断源	中断向量
0	外部中断 0	0003H
1	定时器/计数器 0	000BH
2	外部中断 1	0013H
3	定时器/计数器 1	001BH
4	串行口	0023H

如 void time0（）　interrupt 1{}

与普通函数定义不同，中断函数不能进行参数传递。中断函数也不能有返回值，所以中断函数最好定义成 void 类型。与普通函数不同，中断函数不能直接调用，否则会产生错误。

【例 9-2】试利用定时器/计数器 T1 产生中断，使 P1.0 端口状态每秒钟翻转 1 次。

分析：设系统晶振为 12MHz，令 T1 产生 50ms 中断，

```
#include<reg51.h>
int i=0;
void main()
{
TMOD=0x10；//方式1，16b 定时
TH1=0x3c; //65536 - 50000= 0x3cbo
TL1=0xb0;
TR1=1;
ET1=1;
EA=1;
while(1)
    {
    ;
    }
}

void t1(void) interrupt 3 using 0 //定时 50ms
{
TH1 = 0x3c;
TL1 = 0xb0;
i++;
if(i==20)
    {
```

```
        i=0;
        P1^0=! P1^0;
    }

}
```

9.4 C51 的指针

指针是 C 语言的特色之一，掌握了指针技术，既了解了数据在内存的存放形式，同时也掌握了对较为复杂的数据结构和数组进行方便操作的有效手段。C51 指针从功能上讲与标准 C 语言指针功能完全相同。但是，考虑到单片机存储器的特点，C51 的指针在变量的存储上与标准 C 有所不同。

9.4.1 指针的基本概念

对于一个内存单元来说，单元的地址被称为该单元的指针，单元中存放的数据是该单元的内容。如果一个变量用来存放指针（地址），这种变量称为指针变量。或者说，用于存放内存单元地址的变量称为指针变量。因此，一个指针变量的值就是某个内存单元的地址或某内存单元的指针。例如，字符变量 C，其内容为 "A"（ASCII 码为 41H），C 存放于 2000H 单元中。设有指针变量 P，内容为 2000H。此时，称 P 指向变量 C，或者说 P 是指向变量 C 的指针变量。确切地讲，指针是一个地址，如上述 2000H 即是指针，它是一个常量。而一个指针变量却可以被赋予不同的指针值，以指向不同的变量。但是，有时将指针变量简称为指针，这一点有时会引起指针概念的混淆，在此提醒读者注意。与标准 C 语言不同，C51 定义的指针通过不同的标识符可以将指针设置成普通指针、指定（变量）存储区指针和指定指针存放区指针。

9.4.2 C51 指针变量的定义

C51 指针变量定义形式如下：

> 所指数据类型 ［存储器类型 1］ * ［存储器类型 2］ 指针变量名；

在指针变量定义中，第一项定义了指针变量所指向的数据类型。第二项和第三项用于定义指针所指向变量的存储器和指针自身的存储区，最后一项为指针变量名。

有［存储器类型 1］选项时，表示该指针被定义为指定存储区的指针，如果没有此选项，则被定义为一般指针。指定存储区的指针说明了指针指向变量的存储位置，此时，指针变量只需要一字节（存储在 bdata、data、idata、和 pdata 区域）或者两字节（存储在 code 和 xdata 区域）。这种指针具有存储空间小、执行速度快的特点。一般指针在内存中占用 3 字节，第一个字节存放该指针存储器类型的编码，第二个和第三个字节存放 16 位地址。如果指向变量存储在 data、idata 或者 pdata 区，则只需使用其中一个字节。

有［存储类型 2］选项时，指针将存放于指明的存储类型区域。存储区域可选内部 RAM（data）或外部 RAM（xdata）为指针存放区。如果没有此选项，则存放在内部存储区。

下面是指针定义的示例：

```
char    *ptr1;              /*指向字符型变量的普通指针*/
int  xdata  *ptr2;         /*指向存储于外部存储区整型变量的指定存储区指针*/
long  code  *idata ptr3   /*指向存储于程序区的长整型变量的指定存储区指针，自
身存储于 idata 区*/
char  data  * c_ptr;  /*指向 data 区中的 char 型变量，自身存储在片内存储区中*/
int  xdata  * i_ptr;  /*指向 xdata 区中的 int 型变量，自身存储在片内存储区中*/
long  code  * l_ptr;  /*指向 code 区中的 long 型变量，自身存储在片内存储区中*/
char  data  * data  c_ptr; /*指向 data 区中的 char 型变量，自身存储在片内 data
区中*/
int  xdata  * idata  i_ptr;  /*指向 xdata 区中的 int 型变量，自身存储在片外存
储区 xdata 中*/
long code  * xdata  l_ptr;  /*指向 code 区中的 long 型变量，自身存储在片内存
储区 xdata 中*/
```

9.5　C51 编程举例

【例 9-3】并行共阳数码管显示电路如图 9.1 所示。试编制数码管显示函数。

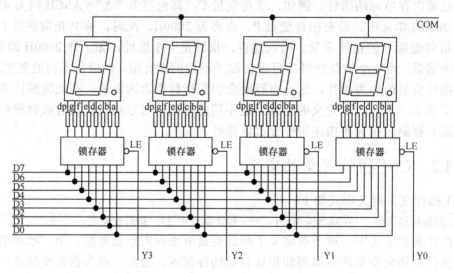

图 9.1　并行数码管静态显示电路

解：本函数定义了长度为 4 的字符型数组 buffer[]为显示缓冲区，buffer[0]对应最低位，buffer[3]对应最高位。缓冲区内容为显示代码，在调用时由其他程序设定。这里假设 4 个锁存器地址 Y0~Y3 为 0x8000~0x8003。

```
#include <reg52.h>              /*定义单片机寄存器*/
#define  Y0  0x8000            /*数码管硬件地址*/
#define  Y1  0x8001
#define  Y2  0x8002
#define  Y3  0x8003
unsigned char code segcode[10]={0xc0, 0xf9, 0xa4, 0xb0, 0x99,
```

```
       0x92, 0x82, 0xf8, 0x80, 0x90};  /*定义段码数组, 存放于 ROM 区*/
   unsigned char buffer[4];  /*定义显示缓冲区, 全局变量, 其内容由其他程序给定*/
   void display( )
      {
       unsigned int xdata *pt;                          /*定义指针, 为指向显示地址*/
   unsigned int code  address[4]={Y0, Y1, Y2, Y3};   /*定义硬件地址, 存放于
ROM 中*/
   int i;
   for(i=0; i<4; i++)                          /*4 位显示数码管*/
   {
   pt=address[i];                          /*指针指向某位地址*/
   *pt=segcode[ buffer[i]];                 /*向某位送段码*/
   }
      }
```

【例 9-4】单片机系统晶振为 12MHz, 试用定时器 0 使 P1.0 引脚上输出周期为 1s、占空比为 1∶4 的方波。

解: 本任务设定定时器 0 为方式 1, 使其中断周期为 1ms。另设毫秒单元, 每毫秒 (每次中断) 加 1, 到 250 或 750ms 时使 P1.0 引脚翻转。程序分两部分, 主函数的任务是初始化定时器, 设定引脚状态为 1, 毫秒单元清零。由于方式 1 不能自动重装计数初值, 所以每次在中断函数中需将计数初值重装。中断处理函数每毫秒执行一次, 使毫秒单元加 1, 并根据引脚状态判断到 250ms 或者 750ms 时使状态翻转。程序如下:

```
#include <reg51.h>           /*包含寄存器名定义的头文件*/
int data ms=0;               /*毫秒单元, 全局变量, 存储于内部数据区, 初值为 0*/
sbit P1_0=P1^0;              /*定义引脚 P1.0 为位变量 P1_0, 全局变量, 位地址与
P1 同*/
/******************主程序******************/
/*主程序的内容为初始化定时器, 之后启动定时器*/
void main ( )                /*定义主函数 main, 无调用参数, 无返回值*/
{
TMOD=0x01;                            /*定时器 T0 定义为方式 1*/
P1_0=0;                              /*置 P1_0 为 0*/
ms=0;                                /*毫秒单元清零*/
TH0=(65536- 1000) / 256;             /*计数器初值, 1000μs 中断一次*/
TL0=(65536- 1000)%256;
EA=1;                                /*允许 CPU 中断*/
ET0=0;                               /*允许定时器 0 中断*/
TR0=1;                               /*启动定时器 0*/
do {} while (1);                     /*循环等待中断*/
 }
 /***************中断处理函数****************/
void  t0_interrupt ( )  interrupt 1 using 3
```

```
     /*定义中断处理函数,中断源号为1(定时器0),使用3号寄存器组*/
  {
THO=(65536-1000) / 256;                    /*计数初值重装*/
TL0=(65536-1000)%256;
TF0=0;                                     /*溢出标志清零*/
  ms++;                                    /*毫秒单元加1*/
  If(P1_1==1)
    {
    If( ms>=250)
    {
   P1_0=0;      /* P1.0为高电平,且毫秒大于等于250ms时, P1.0复位*/
   ms=0;                           /*计数单元清零*/
    }
  }
  els
    {
  If( ms>=750)
    {
  P1_0=1;      /*P1.0为低电平,且毫秒大于等于750ms时,P1.0置位*/
  ms=0;                            /*计数单元清零*/
    }
   }
  }
```

习题与思考题

9-1　C51 在 C 语言的基础上扩展了哪些数据类型?

9-2　C51 有哪些存储类型?各种存储类型的位置在哪一类存储器中?

9-3　设 51 单片机只有片内存储器,试用 C51 编制程序实现 *n*!(*n* 小于 10)。

9-4　设系统晶振为 12MHz,试用 C51 完成定时器 T0 的初始化,使其产生 100ms 的中断。

9-5　利用例【9-2】中的中断源,用 C51 编制一个时钟程序,要求有秒、分和小时变量。

9-6　设单片机的 P1 口接有 8 个发光二极管,输出"0"时,发光二极管亮。试编制程序使发光二极管按照 P1.0→P1.1···P1.7 的顺序循环点亮。

应 用 篇

第 10 章　键盘及显示接口

10.1　键盘接口

键盘是最简单、最常用的人机接口设备，具有接线简单、价格低廉等特点。键盘的接线分简单键盘和矩阵键盘两种形式。简单键盘的一个按键对应端口的一位，接线和识别较为方便；矩阵键盘将多位端口线按矩阵形式连接，端口利用率高，但是键盘识别略为复杂。

10.1.1　键盘接线的两种形式及其识别

1. 简单键盘

简单键盘接线如图 10.1 所示。某键按下时，对应的端口位线为 0，否则为 1。图中上拉电阻的作用是在没有键被按下时，确保该位为高电平，如果芯片内带有上拉电阻，则外部上拉电阻可省去。

2. 矩阵键盘

简单键盘接线虽然简单，但是每个按键都占用端口的一位，如果十几个按键则要占用十几个位线，资源浪费较大。在按键个数较多的场合多选择矩阵键盘。图 10.2 所示为 4×4 矩阵键盘接线图。矩阵键盘是将引自端口的 m 条行线和 n 条列线交叉排列，在行列线的交叉点上设置一个按键，这样可以获得 $m×n$ 个按键。图 10.2 用一个 8 位的端口接成了 16 键的键盘。按照此种形式接线，若用两个 8 位端口，则可接成 64 键的键盘。

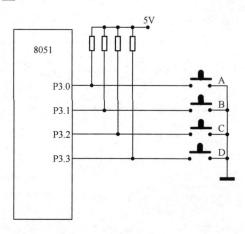

图 10.1　简单键盘接线图

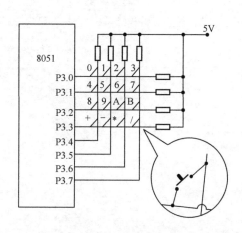

图 10.2　矩阵键盘接线图

3．按键的识别与扫描码

简单键盘按键的识别较为简单，只需将端口状态读入后判断某位线是否为低电平即可判断某键是否被按下。简单键盘某键的扫描码即是该键对应位为 0 其余位都为 1 的编码，所以键盘的扫描码也叫位置码。例如，图 10.1 中 A、B、C、D 键的扫描码分别为 1110、1101、1011、0111。

矩阵键盘的识别方法有两种，一种叫扫描法，另一种叫反转法。扫描法识别矩阵键盘时先将行线和列线分别设为不同的工作状态（输入或输出），然后依次将输出线设为低电平，并读入输入线的状态。若无键被按下，则输入状态为全 1；若读入的状态非全 1，则必定有键被按下。例如，在图 10.2 所示接线中，将行线 P3.3～P3.0 设为输入状态，列线 P3.7～P3.4 设为输出状态。如果某时刻输出状态为 1011（P3.6 为 0），读入行线的结果为 1110（P3.0 为 0），则可确定 P3.6 和 P3.0 两条线交叉点的 2 号键被按下。将 1011-1110 称为 2 号键的扫描码。用反转法识别矩阵键盘时，先把列线设为输出工作状态，行线设为输入工作状态，并将所有输出（列）设成 0，读输入（行）线。如果行线输入为全 1，则无键被按下；如果行线输入非全 1，则有键被按下。在输入非全 1（有键被按下）的情况下，再将行线设为输出状态、列线设为输入状态，并将刚刚读入的非全 1 数据经行线输出，之后再读入列线状态。此时，读入的也是一个非全 1 状态（假设此时被按下的键未抬起）。我们便可以根据两次读入的数据合成按键的扫描码，从而确定按键的位置。仍以 2 号键被按下为例：首先，列线 P3.7～P3.4 输出全 0，读入行线状态为 1110（2 号键将 P3.0 拉成低电平）；然后，将读入的状态 1110 再经行线 P3.3～P3.0 输出，再读入列线 P3.7～P3.4，则可读入状态 1011，所以同样可以得到 2 号键的扫描码 1011-1110。

4．键盘的键名与键值

在键盘的设计过程中，首先要根据使用方法命名按键，例如，"+" 键、"−" 键、"开始" 键、"确认" 键及数字键等，这些被称为键名。键名的位置确定以后，其扫描码由硬件接线决定。但是，在程序处理过程中扫描码过于烦琐，经常用一个简单的编码来代替扫描码，这一编码一般从 0 开始，通常称其为键值，每个按键都具有自己的键名、键值和扫描码。为了方便编程，经常将数字键的键值与数字键的键名相对应。表 10.1 给出了图 10.2 的键名、键值及扫描码。

表 10.1　键名、键值及扫描码

键　名	键　值	二进制扫描码	十六进制扫描码	键　名	键　值	二进制扫描码	十六进制扫描码
0	00H	11101110	EEH	8	08H	11101011	EBH
1	01H	11011110	DEH	9	09H	11011011	DBH
2	02H	10111110	BEH	A	0AH	10111011	BBH
3	03H	01111110	7EH	B	0BH	01111011	7BH
4	04H	11101101	EDH	+	0CH	11100111	E7H
5	05H	11011101	DDH	−	0DH	11010111	D7H
6	06H	10111101	BDH	*	0EH	10110111	B7H
7	07H	01111101	7DH	/	0FH	01110111	77H

10.1.2　键盘管理的几个问题

1．单次按键重复处理问题

通常人手按键的闭合时间在十毫秒级或百毫秒级，这一数量级的时间足以使单片机指令运行几千条甚至几万条。在编制键盘管理程序时若不考虑这一点，一次按键就会重复处理很多次。为了避免一次按键的重复处理问题，在键盘管理程序中要加入按键抬起的判别，使得一次按键无论时间长短只做一次处理。如果想得到持续按键一段时间后进行连续处理的效果，还应加入按键持续时间判别程序。

2．键盘的去抖

按键在两个触点闭合（接触）的过程中伴随着较为复杂的物理与化学过程，其电压信号并非理想的单调上升或者下降，实际过程如图 10.3 所示。按键的这一现象称为按键

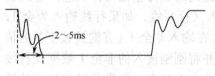

2～5ms

图 10.3　按键的抖动

的抖动。如果不对按键抖动进行特殊处理，键盘管理程序会将键盘的抖动误认为多次按键操作。由于抖动的时间大约为 2～5ms，所以在程序判断出按键被按下后延迟 5ms 再进行处理，即可有效避免误判。按键释放（断开）时的抖动一般不需处理。

3．键盘缓冲区

一些复杂的键盘操作经常需要按下一个特殊键之后进行处理，所以按键识别后一般先存入一个缓冲区，之后等待特殊键的按下。例如，在计算器键盘管理中，两个数据的加减乘除都需要按下"等号"键之后进行运算，这样先按下的数字就需要存放于缓冲区内。

10.1.3　键盘识别程序举例

本节分别采用扫描和反转两种方法对图 10.2 所示接线的键盘识别进行编程。程序编制以子程序形式给出，程序出口为累加器中的键值。本程序对键盘只扫描一遍。如果对键盘进行不间断监视，则应反复调用该子程序。

【例 10-1】扫描式键盘识别子程序。

子程序名：KSCAN

入口：无

出口：键值在 A 中

说明：接线图如图 10.2 所示，键名、键值、扫描码如表 10.1 所示，空键值（无键被按下）为 0FFH。延时子程序 DELAY 略。扫描式键盘识别流程图如图 10.4 所示。

```
        KSCAN:  MOV   R6, #4          ；共 4 列键盘，扫描 4 次
                MOV   A , #0EFH       ；第 1 列为低；设置 4 行为 1，为输入做准备
        K0:     MOV   B , A           ；列码暂存
                MOV   P3 , A          ；列码输出
                MOV   A , P3          ；读入行码
                ANL   A , #0FH        ；提取行码
```

```
                CJNE   A , #0FH , K1        ; 判断行码是否为全 1
                MOV    A , B                ; 行码为全 1,
                RL     A                    ; 下一列
                DJNZ   R6 ,K0               ; 所有列扫描完
                MOV    A , #0FFH            ; 无键被按下, 取空键值
                RET                         ; 返回
        K1:     LCALL  DELAY               ; 去抖延时
                ANL    B , #0F0H            ; 提取列码
                ORL    A , B                ; 合并成扫描码
                MOV    B , A
                MOV    R7 , #16             ; 查键值, 16 个键计数初值
                MOV    R1, #0               ; 键值计数初值
                MOV    DPTR , #KCODE        ; DPTR 指向扫描码表
        K2:     MOV    A , R1
                MOVC   A , @A+DPTR          ; 取扫描码
                CJNE   A , B , K3           ; 与按键扫描码比较, 不等则转
                MOV    A , R1               ; 扫描码找到, 键值 R1 送 A
                RET
        K3:     INC    R1                   ; 键值计数加 1
                DJNZ   R7 , K2              ; 16 个键完
                MOV    A , #0FFH            ; 没找到, 返回
                RET
        KCODE:  DB  0EEH,0DEH,0BEH,7EH,0EDH ; 扫描码按 0~9,A,B,+,-,*,/排列
                DB  0DDH,0BDH,7DH,0EBH,0DBH
                DB  0BBH,7BH,0E7H,0D7H,0B7H,77H
```

【例 10-2】反转式键盘识别子程序。反转式键盘识别流程图如图 10.5 所示。

反转式键盘识别子程序名称：**KREVS**

入口：无

出口：键值在累加器 A 中

说明：接线图如图 10.2 所示，键名、键值、扫描码如表 10.1 所示，空键值（无键被按下）为 0FFH。延时子程序 DELAY 略。

```
        KREVS : MOV    P3 , #0FH            ; 列线输出全 0
                MOV    A , P3               ; 读入行线引脚状态
                ANL    A , #0FH             ; 提取行码
                CJNE   A , #0FH , K1        ; 判断行码是否为全 1
                MOV    A , #0FFH            ; 行码为全 1, 无按键, 取空键值
                RET                         ; 返回
        K1:     LCALL  DELAY               ; 去抖延时
                MOV    B , A
                ORL    A , #0F0H            ; 高 4 位置位
                MOV    P3 , A               ; 读入行码反转送出
```

```
            MOV    A , P3              ; 读入列线引脚状态
            ANL    A , #0F0H           ; 提取列码
            ORL    A , B               ; 合并成扫描码
            MOV    B , A
            MOV    R7 , #16            ; 查键值，16 个键计数初值
            MOV    R1 , #0             ; 键值计数初值
            MOV    DPTR , #KCODE       ; DPTR 指向扫描码表
    K2:     MOV    A , R1
            MOVC   A , @A+DPTR         ; 取扫描码
            CJNE   A , B , K3          ; 与按键扫描码比较，不等则转
            MOV    A , R1              ; 扫描码找到，键值 R1 送 A
            RET
    K3:     INC    R1                  ; 键值计数加 1
            DJNZ   R7 , K2             ; 16 个键完
            MOV    A , #0FFH           ; 没找到，取空键值
            RET                        ; 返回
KCODE:      DB     0EEH,0DEH,0BEH,7EH,0EDH ; 扫描码,按 0～F 排列
            DB     0DDH,0BDH,7DH,0EBH,0DBH
            DB     0BBH,7BH,0E7H,0D7H,0B7H,77H
```

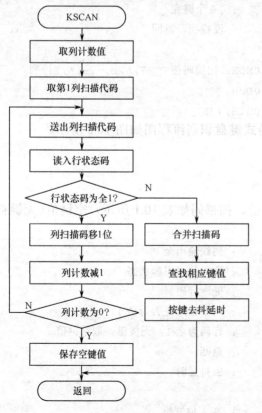

图 10.4　扫描式键盘识别流程图

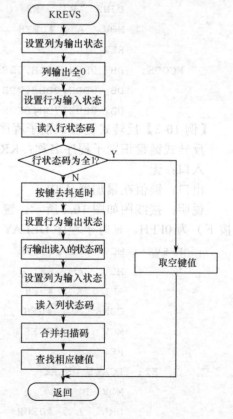

图 10.5　反转式键盘识别流程图

10.2　LED 数码管显示接口

LED 数码管显示器由于其外形美观、价格低廉、显示清晰及接线和编程简单等特点，被小型智能仪器仪表广泛采用。数码管内部是由发光二极管组合构成的，属电流型元件。与液晶显示相比较，LED 数码管的最大缺点是功耗较大，每段点亮时的平均电流在 10mA 左右，不太适合于电池供电的手持设备。目前，市场上所售 LED 数码管有普通亮度、高亮度之分，亮度差别较大，额定驱动电流也不同。发光二极管发光时处于正向导通状态，其管压降在 1.5～3.5V 之间，比普通二极管要高很多。不同尺寸、不同颜色发光二极管的管压降也不同，尺寸较大的数码管每段由数个发光二极管串联而成，其导通电压更高。在计算工作电流时应参考厂家说明书，避免得出错误结论。LED 数码管有共阴和共阳之分，其内部接线如图 10.6 所示。

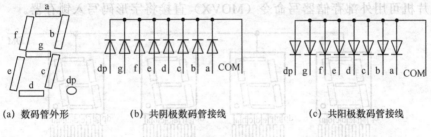

(a)　数码管外形　　　　　(b)　共阴极数码管接线　　　　　(c)　共阳极数码管接线

图 10.6　LED 数码管

表 10.2 给出了按 a→g 段接 D0→D6,小数点接 D7 的字形码。共阳极、共阴极两种数码管除接线、字形码不同外，在选用锁存芯片时还应考虑芯片的驱动能力。一般来讲，集成电路芯片的灌电流能力远大于拉电流能力，仔细考虑这一问题有可能节省一些元器件，简化电路。

表 10.2　数码管字形码表

字　形　码	共　阴　管	共　阳　管
0	3FH	C0H
1	06H	F9H
2	5BH	A4H
3	4FH	B0H
4	66H	99H
5	6DH	92H
6	7DH	82H
7	07H	F8H
8	7FH	80H
9	6FH	90H

数码管与单片机的接口电路形式较多，可用专用接口芯片，也可用普通锁存器。从显示方式来讲，有静态显示、动态显示。本节以普通锁存器为例介绍静态和动态显示接口及管理程序的编制。

10.2.1　静态数码管显示

静态数码管显示是指每个数码管对应一个锁存器，发光二极管由直流电流驱动，其优点是显示清晰无闪烁，缺点是占用较多硬件资源。由于其显示上的明显优势，在显示位数较少的时候经常被采用。单片机系统中常用的静态显示有两种，一种是并行静态显示，另一种是串行静态显示。

1.　并行静态显示

并行静态显示接线如图 10.7 所示。每个锁存器对应一个数码管，锁存器的输入端接数据总线，输出端经限流电阻接数码管。在图示接法中，如果选用共阳数码管，COM 端应接电源；如果选用共阴数码管，则 COM 端应接地。两种接法的限流电阻阻值不同，通过调整电阻阻值可以调整发光二极管的工作电流和亮度。锁存器的锁存端接地址译码。此时，单片机可用外部存储器写命令（MOVX）直接将字形码写入锁存器。

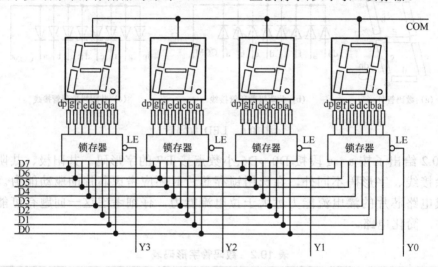

图 10.7　数码管并行静态显示接线图

2.　串行静态显示

串行静态数码显示接线如图 10.8 所示，74LS164 为串入并出锁存器。51 单片机串口工作在方式 0 时，"MOV SBUF，A" 指令将串行缓冲器数据经 RxD 端移至 74LS164 中（TxD 为移位脉冲），写一个字形码只需一条指令。串行静态显示接线简单，无需地址译码，在串口不冲突时是一个很好的方案。如果串口被占用，则可以用两条 I/O 端口线通过软件模拟串口，但编程略为麻烦。值得注意的是，串行口方式 0 时首先输出最低位，而 74LS164 是从低位向高位移位。如果不注意这一点，字形将出错。

【例 10-3】编制静态显示子程序，接线如图 10.7 所示。

在数码管显示编程之前，首先要确定显示代码集及其字形码表。例如，显示代码集包括字符 0~9，A、b、C、d、F，相应代码为 0~15。为了编程方便，一般情况下代码 0 代表字符 0，代码 1 代表字符 1，…，代码 15 代表字符 F。编程者可根据自己的需求设置显示代码集，有些时候还有字符 H、P 等，但是由于七段显示管结构简单，能够显示的比较美观的字符较少。特别需要指出的是，字符集中除了字符的编码外，还应该设有"全暗"码，该代码任何一段都不亮。为了规范编程，显示子程序设置了一个显示缓冲区用于存放显示代码，缓冲区的字节数与数码管的位数相等，且一一对应。从显示缓冲区取出显示代码后，再查找其字形码写入锁存器。此外，由于本程序使用了"MOVX @R1，A"指令，故假设数码管地址连续，且不跨页（高 8 位不变）。按照本程序的结构，字形码的存放顺序决定了显示代码所代表的字形。

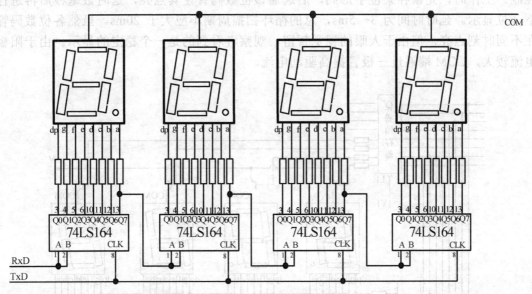

图 10.8　数码管串行静态显示

并行静态显示流程图如图 10.9 所示。

入口：显示缓冲区 DBUF

出口：无

并行静态显示子程序名称：DSPL

```
DSPL: MOV   R0 , #DBUF   ;R0 指向缓冲区
      MOV   R7 , #n       ;n 为显示位数
      MOV   P2 , #ADDRH   ;数码管地址高 8 位
      MOV   R1 , #ADDRL   ;数码管地址低 8 位
LOOP: MOV   A , @R0       ;取缓冲区显示代码
      MOV   DPTR , #DCODE ;DPTR 指向字形码表
      MOVC  A , @A+DPTR   ;取字形码
      MOVX  @R1 , A       ;锁存字形码
      INC   R1            ;数码管地址加 1
      INC   R0            ;缓冲区指针加 1
      DJNZ  R7,LOOP       ;
      RET
DCODE:DB    xx,xx,xx……   ;字形码表
```

注：若串行显示，将程序中"MOVX @R1，A"和"INC R1"两行改为"MOV SBUF, A"即可。调用子

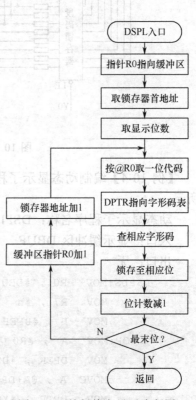

图 10.9　并行静态显示流程图

程序之前，首先将要显示字符的显示代码存放在显示缓冲区中，之后调用子程序。

10.2.2　动态数码管显示

共阳极动态数码管显示接线如图 10.10 所示，图中 4 个数码管共用一个字形锁存器。为使不同数码管显示不同的字形，将每个数码管的 COM 端接到另一个锁存器进行位选控制。工作时，先锁存某位字形码，后选通该位数码管使其点亮，延时数毫秒后再进行下一位显示。延时时间为 3～5ms，总的循环扫描周期不应大于 20ms。虽然各位数码管在不同时刻点亮，但由于人眼的视觉暂留，观察者看到的是一个稳定的显示。由于阳极电流较大，COM 端通过三极管提高驱动电流。

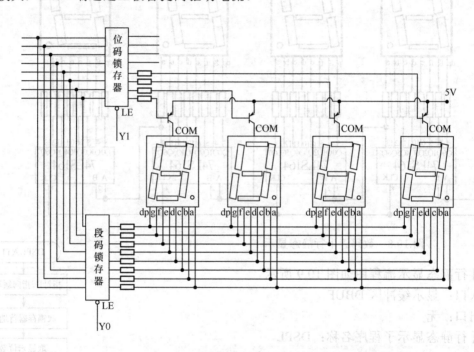

图 10.10　共阳极动态数码管显示接线

【例 10-4】编制动态显示子程序，接线如图 10.10 所示。动态显示流程图如图 10.11 所示。

动态显示子程序名称：DSPLS

入口：显示缓冲区 DBUF

出口：无

```
DSPLS:MOV   R0 , #DBUF     ；R0 指向显示缓冲区
      MOV   R7 , #n        ；n 为显示位数
      MOV   B , #0FEH      ；位码初值
LOOP:MOV    A , @R0        ；取缓冲区代码
      MOV   DPTR , #DCODE  ；DPTR 指向字形码
      MOVC  A , @A+DPTR    ；取字形码
      MOV   DPTR , #Y0     ；DPTR 指向字形锁存器
      MOVX  @DPTR , A      ；锁存字形码
```

```
        MOV     A , B              ; 取位码
        MOV     DPTR , #Y1         ; DPTR 指向位锁存器
        MOVX    @DPTR , A          ; 锁存位码,该位点亮
        LCALL   DELAY              ; 延时 5ms
        MOV     A, #0FFH
        MOVX    @DPTR , A          ; 关闭所有位,消隐
        MOV     A , B
        RL      A
        MOV     B , A              ; 位码左移 1 位
        INC     R0                 ; 缓冲区指针加 1
        DJNZ    R7,LOOP
        RET
DCODE:DB    xx,xx,xx......          ; 字形码
```

注：程序中的消隐是很有必要的，如果省去会导致数码管相邻位字符的隐形显示。此外，动态显示电路只有不停地运行显示程序才能得到稳定的显示。

10.2.3　数码管显示中小数点的处理

在数码管显示中，小数点的显示是一个特殊问题。一般来讲，键盘上设有小数点键，编码中有与小数点键相对应的代码，但是由于在数码管上小数点不占一位，所以小数点没有相应的段码，不能与其他字形统一处理。对于小数点比较简单的处理办法是在显示程序中，锁存某一位段码之前先判断下一位是否为小数点（代码），如果是，则在本位段码中加上小数点，否则不加。所谓加小数点即是在某字形的段码中使小数点位点亮。图 10.12 给出了带有小数点显示功能的动态显示程序流程图。图中考虑小数点代码占显示缓冲区一字节，但不占显示位，所以在显示小数点的情况下，显示缓冲区指针需多移动一字节。

【例 10-5】编制带小数点的动态显示子程序，接线如图 10.10 所示。显示代码如表 10.3 所示。

表 10.3　带有小数点的显示代码表

字　符	0	1	2	3	4	5	6	7	8	9
代　码	0	1	2	3	4	5	6	7	8	9
字　符	·	A	b	C	D	F	G	P	暗	
代　码	10	11	12	13	14	15	16	17	18	

带小数点静态显示子程序名称：**DDSPL**

入口：显示缓冲区 **DBUF**

出口：无

```
DDSPL:MOV R0 , #DBUF       ; R0 指缓冲区
      MOV P2 , #ADDRH      ; 地址高 8 位
      MOV R1 , #ADDRL      ; 地址低 8 位
MOV R7 , #n                ; n 为显示位数
```

```
    LOOP:MOV  A , @R0              ;取缓冲区代码
        MOV  DPTR , #DCODE         ;指字形码
        MOVC A , @A+DPTR           ;取字形码
        INC  R0                    ;缓冲区指针加 1
        CJNE @R0 ,#DOT , ND        ;下一位为小数点
        ORL  A , #80H              ;是，加小数点
        INC  R0
     ND:MOVX @R1 , A               ;锁存字形码
        INC  R1                    ;数码管地址加 1
        DJNZ R7,LOOP
        RET
DCODE:DB    xx,xx,xx...... ;字形码
```

注：本程序要求先显示高位后显示低位，否则应先判断是否为小数点。

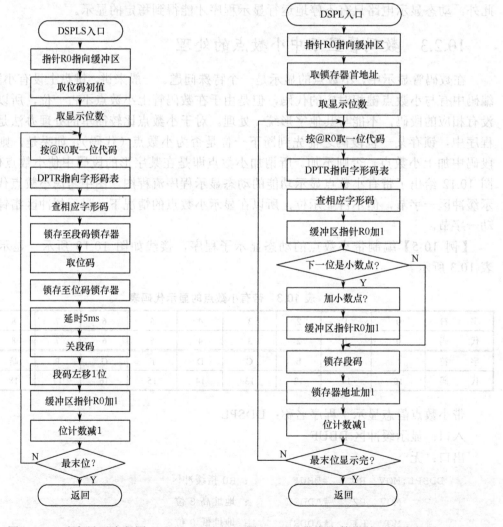

图 10.11 动态显示流程图　　　　　　　图 10.12 带有小数点的显示流程图

10.2.4　多位数码管动态显示编程

在显示位数较多的情况下，由于硬件资源问题，静态显示方案是不合适的。

【例 10-4】介绍的动态显示虽然节省硬件，但是当显示位数较多，扫描周期大于 20ms 时，将使显示出现闪烁。如果缩短周期内每位的显示时间，将会导致显示变暗。下面介绍一种扫描方法，在原有动态接线方案不变的情况下能够对较多位数的数码管进行稳定显示。

在【例 10-4】中的编程思路是：首先经段码锁存器送出段码，之后逐位进行扫描，遍扫各位之后，一个周期结束。所以，循环周期的长短与显示位数有关，在位数较多的情况下，这种扫描方式势必造成扫描周期过长，从而使显示闪烁或变暗。如果将扫描方式反过来，即段锁存器按照 a、b、c、d…的顺序一次点亮一段，而某位是否选通要看该位是否显示相应段。以图 10.10 为例，4 位共阳极数码管显示 1234，其段码如表 10.4 所示，管理过程如下：首先段锁存器锁存 0FEH，使 a 段点亮。由于字形 1 和 4 的 a 段不亮，2 和 3 的 a 段点亮，所以使 DS1、DS2 两位点亮，而 DS0、DS3 两位关断，输出位码 0F9H。之后使 b 段点亮，由于 4 位的 b 段都点亮，所以 DS0、DS1、DS2 和 DS3 同时点亮，输出位码 0F0H……以此类推。

表 10.4　显示 1234 时段码和字形的关系

位　置	字　形	段　码							
		dp	g	f	e	d	c	b	a
DS3	1	1	1	1	1	1	0	0	1
DS2	2	1	0	1	0	0	1	0	0
DS1	3	1	0	1	1	0	0	0	0
DS0	4	1	0	0	1	1	0	0	1

不难看出，在某段输出时，位码输出值刚好是表 10.4 中的该段所对应列的值。这种扫描方式的周期是 8（段），与位数没有关系。表 10.5 给出了四位数码管显示 1234 时段和位的选通情况。可以看出，表 10.5 的位输出值部分刚好是表 10.4 矩阵的转置。由于此种方法有多位同时选通，应该注意段锁存器的驱动能力。

表 10.5　段选和位选关系表

序号	段　输　出　值								位　输　出　值			
	dp	g	f	e	d	c	b	a	DS3	DS2	DS1	DS0
1	1	1	1	1	1	1	1	0	1	0	0	1
2	1	1	1	1	1	1	0	1	0	0	0	0
3	1	1	1	1	1	0	1	1	0	1	0	0
4	1	1	1	1	0	1	1	1	1	0	0	1
5	1	1	1	0	1	1	1	1	1	0	1	1
6	1	1	0	1	1	1	1	1	1	1	1	0
7	1	0	1	1	1	1	1	1	1	0	0	0
8	0	1	1	1	1	1	1	1	1	1	1	1

【例 10-6】编制 24 位数动态显示子程序，接线类同图 10.10，共计 24 个数码管，段码锁存器地址为 Y3，位码锁存器地址为 Y0、Y1、Y2。多位动态显示流程图如图 10.13 所示。

程序中除定义显示代码缓冲区外，还需定义字形码缓冲区（字节数与代码缓冲区相同）和 3 个字节的位码 PCOD0、PCOD1、PCOD2。

24 位数动态显示子程序名称：DSPL24

入口：显示代码缓冲区 DBUF

出口：无

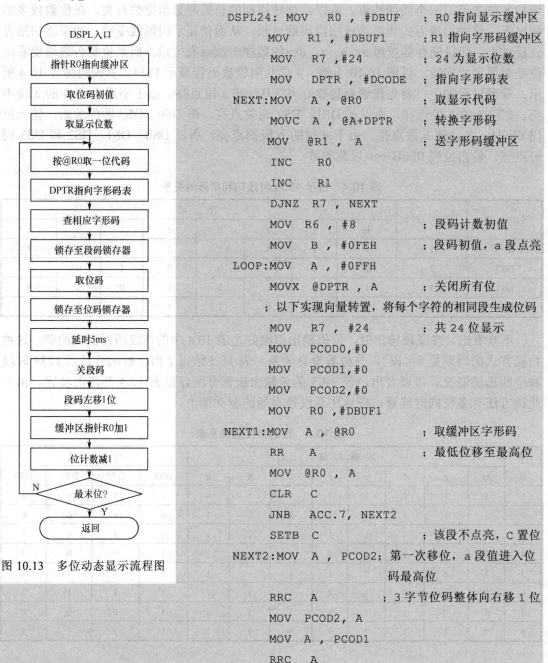

图 10.13 多位动态显示流程图

```
DSPL24: MOV   R0 , #DBUF      ; R0 指向显示缓冲区
        MOV   R1 , #DBUF1     ; R1 指向字形码缓冲区
        MOV   R7 , #24        ; 24 为显示位数
        MOV   DPTR , #DCODE   ; 指向字形码表
NEXT:   MOV   A , @R0         ; 取显示代码
        MOVC  A , @A+DPTR     ; 转换字形码
        MOV   @R1 , A         ; 送字形码缓冲区
        INC   R0
        INC   R1
        DJNZ  R7 , NEXT
        MOV   R6 , #8         ; 段码计数初值
        MOV   B , #0FEH       ; 段码初值，a 段点亮
LOOP:   MOV   A , #0FFH
        MOVX  @DPTR , A       ; 关闭所有位
        ; 以下实现向量转置，将每个字符的相同段生成位码
        MOV   R7 , #24        ; 共 24 位显示
        MOV   PCOD0,#0
        MOV   PCOD1,#0
        MOV   PCOD2,#0
        MOV   R0 , #DBUF1
NEXT1:  MOV   A , @R0         ; 取缓冲区字形码
        RR    A              ; 最低位移至最高位
        MOV   @R0 , A
        CLR   C
        JNB   ACC.7, NEXT2
        SETB  C              ; 该段不点亮，C 置位
NEXT2:  MOV   A , PCOD2      ; 第一次移位，a 段值进入位
                              ; 码最高位
        RRC   A              ; 3 字节位码整体向右移 1 位
        MOV   PCOD2, A
        MOV   A , PCOD1
        RRC   A
```

```
        MOV   PCOD1, A
        RRC   A
        MOV   A , PCOD0
        RRC   A
        MOV   PCOD0, A
        INC   R0
        DJNZ  R7 , NEXT1        ; 24 位移位判断
        MOV   DPTR , #Y0        ; 取最低字节位地址
        MOV   A , PCOD0
        MOVX  @DPTR , A         ; 锁存位码
        MOV   DPTR , #Y1
        MOV   A , PCOD1
        MOVX  @DPTR , A
        MOV   DPTR , #Y2
        MOV   A , PCOD2
        MOVX  @DPTR , A
        MOV   A , B            ; 取段码
        MOV   DPTR , #Y3        ; 取段地址
        MOVX  @DPTR , A         ; 锁存段码
        RL    A                ; 段码左移 1 位
        MOV   B , A
        CALL  DELAY            ; 延时 5ms
        DJNZ  R6,LOOP          ; 8 段结束
        RET
DCODE:DB    xx,xx,xx……         ; 字形码
```

10.3　点阵显示接口

　　LED 数码管显示有美观廉价和接线简单的特点，但无法显示复杂的字形。另一种 LED 显示器是 LED 点阵显示器，该显示器由发光二极管矩阵构成，大小可以任意组合，为复杂字形甚至大型图案显示提供了手段。图 10.14 给出了 8×8 LED 点阵原理接线图，方框内为点阵模块。由图可以看出，LED 点阵是在行线和列线的交叉点上放置了一个发光二极管，所以要想使其点亮，必须使列线为高电平，行线为低电平。在使用时，行线和列线各接一个锁存器，行线逐一选通，列线高电平点亮相应位置的发光二极管。下面以字形"A"为例说明显示过程。

　　编程前，首先要找出所需字形的显示代码——字模。目前，网上可免费下载字模转换软件，通过该软件可以方便地获得所需要的任何字形的字模。获得字模后，将字模数据按顺序输出给 LED 点阵，即可显示所需字形。

　　【例 10-7】LED 点阵及字模分别如图 10.14 及 10.15 所示，试编制显示字母"A"的

子程序。

子程序名称：**DOTDSP**

入口：无

出口：无

```
        DOTDSP: MOV    R7 , #0          ；字模数据个数计数
                MOV    R6, #7FH         ；第一行选通
        LOOP:   MOV    DPTR , #CODE     ；字模首地址
                MOV    A , R7
                CJNE   A , #8 ,NEXT     ；所有数据完
                RET                      ；结束
        NEXT:   MOVC   A , @A+DPTR      ；取字模
                MOV    DPTR , #Y0       ；列锁存器地址
                MOVX   @DPTR , A        ；锁存字模
                MOV    A , R6           ；取行扫描码
                MOV    DPTR , #Y1
                MOVX   @DPTR , A        ；选通行
                RR     A                ；行扫描码移位
                MOV    R6 , A
                INC    R7
                LCALL  DELAY            ；显示延时
                MOV    A , #0FFH
                MOVX   @DPTR , A        ；关闭所有行，消隐
                SJMP   LOOP
        CODE:   DB   18H,24H,42H,0C3H,0FFH,0C3H,0C3H,0C3H
```

注：由于系统为动态扫描模式，如若稳定显示，需循环调用。行锁存器最多时可能要驱动 8 个发光二极管，所以要求有较强的驱动能力。

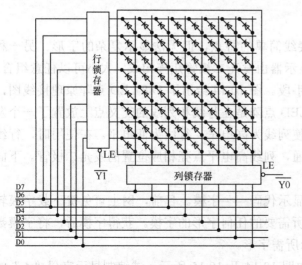

图 10.14　8×8 发光二极管点阵原理接线图

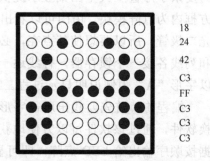

图 10.15　点阵显示字符和字模

10.4　液晶显示接口

液晶显示器件由于其外形美观、功耗低及可显示复杂点阵等特点得到了广泛的应用，特别是在耗电量要求较低的场合都选用液晶显示。液晶虽然属不发光显示器件，但带有背光的液晶显示器在黑暗处可收到非常好的显示效果。随着技术的发展和成本的逐步降低，液晶显示应用领域逐步扩大，从原来的电子表、电子计算器领域向智能仪表、家用电器及办公自动化领域延伸。早期的液晶显示器需要自己设计驱动电路，这在某种程度上制约了液晶显示器的普及。随着集成电路的发展，目前市场上所售液晶显示器件都有与之配套的驱动电路，这大大减轻了设计者的工作量，也促进了液晶显示器件的应用与推广。本节只简要介绍液晶显示的工作原理和简单的应用实例。

10.4.1　液晶显示工作原理简介

液晶是液态晶体（Liquid Crystal）的简称，液晶显示也常写作 LCD（Liquid Crystal Display）。我们知道，物质一般分为三态：固态、液态和气态，而液晶的物质状态不属于上述任何一种，被称为第四态。此种状态的物质外观是混浊的液体，它具有光学各向异性和晶体所特有的双折射性，使其兼有液体和晶体的特性，故称为液态晶体。液晶在外加电场的作用下会产生多种光电效应，如扭曲向列型效应、宾主效应、电控双折射效应和相变效应等。液晶显示器利用了液晶的扭曲向列型效应（Twisted Nematic），这一效应使液晶的旋光特性受电场影响，在无电场作用时，液晶旋光 90°，而在电场作用下旋光特性消失。

液晶显示器结构如图 10.16 和图 10.17 所示。显示器两端各放置一块偏振方向互相垂直的偏振片，中间是装有液晶的玻璃盒，玻璃盒内侧两面贴有透明导电薄膜。在薄膜两端不加电场的情况下，白光经过垂直方向偏光片后只留下垂直方向偏振光射入液晶盒，偏振光被分子扭转排列的液晶层旋转 90°，离开液晶盒时，其偏方向变为水平方向。此时，恰与另一偏光片的方向一致，因此偏振光顺利通过第二个偏振片（见图 10.16），液晶盒呈现半透明状。如果在液晶盒两侧薄膜施以电场，每个液晶分子的光轴转向与电场方向一致，液晶盒失去了旋光能力，结果偏振光仍以原来的方向离开液晶盒。这样，偏光方向与第二片偏振片的偏光方向成垂直关系，光线无法通过（见图 10.17），所以电极面呈黑暗状。这就是液晶显示器的基本工作原理。如果将透明电极通过蚀刻技术刻制成各种图案或点阵，并控制各部分的通电状态，便可得到希望的图案。

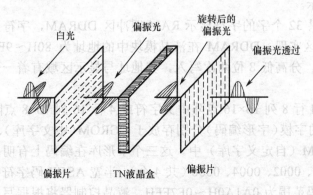

图 10.16　液晶盒不加电压时的旋光情况

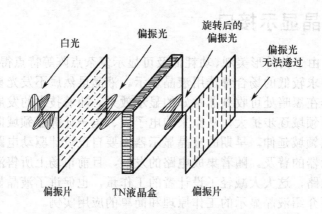

图 10.17 液晶盒加电压时的旋光情况

10.4.2 液晶显示器的应用

如果对液晶显示器件进行细分，液晶显示应分为液晶显示板和液晶驱动控制器两部分。由于液晶显示器的段比较多，使得驱动器的引线非常复杂。为了减少应用设计人员的工作量，液晶生产厂家经常将两者合二为一，而不用应用者自己去连接驱动控制器与液晶板之间的连线，这种器件称为液晶模块（LCM）。下面通过简单的例子介绍 LCM 的应用。

1. 12864 液晶模块概述

本节介绍以台湾矽创电子公司生产的 ST7920 作为控制器的 12864LCD 模块。该模块是一款带有汉字库的图形点阵液晶显示器，可显示字母、数字、符号、汉字及图形和图标等。模块接线方式灵活，指令简单，带有背光，对比度可调。模块内置国家一级二级简体中文字库，提供 8192 个 16×16 点阵汉字。可在液晶屏上显示 8×4 行 16×16 点阵汉字或 16×4 个 16×8 点阵 ASCII 字符集，具有 4 位、8 位并行和 3 线串行三种接口方式。

2. 12864 液晶模块内部结构

12864 液晶模块由 LCD 控制器（ST7920）、LCD 驱动器(ST7921)、LCD 显示器组成，结构如图 10.18 所示。

12864 内部提供 32 个字的字符显示 RAM 缓冲区 DDRAM，字符显示通过将字符编码（内码）写入该区实现。DDRAM 在液晶模块中的地址为 80H～9FH，每个地址对应两个字节的存储位，分高低 8 位两次写入，其地址与显示区域有着一一对应的关系，如图 10.19 所示。

12864 可显示 4 行 8 列 16×16 点阵中文字符或 4 行 16 列 16×8 点阵 ASCII 码字符及自定义字符，字符的字模（字形编码）分别存放于 CGROM（中文字库）、HCGROM（ASCII 码字库）及 CGRAM（自定义字库）中。这三个字形库在编码上有明显区别：自定义字符代码分别是 0000、0002、0004、0006（共 4 个），半宽 ASCII 码字符代码范围为 02H～7FH，汉字字符代码范围为 0A1A0H～0F7FFH。液晶控制器将根据写入编码的范围到相应字库中查找字模送屏幕显示。

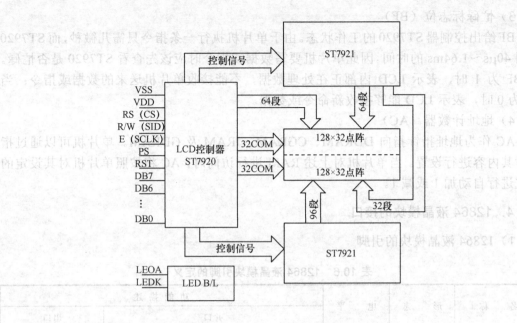

图 10.18　12864 液晶模块结构

80H	81H	82H	83H	84H	85H	86H	87H
H　L	H　L	H　L	H　L	H　L	H　L	H　L	H　L
90H	91H	92H	93H	94H	95H	96H	97H
H　L	H　L	H　L	H　L	H　L	H　L	H　L	H　L
88H	89H	8AH	8BH	8CH	8DH	8EH	8FH
H　L	H　L	H　L	H　L	H　L	H　L	H　L	H　L
98H	99H	9AH	9BH	9CH	9DH	9EH	9FH
H　L	H　L	H　L	H　L	H　L	H　L	H　L	H　L

图 10.19　DDRAM 地址与液晶屏字符的对应位置

3．12864 液晶模块内部寄存器

1）指令寄存器（IR）

IR 用于存储单片机写给 LCD 的指令。当单片机要发送一个指令到 IR 时，需控制 LCD 的 RS、R/W 及 E 三个引脚，当 RS 及 RW 的信号都是 0 时，E 引脚的下降沿将 DB0-DB7 引脚上的数据送到 IR 寄存器中。

2）数据寄存器（DR）

DR 负责存储单片机写到 CGRAM 或 DDRAM 的数据或从 CGRAM 或 DDRAM 中读出数据，也由 RS、RW 及 E 这三个引脚来控制。当 RS 及 R/W 引脚信号为 1 时，E 引脚的下降沿 LCD 将 DR 寄存器的数据由 DB0～DB7 输出，以供单片机读取。当 RS 引脚信号为 1，R/W 引脚信号为 0 时，E 引脚的下降沿将 DB0～DB7 引脚上的数据存入 DR 寄存器中，存入位置由地址计数器（AC）决定。

3）忙碌标志位（BF）

BF 给出控制器 ST7920 的工作状态。由于单片机执行一条指令只需几微秒，而 ST7920 需用 40μs～1.64ms 的时间。因此单片机要写数据或指令时应该先查看 ST7920 是否忙碌。当 BF 为 1 时，表示 LCD 内部正在处理数据，不能接收单片机送来的数据或指令；当 BF 为 0 时，表示 LCD 能够接收新命令或数据。

4）地址计数器（AC）

AC 作为地址指针指向 DDRAM、CGRAM、IRAM 及 GDRAM。单片机可以通过指令对其内容进行设置。当单片机对上述 RAM 进行访问时，AC 将按照单片机对其设定的模式进行自动加 1 或减 1。

4．12864 液晶模块的接口

1）12864 液晶模块的引脚

表 10.6　12864 液晶模块引脚的定义

名　　称	形　　态	电　　平	功 能 描 述	
			并口	串口
VCC	I	—	模块电源输入（未注明为 5V）	
GND	I	—	电源地	
V0	I	—	对比度调节端	
VEE（Vout）	I	—	液晶驱动电压	
PSB	I	H/L	并口/串口选择：H—并口；L—串口	
PST	I	H/L	复位信号，低有效	
RS（CS）	I	H/L	寄存器选择端：H—数据；L—指令	片选，低有效
R/W（SID）	I	H/L	读/写选择端：H—读；L—写	串行数据线
E（SCLK）	I	H/L	使能信号	串行时钟输入
DB0～DB3	I/O	H/L	数据总线低 4 位	空接
DB4～DB7	I/O	H/L	数据总线高 4 位，4 位并口时空接	空接
A	I	—	背光正（或名 LEDA、BLA）	
K	I	—	背光负（或名 LEDK、BLK）	

12864 液晶模块有 20 根引脚，引脚的排列顺序与液晶模块的型号（后缀）有关。

2）12864 液晶模块与单片机的通信方式

12864 液晶模块与 MCU 可采用并行或串行两种通信方式，当 PSB 引脚接高电平时为并行方式，接低电平时为串行方式。

并行方式下，首先应用指令来选择是 8 位总线还是 4 位总线（见功能设定指令），之后可以向模块内部写入命令或者数据。8 位总线一次写入 1 字节的数据或命令，4 位总线 1 字节分两次进行读/写，先高 4 位，后低 4 位。引脚 RS 用于区分数据和指令，引脚 R/W 用于区分读/写，引脚 E 的下降沿使命令锁存或者是数据的读写。图 10.20 所示为并行模式数据传输时序图。

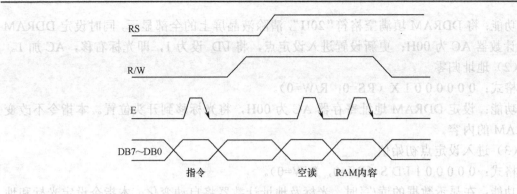

图 10.20　并行 8 位模式数据传输时序

　　串行方式下，用 CS、SCLK 和 SID 三条线进行数据或者命令的传输。CS 为芯片选择端，高电平有效；SCLK 为传输时钟；SID 为数据传输端。串行传输时，首先应传输 5 个"1"使传输计数器复位，然后再传输 3 位即 R/W、RS、0，之后开始传输数据。1 字节的数据分两次传输，先传高 4 为，之后接 4 个"0"；再传低 4 位，再接 4 个"0"。图 10.21 给出了串行模式数据传输时序。

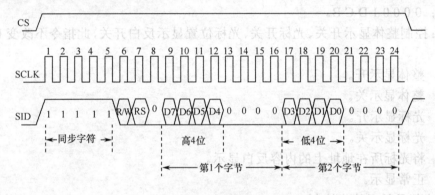

图 10.21　串行模式数据传输时序

　　在传输多条指令的过程中应该注意每条指令需要一定的执行时间，所以必须等到上一条指令完全执行完毕后才能传送下一条指令。为了避免在上条指令没有执行完时送下一条指令，可以采取两种办法：一是为读取忙标志位 BF，在 BF=1 后开始传送下一个数据；第二是延时，可以延时足够长的时间来避免后条指令将前一条指令覆盖。12864 液晶模块指令中，除清除显示区指令执行 1.6ms 外，其余都执行 72μs。

5. ST7920 指令介绍

　　ST7920 指令可以对液晶显示实施控制，指令功能包括显示开关、画面清除、光标控制、显示字体闪烁、画面旋转、反白显示等功能。ST7920 指令分基本和扩展两组指令，皆为 8 位编码，两组指令可通过功能控制指令进行切换。指令中如为 X，则该位值不影响指令。

1）基本指令

（1）清除显示（CLEAR）

格式：0 0 0 0 0 0 0 1（RS=0，R/W=0）。

功能：将 DDRAM 填满空格符"20H"，清除液晶屏上的全部显示，同时设定 DDRAM 地址计数器 AC 为 00H；更新设置进入设定点，将 I/D 设为 1，即光标右移，AC 加 1。

（2）地址归零

格式：0 0 0 0 0 0 1 X（RS=0，R/W=0）。

功能：设定 DDRAM 地址寄存器 AC 为 00H，将光标移到开头位置。本指令不改变 DDRAM 的内容。

（3）进入设定点初始值

格式：0 0 0 0 0 1 I/D S（RS=0，R/W=0）。

功能：在显示数据的读/写时，光标及地址计数器将自动变化。本指令设定光标和地址寄存器 AC 的移动方向，也可使整个画面移动。

S=0，I/D=1，光标右移，AC 加 1。

S=0，I/D=0，光标左移，AC 减 1。

S=1，I/D=1，显示画面整体左移。

S=1，I/D=0，显示画面整体右移。

（4）显示开关设置（RS=0，R/W=0）

格式：0 0 0 0 1 D C B。

功能：控制整体显示开关、光标开关、光标位置显示反白开关，此指令不改变 DDRAM 的内容。

D=1，整体显示开。

D=0，整体显示关。

C=1，光标显示开。

C=0，光标显示关。

B=1，将光标所在地址上的内容反白显示。

B=0，正常显示。

（5）光标及显示移位控制

格式：0 0 0 1 S/C R/L X X（RS=0，R/W=0）。

功能：控制光标及显示的移动。

S/C R/L=00，光标向左移动，AC 减 1；

S/C R/L=01，光标向右移动，AC 加 1；

S/C R/L=10，显示向左移动，光标跟随移动，AC=AC。

S/C R/L=11，显示向右移动，光标跟随移动，AC=AC。

（6）功能设定

格式：0 0 1 DL X 0/RE X X（RS=0，R/W=0）。

功能：设定并行接口位数及指令集。

DL=0，4 位接口。

DL=1，8 位接口。

RE=0，基本指令集。

RE=1，扩充指令集。

注意：此指令使用时不可用一条指令同时改变 DL 和 RE。如果两位都想改变，需先改变 DL，之后再改变 RE。

（7）设定 CGRAM 地址

格式：0 1 A5 A4 A3 A2 A1 A0（RS=0，R/W=0）。

功能：设定 CGRAM 地址到地址计数器（AC），地址范围为 00H～3FH，需确认扩充指令中的 SR=0（参见扩充指令中卷动位置或 RAM 地址选择指令）。

（8）设定 DDRAM 地址

格式：1 0 A5 A4 A3 A2 A1 A0（RS=0，R/W=0）。

功能：设定 DDRAM 地址到地址计数器（AC）。

第一行 AC 范围为 80H～8FH，第二行 AC 范围为 90H～9FH。ST7920 控制器的 128×64 点阵液晶的原理同 256×32 点阵，第三行对应的 DDRAM 地址紧接第一行；第四行对应的 DDRAM 地址紧接第二行。用户在使用行反白功能时，如果第一行反白，第三行必然反白；第二行反白，第四行必然反白。

（9）读取忙标志和地址（RS=0，R/W=1）

格式：BF A6 A5 A4 A3 A2 A1 A0。

功能：读取忙标志（最高位），同时读出地址计数器（AC）的值（低 7 位）。

（10）写显示数据到 RAM（RS=1，R/W=0）

格式：D7 D6 D5 D4 D3 D2 D1 D0。

功能：当显示数据写入后会使 AC 改变，每个 RAM（CGRAM，DDRAM，IRAM）地址都可以连续写入 2 字节的显示数据，当写入第 2 个字节时，地址计数器（AC）的值自动加 1。

（11）读取显示 RAM 数据（RS=1，R/W=1）

格式：D7 D6 D5 D4 D3 D2 D1 D0。

功能：读取显示 RAM。读取后会使 AC 改变，设定 RAM（CGRAM，DDRAM，IRAM）地址后，先要空读一次，之后才能读取到正确的显示数据，每次重新设置了 RAM 地址都需空读。

2）扩充指令

（1）待命模式

格式：0 0 0 0 0 0 0 1（RS=0，R/W=0）。

功能：使 12864 液晶模块进入待命模式，执行任何其他指令都可以结束待命模式。该指令不能改变 RAM 的内容。

（2）卷动位置或者 RAM 地址选择

格式：0 0 0 0 0 0 1 SR（RS=0，R/W=0）。

功能：卷动位置或者 RAM 地址选择。

当 SR=1 时，允许输入垂直卷动地址。

当 SR=0 时，允许输入 IRAM 地址（扩充指令）及允许设定 CGRAM 地址（基本指令）。

（3）反白显示

格式：0 0 0 0 0 1 0 R0（RS=0，R/W=0）。

功能：选择两行中的任意一行做反白显示，并可决定反白与否。R0 的初始值为 0，第一次执行时为反白显示，再次执行时为正常显示，通过 R0 选择要做反白处理的行：

R0=0，第一行；R0=1，第二行。

说明：参考基本指令详细说明中的 DDRAM 地址说明，128×64 点阵的液晶执行反白功能时实用意义不大，因为一、三行连在一起，二、四行连在一起，用户对第一行执行反白显示操作时，第三行必然也反白显示。

（4）睡眠模式

格式：0 0 0 0 1 SL 0 0（RS=0，R/W=0）。

功能：设定 12864 液晶模块的工作模式。

SL=0，进入睡眠模式。

SL=1，脱离睡眠模式。

（5）扩充功能设定

格式：0 0 1 DL X RE G X（RS=0，R/W=0）。

功能：

DL：8/4 位接口控制位。

DL=1，8 位 MPU 接口；DL=0，4 位 MPU 接口。

RE：指令集选择控制位。

RE=1，扩充指令集；RE=0，基本指令集。

G：绘图显示控制位。

G=1，绘图显示开；G=0，绘图显示关。

注意：此指令使用时不可用一条指令同时改变 RE 及 DL、G。如果都想改变，需先改变 DL 或 G 再改变 RE。

（6）设定 IRAM 地址或卷动地址

格式：0 1 A5 A4 A3 A2 A1 A0。

SR=1，A5～A0 为垂直卷动地址；SR=0，A3～A0 为 IRAM 地址。

（7）设定绘图 RAM 地址

格式：1　A6 A5 A4 A3 A2 A1 A0（RS=0，R/W=0）。

　　　　1　0　0　0　A3 A2 A1 A0（RS=0，R/W=0）。

功能：设定 GDRAM 地址到地址计数器（AC），需连续写入 2 字节，第 1 个字节为垂直地址，第 2 个字节为水平地址。绘图 RAM 之地址计数器（AC）只会对水平地址（X 轴）自动加 1，当水平地址=0FH 时再加 1 会变为 00H，但不会对垂直地址做进位，所以当连续写入多重数据时，需自行判断垂直地址是否加 1。

垂直地址范围：AC6～AC0。

水平地址范围：AC3～AC0。

【例 10-8】12864 液晶显示模块与单片机具有 8 位并行接口，液晶的 RS 和 R/W 端分别接 P3.0 和 P3.1，E 端接 P3.2，试编写初始化和汉字写入程序。程序中设置了初始化子程序、命令写入、数据写入子程序及显示子程序。

```
RS    EQU P3.0              ;定义 RS
RW    EQU P3.1              ;定义 R/W
E     EQU P3.2              ;定义 E
CMD   EQU 30H               ;定义指令暂存单元
DATA  EQU 32H               ;定义数据暂存单元
ADDR  EQU 33H               ;定义地址暂存单元
```

```
            ORG 0000H
            AJMP MAIN
            ORG 0030H
MAIN:   LCALL INI                       ;调用初始化子程序
        MOV ADDR,#80H                   ;第一行地址
        MOV DPTR,#DT1
        LCALL LDSP                      ;调显示
        MOV ADDR,#90H                   ;第二行地址
        MOV DPTR,#DT2
        LCALL LDSP
        MOV ADDR,#88H                   ;第三行地址
        MOV DPTR,#DT3
        LCALL LDSP
        MOV ADDR,#98H                   ;第四行地址
        MOV DPTR,#DT4
        LCALL LDSP
        SJMP  $                         ;结束
;初始化子程序,完成 ST7920 的初始化。
INI:    MOV CMD,#30H                    ;功能设定指令,设定 8 位并行接口
        LCALL WCMD                      ;指令写入
        MOV CMD,#30H                    ;功能设定指令,设定基本指令集
        LCALL WCMD
        MOV CMD,#0CH                    ;显示开设置,开显示,关光标,关反白
        LCALL WCMD
        MOV CMD,#01H                    ;清除显示
        LCALL WCMD
        MOV CMD,#06H                    ;进入设定点,AC 加 1,画面不移动
        LCALL WCMD
        RET
;行显示子程序,写入一行 8 个汉字或 16 个字符
;显示首地址在 ADDR 中,DPTR 指向字符代码首地址
LDSP:   MOV CMD,ADDR                    ;取显示首地址
        LCALL WCMD                      ;写入命令
        MOV R2,#16                      ;循环计数,8 个汉字或 16 个希文字符
LD1:    MOV A,#00H
        MOVC A,@A+DPTR
        MOV DATA,A                      ;将汉字代码写入数据值寄存器
        LCALL WDATA                     ;调用写数据子程序
        INC DPTR
        DJNZ R2,LD1
        RET
```

```
        ;写指令子程序，将 CMD 中的内容送至指令寄存器
WCMD:   CLR RS
        SETB RW
WCM :   MOV P1,#0FFH                ;设 P1 口为输入状态
        SETB E                      ;设 E 为 1 使信号输出
        MOV A,P1                    ;读取忙碌标志为 BF
        CLR E                       ;关闭信号
        JB ACC.7,WCM                ;检查液晶是否忙碌
        CLR RW
        MOV P1,CMD                  ;将指令值送入数据口
        SETB E                      ;发写信号
        CLR E
        RET
        ;写数据子程序
WDATA:  CLR RS
        SETB RW
WDAT:   MOV P1,#0FFH
        SETB E
        MOV A,P1                    ;读取忙碌标志为 BF
        CLR E
        JB ACC.7,WDAT               ;检查液晶是否忙碌
        SETB RS
        CLR RW
        MOV P1,DATA                 ;将数据值送入数据口
        SETB E
        CLR E
        RET
        ;显示汉字
DT1:    DB   "九曲黄河万里沙，"
DT2:    DB   "浪淘风簸自天涯。"
DT3:    DB   "如今直上银河去，"
DT4:    DB   "同到牵牛织女家。"
```

10.5 键盘管理程序设计举例

　　键盘管理程序是小型智能仪表监控程序中的主要组成部分，键盘操作越烦琐，管理程序越复杂。键盘管理程序设计一般遵循如下顺序：

　　（1）确定按键个数及接线方式，命名按键。

　　（2）确定键盘的使用方法，包括操作顺序、显示内容及内部处理等。

　　（3）按照键盘使用方法绘制流程图，编制程序。

本节从通用的角度给出键盘和显示管理的一般流程，并以计算器的键盘管理为例介

绍键盘管理的程序设计过程。

10.5.1　通用键盘管理程序流程图

图 10.22 所示为通用键盘管理程序流程图。在此框图中，将显示和键盘扫描设为子程序，并考虑了按键的单次处理。图中考虑了动态和静态两种显示模式，如果为动态显示模式，在显示内容没有改变的情况下，程序走实线流程；如果为静态显示模式，则程序走虚线流程。在按键安排上，考虑了数字键和功能键两大类，将数字键统一处理，功能键分别处理。程序框"按键值散转"为多分支程序处理。键盘扫描部分参见 10.1 节。

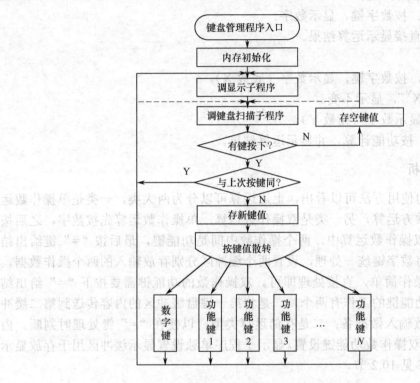

图 10.22　通用键盘管理程序流程图

10.5.2　简易计算器键盘管理程序设计举例

1. 键名定义及键值分配

为简化问题，考虑计算器有如下按键：数字键 0～9，功能键+、-、*、/、SIN、COS、TAN、COT、X^2、X^3、X^Y、=、←（退格）、AC（回监控）。键名及键值分配表如表 10.7 所示。

表 10.7　计算器键名、键值分配表

键　名	0	1	2	3	4	5	6	7	8	9	.	+
键　值	0	1	2	3	4	5	6	7	8	9	10	11
键　名	-	*	/	SIN	TAN	COT	X^2	X^3	X^Y	=	←	AC
键　值	12	13	14	15	16	17	18	19	20	21	22	23

2．键盘使用方法

键盘使用方法如下。

（1）加、减、乘、除法

① 监控状态下，按数字键，指定一个操作数，显示数字。

② 按功能键，指定运算类型，显示不变。

③ 再按数字键，指定另一操作数，原显示清除，显示新输入的数字。

④ 按"="键，按功能计算，并显示运算结果。

（2）三角函数及乘方运算

① 监控状态下，按数字键，显示数字。

② 按功能键，直接显示运算结果。

（3）指数运算

① 监控状态下，按数字键，显示数字（底数 X）。

② 按功能键"X^Y"，显示不变。

③ 按数字键，显示数字（指数 Y）。

④ 按"="键，按功能计算，并显示运算结果。

3．键盘使用分析

仔细分析键盘的使用方法可以看出，上述运算可以分为两大类，一类是单操作数运算，即三角函数和乘方运算，另一类是双操作数运算。单操作数运算先按数字，之后按功能键给出结果。双操作数运算中，两个操作数中间是功能键，最后按"="键给出结果。为了简化编程将数字键统一处理，设置两个缓冲区分别存放输入的两个操作数据。单操作数的功能键操作简单，直接处理即可。双操作数的功能键需要按下"="给出结果，所以双操作数功能键的工作有两个，一是将第一键盘缓冲区的内容传送到第二缓冲区，为第二个操作数输入做准备；二是存储运算类型，以便在"="键处理时判断。内存中的 FUN 单元为双操作数功能键设置。显示子程序单独设置显示缓冲区用于存放显示数据，显示子程序参见 10.2 节。

4．各键处理流程

（1）数字键及小数点键处理

内存中两个数据缓冲区为 BUF1 和 BUF2。为节省内存，BUF1 兼做显示缓冲区。如此规定需要另外的附加条件，即数字和小数点显示代码与键值相同。缓冲区空时，最低两位送 0，其余送暗码。功能键不存放在缓冲区内。如果显示位数为 n 位，则缓冲区长度应为 $n+2$ 个字节，其中一个作为指针，另一个是小数点，其余为数字位。

数字键的处理有如下几项工作：首先判断是否达到显示位数，如果没达到显示位数，则应将显示缓冲区中的数据向高位移位，再将新按下的数据放在最低位（如果是第一位数据，并且不是 0 和小数点，则将初始化时显示的"0."覆盖）；如果达到显示位数，则不做任何处理返回即可。另外，数字 0 和小数点与其他数字略有不同，第一，数字 0 和小数点不能在第一位；第二，缓冲区中不能有两个小数点。处理流程如图 10.23 所示。

（2）单操作数功能键处理

在数字输入完成后按下功能键，程序将缓冲区中的数据按功能要求进行加工处理。

在调用运算程序之前需要进行数据类型的转换，如 BCD 转浮点等。最后的缓冲区计数清零是为了下一次直接输入数据做准备的，处理流程如图 10.24 所示。

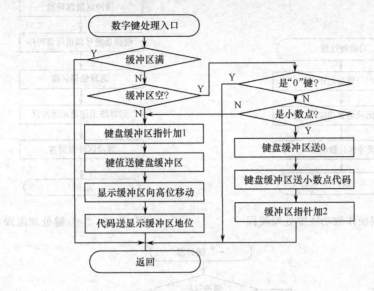

图 10.23 数字键小数点处理流程

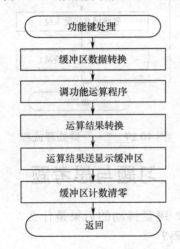

图 10.24 单操作功能键处理流程

（3）双操作数功能键处理

双操作数功能键首先将已经输入的数据传送到 BUF2，之后将键盘缓冲区计数清零，并将运算功能号存入运算功能单元 FUN。处理流程如图 10.25 所示。

（4）"="键处理

"="键是双操作数运算的命令键。当两个操作数都输入完毕后按下"＝"键，程序则根据运算功能号调用指定的运算程序，处理流程如图 10.26 所示。

（5）"←"键处理

"←"键仅对键盘(显示)缓冲区进行处理，处理流程图如图 10.27 所示。

（6）"AC"键处理

简单的"AC"键功能为清零显示缓冲区、清运算功能号等。处理流程图略。

图 10.25　双操作数功能键处理流程

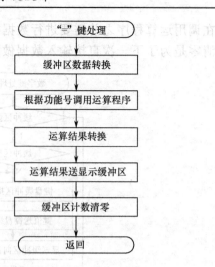

图 10.26　"=" 键处理流程

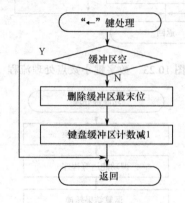

图 10.27　"←" 键处理流程

习题与思考题

10-1　什么是键盘的抖动？键盘抖动的后果是什么？

10-2　什么是键盘的扫描码？

10-3　试简述矩阵键盘按键的识别过程。

10-4　动态数码管显示和静态数码管显示各有何优缺点？

10-5　如果矩阵键盘的扫描线和动态数码管的位选线用同一组线替代，试绘制一个 4 位动态数码管显示和 16 键矩阵键盘的接线图，并说明其扫描过程。

第 11 章　单片机模拟接口技术

通常所说的计算机是指数字计算机，事实上还有一类计算机的运算部件是运算放大器，这类计算机称为模拟计算机。数字计算机只能处理数字量，不能直接处理模拟量，所以数字计算机在处理模拟量时要用模数转换器（A/D 转换器，Analog to Digital Converter）将模拟形式的电流或电压量转换成数字量（如果是非电物理量还需先转换成电压或电流形式），计算机方能进行处理。同样，计算机在驱动某些设备时，如扬声器、调节阀等，需要将计算机所计算出的数字结果用数模转换器（D/A 转换器，Digital to Analog Converter）转换成模拟量才能对设备进行驱动。所以，用数字计算机处理模拟量时，A/D、D/A 转换器是必不可少的。

11.1　数模转换接口技术

11.1.1　数模转换原理

二进制数每位都有一定的位权，为了将二进制表示的数字量转换成模拟量，可以将二进制数的每一位按其位权的大小转换成相应的模拟量，然后将这些模拟量相加，即可得到与数字量成正比的模拟量。这就是数模转换的基本思想。

数模转换器根据其工作原理基本上可以分为有权电阻解码网络数模转换器和 T 形电阻解码网络数模转换器两大类。有权电阻解码网络数模转换器内部要根据其位数配备多个阻值的权电阻，因为在很宽的阻值范围内保证每个电阻都有很高的精度有很大困难，因此在数模转换器中很少采用。而 T 形电阻解码网络内部只有两种阻值的电阻，在制作精度方面容易达到要求，所以在目前的数模转换器中较多采用。

1. T 形电阻网络数模转换器结构

图 11.1 所示的是一个 4 位 T 形电阻网络数模转换器的原理图。由图可以看出，数模转换器由 T 形电阻网络、模拟电子开关及运算放大器组成。T 形电阻网络是由 R 和 $2R$ 两种阻值的电阻构成的。模拟电子开关由输入的数字量来控制。数字量为 1 时，模拟电子开关接到运算放大器的反相输入端；为 0 时，模拟电子开关接地。根据运算放大器虚地的概念可以看出 T 形电阻解码网络有如下特点。

（1）节点 a、b、c、d 右侧等效电阻阻值总是 $2R$，与节点下侧电阻并联后为 R。

（2）从参考电源 V_{REF} 开始，每向右移动一个节点，节点电压降低一半。由此可列写出各节点电压和支路电流：

$$V_a = V_{REF}/1 = V_{REF} \times 2^3/2^3$$
$$V_b = V_{REF}/2 = V_{REF} \times 2^2/2^3$$
$$V_c = V_{REF}/4 = V_{REF} \times 2^1/2^3$$
$$V_d = V_{REF}/8 = V_{REF} \times 2^0/2^3$$

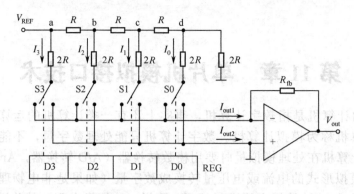

图 11.1　T 形电阻网络数模转换器

由上式可以看出，如果电子开关 S3～S0 由寄存器 REG 中的 D3～D0 控制，则寄存器中二进制数的位权与电子开关所对应的节点电压的位权相等。由于运算放大器正反相输入端电压相等，所以，无论开关打向左侧还是右侧，流过节点下方电阻的电流均为：

$$I_0 = V_d/（2R）= V_{REF}/（8 \times 2R）= V_{REF} \times 2^0/（2^4 R）$$
$$I_1 = V_c/（2R）= V_{REF}/（4 \times 2R）= V_{REF} \times 2^1/（2^4 R）$$
$$I_2 = V_b/（2R）= V_{REF}/（2 \times 2R）= V_{REF} \times 2^2/（2^4 R）$$
$$I_3 = V_a/（2R）= V_{REF}/（1 \times 2R）= V_{REF} \times 2^3/（2^4 R）$$

通常称上述电流为有权电流。当开关都打到左侧时，运算放大器反相端电流 I_{out1} 为：

$$I_{out1} = I_0 + I_1 + I_2 + I_3$$
$$= V_{REF}/（2R）\times（1/8 + 1/4 + 1/2 + 1）$$
$$= V_{REF} \times（2^0 + 2^1 + 2^2 + 2^3）/（2^4 R）$$

如果 $R_{fb} = R$，则运算放大器输出为：

$$V_{out} = -I_{out1} R_{fb}$$
$$= -V_{REF}（2^0 + 2^1 + 2^2 + 2^3）/2^4$$

设电子开关的控制方式为：控制位 Di 为 1 时，开关打到左侧；控制位 Di 为 0 时，开关打到右侧。则运算放大器的输出为：

$$V_{out} = -V_{REF}（2^0 \times D0 + 2^1 \times D1 + 2^2 \times D2 + 2^3 \times D3）/2^4$$

事实上，上式中，（$2^0 \times D0 + 2^1 \times D1 + 2^2 \times D2 + 2^3 \times D3$）即为寄存器 REG 中所存储数字量的值。设：

$$D =（2^0 \times D0 + 2^1 \times D1 + 2^2 \times D2 + 2^3 \times D3）$$

则有 $V_{out} = -V_{REF} \cdot D/2^4$

上式说明运算放大器的输出 V_{out} 与寄存器中的数字量成正比。

2．数模转换器的主要性能指标

（1）分辨率

分辨率是指 D/A 转换器能分辨的最小电压增量，或 1 个二进制增量所代表模拟量的大小。例如，$V_{REF} = 5V$ 的 8 位 D/A 转换器的分辨率为 5V/（2^8-1）=5V/255=20mV。在实际使用中，经常用 D/A 转换器的位数来表示分辨率。

（2）线性度

D/A 转换器的线性度是指 D/A 转换器的非线性误差，其定义为理想输出与实际输出之差与满刻度输出之比的百分数。

（3）转换精度

D/A 转换器的转换精度与 D/A 转换器集成芯片的结构和接口电路配置有关。如果不考虑其他 D/A 转换误差，D/A 的转换精度就是分辨率的大小，因此要获得高精度的 D/A 转换结果，首先要保证选择有足够分辨率的 D/A 转换器。同时，D/A 转换精度还与外接电路的配置有关，当外部电路器件或电源误差较大时，会造成较大的 D/A 转换误差。

（4）转换时间

转换时间是从 D/A 转换器输入的数字量发生变化开始到其输出模拟量达到相应的稳定值所需要的时间。

（5）温度系数

在满刻度输出的条件下，温度每升高 1℃，输出变化的百分数定义为温度系数。

（6）失调误差（或称零点误差）

失调误差定义为数字输入全为 0 时，其模拟输出值与理想输出值之偏差值。对于单极性 D/A 转换，模拟输出的理想值为零伏点。对于双极性 D/A 转换，理想值为负值满量程。

11.1.2　单片机与 8 位 D/A 转换器

1. 简介

DAC0832 是美国国家半导体公司推出的一款 8 位 D/A 转换器，采用 CMOS/Si-Cr 工艺制成。由于片内有输入数据寄存器，故可以直接与单片机接口。

DAC0832 的主要特性如下：

➢ 8 位并行 D/A 转换。

➢ 转换时间为 1μs。

➢ 数据输入可采用双缓冲、单缓冲或直接方式。

➢ 逻辑电平输入与 TTL 电平兼容。

➢ 片内二级数据锁存，可设为数据输入双缓冲、单缓冲、直通三种工作方式。

➢ 单一电源供电，可在 5～15V 内。

➢ 参考电压为−10～+10V。

2. DAC0832 内部结构及引脚

DAC0832 的引脚图如图 11.2 所示，内部结构框图如图 11.3 所示，各引脚功能如表 11.1 所示。

它由输入锁存器、DAC 寄存器和 D/A 转换器三部分组成。输入数据锁存器和 DAC 寄存器用于实现两级缓冲。多芯片同时工作时可用同步信号控制多个芯片同步输出。DAC0832 的 D/A 转换部分为 T 形电阻解码网络，输出为电流信号，内部带有反馈电阻。为使输出转换为电压信号，需外接运算放大器。

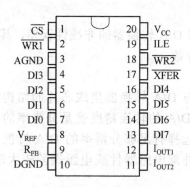

图 11.2 DAC0832 引脚图

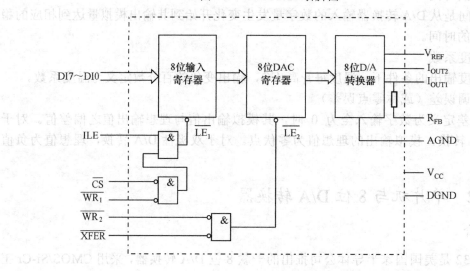

图 11.3 DAC0832 内部结构框图

表 11.1 DAC0832 引脚功能

引 脚 号	引 脚 名 称	引 脚 功 能
16~13, 7~4	DI0~DI7	数据输入线, TTL 电平
19	ILE	数据锁存允许控制信号输入线, 高电平有效
1	$\overline{CS}$	片选信号输入线, 低电平有效
2	$\overline{WR_1}$	输入寄存器的写选通信号
17	$\overline{XFER}$	数据传送控制信号输入线, 低电平有效
18	$\overline{WR_2}$	DAC 寄存器写选通输入线
11	I_{OUT1}	电流输出 1, 当寄存器中各位为全 1 时, I_{OUT1} 最大; 为全 0 时, I_{OUT1} 为 0
12	I_{OUT2}	电流输出 2, 其值与 I_{OUT1} 之和为一个常数
9	R_{FB}	反馈信号输入线, 芯片内部有 15kΩ 的反馈电阻
20	V_{CC}	电源输入线 (+5~+15V)
8	V_{REF}	基准电压输入线 (-10~+10V)
3	AGND	模拟信号和基准电源的参考地
10	DGND	数字信号参考地

3. DAC0832 的模拟输出

DAC0832 的输出可以连接成单极性输出模式，也可以连接成双极性输出模式。单极性输出将电流信号经反向放大器转变成电压信号，输出负电压，电路如图 11.4 所示。

如果数字量输入为 D，则模拟量输出电压为：

$$V_{\text{out}} = -I_{\text{out1}}R_{\text{fb}} = -V_{\text{REF}}\frac{D}{2^8}$$

设 $V_{\text{REF}} = -5\text{V}$，当 $D = \text{FFH} = 255$ 时，最大输出电压为：

$$V_{\text{max}} = -5 \times \frac{255}{256} = 4.98$$

$D = 00\text{H}$ 时，最小输出电压为：

$$V_{\text{min}} = -5 \times \frac{0}{256} = 0$$

$D = 01\text{H}$ 时，一个最低有效位（LSB）的电压为：

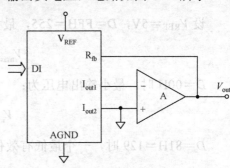

图 11.4 单极性输出

$$V_{\text{LSB}} = -5 \times \frac{1}{256} = -0.02$$

双极性输出接有两个运算放大器，第二级的输入除接到第一级的单极性输出外，还有一个固定的输入作为偏置，使得在第一级输出为 $0.5V_{\text{REF}}$ 时，第二级输出为 0。接线如图 11.5 所示。

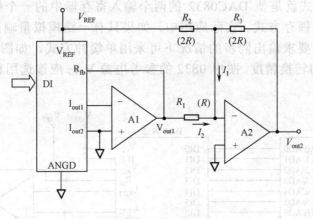

图 11.5 双极性输出

图中电流 I_1、I_2 为：

$$I_1 = \frac{V_{\text{REF}}}{R_2} + \frac{V_{\text{out2}}}{R_3}$$

$$I_2 = \frac{V_{\text{out1}}}{R_1}$$

$$I_1 + I_2 = 0$$

取 $R_2 = R_3 = 2R_1$，得

$$V_{\text{out2}} = -(2V_{\text{out1}} + V_{\text{REF}})$$

因　$V_{out1} = -V_{REF} \cdot \dfrac{D}{2^8}$，故：

$$V_{out2} = V_{REF} \cdot \dfrac{D - 2^7}{2^7}$$

设 $V_{REF} = 5V$，$D = FFH = 255$，最大输出电压为：

$$V_{max} = 5 \times \dfrac{255 - 2^7}{2^7} = 4.96V$$

$D = 00H$ 时，最小输出电压为：

$$V_{min} = 5 \times \dfrac{0 - 2^7}{2^7} = -5V$$

$D = 81H = 129$ 时，一个最低有效位电压为：

$$V_{LSB} = 5 \times \dfrac{129 - 2^7}{2^7} = 0.04V$$

4．单片机与 DAC0832 的接口

DAC0832 转换器由输入寄存器和 DAC 寄存器构成两级数据输入锁存，当两个寄存器的控制端 $\overline{LE_1} = \overline{LE_2} = 1$ 时，寄存器处于直通状态，输出状态跟踪输入；当 $\overline{LE_1} = \overline{LE_2} = 0$ 时，寄存器被锁存，输入端变化不影响寄存器的内容。使用时，数据输入可采用两级锁存形式或单级锁存形式。

（1）单缓冲方式

所谓单缓冲方式就是使 DAC0832 的两个输入寄存器中的一个处于直通方式，而另一个处于受控的锁存方式。实际应用中，如果只有一路模拟量输出，或虽是多路模拟量输出，但并不要求输出同步的情况下可采用单缓冲方式，如图 11.6 所示。为了提高 D/A 转换器的转换精度，图中 0832 的参考电源 V_{REF} 应该选用精度较高的电源单独供电。

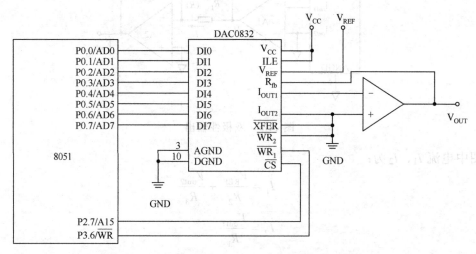

图 11.6　单缓冲方式

【例 11-1】利用图 11.6 产生三角波。

程序如下：

```
      ORG   0100H
START: MOV   DPTR, #7FFFH        ;地址指向 DAC0832
      MOV   A, #00H             ;三角波起始电压为 0
UP:    MOVX  @DPTR, A           ;数字量送 DAC0832 转换
      INC   A                  ;三角波上升边
      JNZ   UP                 ;未到最高点 0FFH，返回 UP 继续
DOWN:  DEC   A                  ;到三角波最高值，开始下降边
      MOVX  @DPTR, A           ;数字量送 DAC0832 转换
      JNZ   DOWN               ;未到最低点 0，返回 DOWN 继续
      SJMP  UP                 ;返回上升边
      END
```

【例 11-2】利用图 11.6 产生锯齿波。

```
START: MOV  DPTR, #7FFFH  ;置 0832 口地址
      MOV  A, #00H       ;置累加器初值 00H
LOOP:  MOVX @DPTR, A      ;送数据
      INC  A             ;累加器加 1
      AJMP LOOP          ;跳转循环
```

（2）双缓冲方式

所谓双缓冲方式就是把 DAC0832 的两个锁存器都连成受控锁存方式，为两个寄存器各分配一个地址，以便进行单独操作。接线图如图 11.7 所示。由于两个锁存器分别占两个地址，因此需使用两条传送指令才能完成一个数模转换。

【例 11-3】利用图 11.7 所示系统将 DATA1 和 DATA2 两个单元的内容分别经 0832-1 和 0832-2 转换成模拟量。

由图可以看出，两个 D/A 转换器的第一级锁存器地址分别为 8000H 和 9000H。两个芯片第二次锁存共用一个地址 A000H。完成一次 D/A 转换的程序段应为：

```
MOV   A, #DATA1       ;转换数据 1
MOV   DPTR, #8000H    ;指向输入寄存器
MOVX  @DPTR, A        ;转换数据送入输入寄存器
MOV   A, #DATA2       ;取转换数据 2
MOV   DPTR, #9000H    ;指向 DAC 寄存器
MOVX  @DPTR, A        ;数据进入 DAC 寄存器并进行 D/A 转换
MOV   DPTR, #0A000H   ;取第二级转换地址
MOV   @DPTR, A        ;同步输出
SJMP  $
```

双缓冲方式用于多路 D/A 转换系统多路模拟信号的同步输出，如用单片机控制 X—Y 绘图仪。可先将 X 和 Y 轴的控制量分别送到两个 D/A 转换器的输入寄存器，然后同时选通两个 D/A 转换器的 DAC 寄存器，使得两个 D/A 转换器同时输出，以保证输出曲线的平滑。

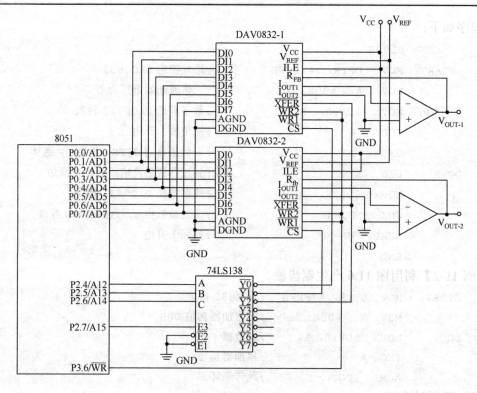

图 11.7 双缓冲方式

11.1.3 单片机与 12 位 D/A 转换器接口

DAC1230 是具有 12 位转换精度的 D/A 转换器，其内部为两级锁存，第一级锁存高 4 位和低 8 位分开进行，第 2 级锁存 12 位同时锁存。D/A 转换部分为 T 形电阻解码网络，结构框图如图 11.8 所示，引脚图如图 11.9 所示，引脚功能如表 11.2 所示。

表 11.2 DAC1230 引脚功能介绍

引 脚 号	引 脚 名 称	引 脚 功 能
16~13，7~4	DI$_0$~DI$_7$	数据输入线，TLL 电平
19	BYTE1/$\overline{BYTE2}$	BYTE1/$\overline{BYTE2}$ = 1 时，数据装入 8 位输入锁存器（4 位输入锁存器里的数也发生变化）
		当 BYTE1/$\overline{BYTE2}$ = 0 时，数据只能装入 4 位输入器，8 位输入锁存器数据不变
1	$\overline{CS}$	片选信号输入线，低电平有效
2	$\overline{WR1}$	WR1 = 0 时，数据装入输入锁存器；WR1 =1 时，数据被锁存器锁定
17	$\overline{XFER}$	当 XFER = 0 时，数据由输入锁存器装入 12 位 DAC 寄存器，同时 D/A 转换开始
18	$\overline{WR2}$	DAC 寄存器写选通输入线
11	I$_{OUT1}$	电流输出 1，当寄存器中各位为全 "1" 时，I$_{OUT1}$ 最大；为全 "0" 时，I$_{OUT1}$ 为 0
12	I$_{OUT2}$	电流输出 2，其值与 I$_{OUT1}$ 之和为一常数

（续表）

引 脚 号	引 脚 名 称	引 脚 功 能
9	R_{FB}	反馈信号输入线，芯片内部有 15kΩ 反馈电阻
20	V_{CC}	电源输入线（+5～+15V）
8	V_{REF}	基准电压输入线（-10～+10V）
3	GND	模拟地，模拟信号和基准电源的参考地
10	GND	数字地，数字信号参考地

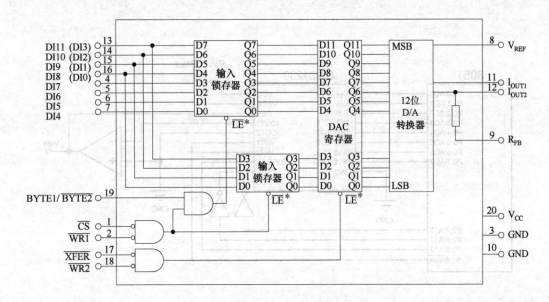

图 11.8　DAC1230 内部结构框图

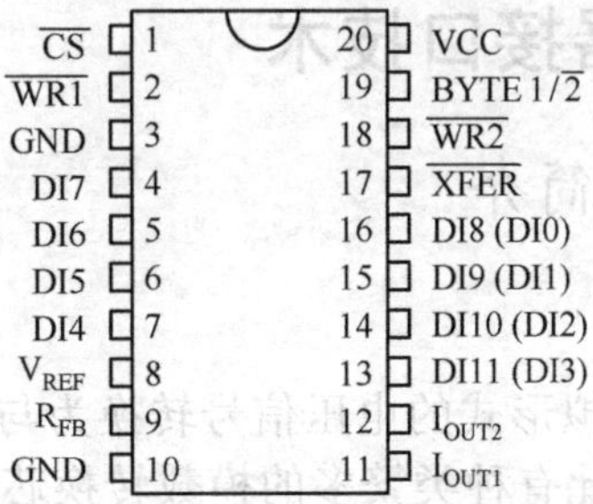

图 11.9　DAC1230 引脚图

【例 11-4】若采用图 11.10 所示系统将 30H 和 31H 单元中的 12 位数通过 DAC1230
变换为模拟量。30H 为高 8 位，31H 为低 4 位（存放在低 4 位）。

由系统图可以看出，高 8 位锁存器地址为 A000H，低 4 位锁存器地址为 8000H，第
二级锁存器地址为 4000H。程序如下：

```
MOV    A,30H         ;取高 8 位数据
MOV    DPTR,#0A000H  ;取高 8 位地址
MOVX   @DPTR,A       ;锁存高 8 位
```

```
MOV      A,31H           ;取低 4 位数据
SWAP     A               ;放至高 4 位
MOV      DPTR,#0A000H    ;取低 4 位地址
MOVX     @DPTR,A         ;锁存低 4 位
MOV      DPTR,#4000H     ;取第二级地址
MOVX     @DPTR,A         ;锁存
……
……
……
```

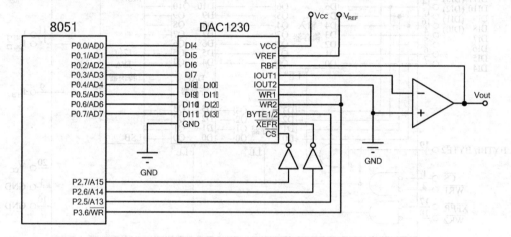

图 11.10　DAC1230 与单片机的接口电路

11.2　模数转换器接口技术

11.2.1　模数转换器简介

1. 基本原理

模数转换器的功能是将模拟形式的电压信号转换为与之成比例的数字量。由于实现这种转换的工作原理不同，因此有种类繁多的模数转换芯片，如有积分式、逐次逼近式、并行比较式、并行式、$\sum-\Delta$ 式及压频变换式等。下面简要介绍几种常用 A/D 转换器的基本原理及特点。

（1）双积分式模数转换器

双积分式 A/D 转换器是将输入电压转换成与之成比例的时间，然后通过计时的方式来确定转换的数字量。双积分式 A/D 转换器结构如图 11.11 所示。转换时，首先对输入电压 v_I 进行固定时间 T_1 的积分：

$$v_o = -\frac{1}{C}\int_0^{T_1}\frac{v_I}{R}\mathrm{d}t = -\frac{T_1}{RC}v_I$$

然后再对基准电压进行反向积分，当比较器输出为 0 时，反向积分停止。设反向积分时间为 T_2，则 v_I 与 T_2 成正比：

$$v_O = \frac{1}{C}\int_0^{T_2}\frac{v_{REF}}{R}\mathrm{d}t - \frac{T_1}{RC}v_I = \frac{T_2}{RC}v_{REF} - \frac{T_1}{RC}v_I = 0$$

$$T_2 = \frac{T_1}{v_{REF}}v_I$$

如果用一定频率的脉冲对 T_2 进行计数，则计数的结果就是正比于 v_I 的数字信号，即 A/D 转换结果。

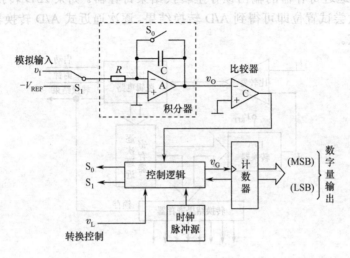

图 11.11　双积分式数模转换器

由于双积分式 A/D 转换器将定时器的计数值作为转换结果，所以可通过增加计数器位数的方式来提高分辨率。此外，积分式 A/D 转换器对交流干扰有抑制作用。但因为转换精度取决于积分时间，所以转换速度较慢。图 11.12 为双积分式积分曲线图。

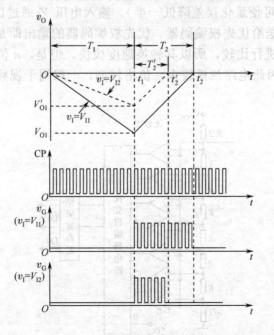

图 11.12　积分曲线及定时

（2）逐次逼近式模数转换器

逐次逼近式模数转换器由比较器、D/A 转换器及逐次比较逻辑电路构成。A/D 转换开始后，比较逻辑电路从最高位（MSB）开始将逐次逼近寄存器逐一进行尝试置位。如果某位被置位后 D/A 转换器的输出小于输入量 V_I，则该位保留其置位状态；如果置位后 D/A 转换器的输出大于输入量 V_I，则将该位清零。当最低位（LSB）尝试置位完成以后，转换结束，逐次逼近寄存器的输出锁存至转换结果寄存器。如果 A/D 转换器的位数为 n，则需要进行 n 次尝试置位即可得到 A/D 转换结果。逐次逼近式 A/D 转换器具有速度较快和功耗低的特点。

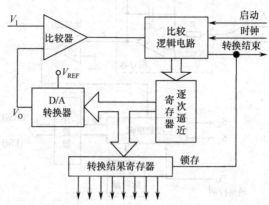

图 11.13　逐次逼近式 A/D 转换器

（3）并行比较式模数转换器

并行比较式 A/D 转换器结构框图如图 11.14 所示。该种形式的 A/D 转换器采用电阻分压的方式将 V_{REF} 分成 2^n-1 个电压引出点，每个引出点都接有一个电压比较器（两端采用 $R/2$ 阻值的电阻可使量化误差降低一半）。输入电压 V_I 通过比较器与每个测试电压比较，并将比较结果送给优先权编码器。优先权编码器的输出即是 A/D 转换结果。由于采用多个比较器同时进行比较，所以其转换速度极快。但是，n 位的并行 A/D 转换器需要 2^n-1 个比较器，因此电路规模较大，价格较高，一般用于视频 A/D 转换器等速度要求特别高的领域。

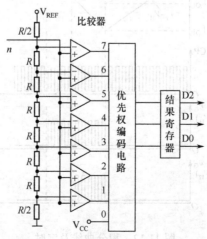

图 11.14　并行比较式 A/D 转换器

2. 模数转换器的主要性能参数

（1）分辨率

分辨率表明 A/D 对模拟信号的分辨能力，由它确定能被 A/D 辨别的最小模拟量变化。一般来说，A/D 转换器的位数越多，其分辨率越高。实际的 A/D 转换器通常为 8、10、12、16 位等。

（2）量化误差

在 A/D 转换中由于整量化产生的误差是由于 A/D 的有限分辨率而引起的误差，即有限分辨率 A/D 的阶梯状转移特性曲线与无限分辨率 A/D（理想 A/D）的转移特性曲线（直线）之间的最大偏差。量化误差在±1/2LSB（最低有效位）之间。

例如：一个 8 位的 A/D 转换器，它把输入电压信号分成 2^8=256 层，若它的量程为 0～5V，那么量化单位 q 为：

$q \approx 0.0195V=19.5mV$

q 正好是 A/D 输出的数字量中最低位 LSB=1 时所对应的电压值。因而，这个量化误差的绝对值是转换器的分辨率和满量程范围的函数。

（3）转换时间

转换时间是完成一次 A/D 转换所需要的时间。通常转换速度越快越好。

（4）绝对精度

对于 A/D，指的是对应于一个给定量，A/D 转换器的误差，其误差大小由实际模拟量输入值与理论值之差来度量。

（5）相对精度

相对精度是指满度值校准以后，任一数字输出所对应的实际模拟输入值（中间值）与理论值（中间值）之差。例如，对于一个 8 位 0～+5V 的 A/D 转换器，如果其相对误差为 1LSB，则其绝对误差为 19.5mV，相对误差为 0.39%。

11.2.2 单片机与 8 位 A/D 转换器的接口

1. 主要特性

ADC0809 是美国国家半导体公司生产的 CMOS 工艺 8 通道、8 位逐次逼近式模数转换器。0809 内部有一个 8 选 1 的多路转换开关，根据地址锁存器译码后，选通 8 路模拟输入信号中的 1 路进行 A/D 转换。

主要特性如下：

➢ 8 通道输入，8 位 A/D 转换器。

➢ 转换时间为 100μs（时钟为 640kHz 时）和 130μs（时钟为 500kHz 时）。

➢ 单个+5V 电源供电。

➢ 模拟输入电压范围为 0～+5V，不需零点和满刻度校准。

➢ 工作温度范围为−40～+85℃。

➢ 低功耗，约为 15mW。

2. 内部结构及引脚

ADC0809 是逐次比较型 A/D 转换器，其结构如图 11.15 所示。ADC0809 是 CMOS

单片型逐次逼近式 A/D 转换器，内部结构如图 11.15 所示，它由 8 路模拟开关、地址锁存与译码器、比较器、8 位开关树型 A/D 转换器、逐次逼近寄存器、定时和控制逻辑电路组成。

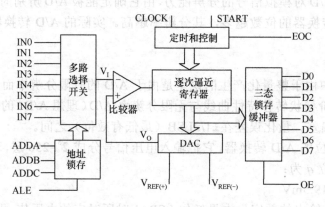

图 11.15　ADC0809 的结构

ADC0809 的引脚结构图如图 11.16 所示。各个引脚的功能如下。

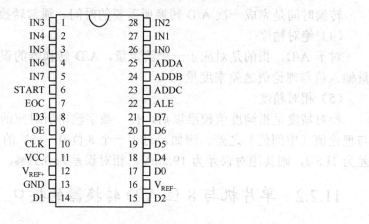

图 11.16　ADC0809 的引脚图

➢　23～25 脚（ADDC、ADDB、ADDA）：模拟通道地址，ADDA 为低位，ADDC 为高位，三位状态为 000～111 时，分别对应通道 IN0～IN7。

➢　12 脚、16 脚（V_{REF+}、V_{REF-}）：参考电压端，决定了模拟量的量程范围。

➢　10 脚（CLK）：时钟信号输入端，决定 A/D 转换时间。ADC0809 内部没有时钟电路，需由外部提供时钟脉冲信号。一般为 500kHz。

➢　22 脚（ALE）：地址锁存允许信号，高电平选通，低电平锁存。当此信号由高变低时，ADDA、ADDB、ADDC 三位地址信号被锁存，译码选通对应模拟通道。

➢　6 脚（START）：启动转换信号，正脉冲有效。当它为上升沿后，将内部寄存器清零，其下降沿启动 A/D 转换。

➢　7 脚（EOC）：转换结束信号。EOC＝0 时表示正在进行转换，EOC＝1 时 A/D 转换结束。

➢　9 脚（OE）：输出允许信号，是对 D0-D7 的输出缓冲控制端，高电平有效。OE＝0 时输出端呈高阻态，OE＝1 时输出缓冲门打开，锁存器内容被送出。

3．时序及工作过程

图 11.17 为 ADC0809 的工作时序图。在 IN0～IN7 上接入待转换的模拟量信号后由 ADDA～ADDC 端送入通道号代码，在 ALE 由低电平变为高电平时，通道号写入地址锁存器，当 ALE 变低时，通道号被锁存。通道号经译码后选中对应通道，将该路模拟量接入转换单元。启动转换信号 START 的上升沿使内部寄存器清零，在下降沿开始 A/D 转换。转换期间，START 应保持低电平。在 A/D 转换期间，转换结束信号 EOC 为低电平，当 EOC 变为高电平时表明转换结束。A/D 转换结束后，如果输出允许端 OE 为 1，则转换结果从 D0-D7 送出。

ADC0809 的 CLOCK 端的脉冲信号频率可以在 10～1280kHz 之间，典型值是 640kHz。

时序图上的 t_{EOC} 时长为从 START 上升沿开始后的 8 个时钟周期再加 2μs。这一点得注意，因为当 START 变低进入转换工作时 EOC 没有立即变为低电平，而是过了 8 个时钟周期后才进入低电平的，所以在给出 START 脉冲后应延时一段时间再进行 EOC 检测。

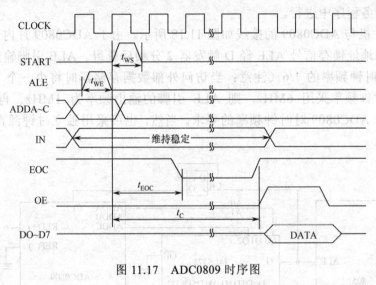

图 11.17　ADC0809 时序图

一个通道的转换时间一般为 64 个时钟周期，如时钟频率为 640kHz（周期为 1.5625μs），一个通道的转换时间则为 1.5625×64＝100μs，那么 1s 就可以转换 1000000÷100＝10000 次。时序图中时间的具体数值可参考芯片说明书。

ADC0809 的数字量输出值 D 与模拟量输入值 V_{IN} 之间的关系为：

$$D = \frac{V_{IN} - V_{REF(-)}}{V_{REF(+)} - V_{REF(-)}} \times 2^8$$

通常 $V_{REF(-)}=0$（接地），所以

$$D = \frac{V_{IN}}{V_{REF(+)}} \times 256$$

当 $V_{REF(+)}=5V$，$V_{REF(-)}=0$，输入的单极性模拟量从 0～4.98V 变化时，对应的输出数字量在 0～255（00H～FFH）之间变化。

4．ADC0809 与 51 单片机的接口

为了确定 0809 的通道号，单片机的低位地址信号可直接接至 0809 的模拟通道

端，而将高位地址译码或者线选信号接至 0809 的地址锁存允许端。锁存地址时，先将地址存入 DPTR 寄存器，之后执行 MOVX @DPTR，A 指令，即可将所需通道号锁存至 0809 的地址锁存器中。地址锁存完成后即可发 A/D 转换的启动信号。START 端可以单独接至一个译码输出端。但由于 0809 的地址锁存信号 ALE 为高电平选通低电平锁存，并且 A/D 转换启动端 START 是低电平启动，所以可以将 START 端和 ALE 端同时接至同一个地址译码信号。这样的接法意味着地址锁存的同时即开始 A/D 转换。A/D 转换完成的判断可采用三种方式。一是定时方式。由于 A/D 转换时间为 64 个时钟周期，所以 A/D 转换时间可以根据 0809 所连接的时钟周期计算得到。由此可设计一个延时子程序，在 A/D 转换启动后延迟一定时间，在保证转换已经完成后读出转换结果。二是查询方式，ADC0809 的 EOC 端在由低变高时表示 A/D 转换结束。因此，可以将单片机的一根端口线接至 EOC 端用于查询 EOC 的状态，待 EOC 变高后读出转换结果。三是中断方式，EOC 信号作为中断请求信号接至单片机外部中断请求端，EOC 变高后向 CPU 申请中断，转换结果的读取在中断服务程序中进行。

8051 单片机与 ADC0809 的接线如图 11.18 所示。由于 ADC0809 片内无时钟，通常利用单片机的地址锁存信号 ALE 经 D 触发器 2 分频后获得。ALE 引脚输出脉冲的频率是 51 单片机时钟频率的 1/6（注意：当访问外部数据存储器时将少一个 ALE 脉冲）。如果单片机时钟频率采用 6MHz，则 ALE 引脚的输出频率为 1MHz，再 2 分频后为 500kHz，符合 ADC0809 对时钟频率的要求。当然，也可采用独立时钟源直接加到 CLK 引脚上。

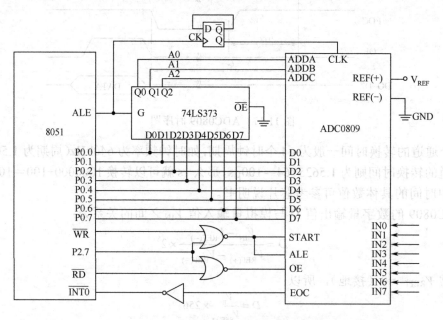

图 11.18　ADC0809 与单片机的接口电路

由于 ADC0809 具有三态输出锁存器，其 8 位数据输出引脚 D0～D7 可直接与单片机的 P0 口相连。模拟通道地址 ADDC、ADDB、ADDA 分别与地址总线的低 3 位 A2、A1、A0 相连，以选通 IN0～IN7 中的一个通道。

转换。在读取转换结果时，用低电平的读信号 RD 和 P2.7 引脚经一级"或非门"后产生的正脉冲作为 OE 信号，用来打开三态输出锁存器。由于读写信号为低电平有效，而 0809 的输出使能、启动和地址锁存为高电平有效，所以读写信号和线选信号相"或"之后必须进行反向。图中转换结束信号 EOC 接至 CPU 的外部中断引脚，A/D 转换结束时，0809 向 CPU 发出中断请求，以便在中断处理程序中读取转换结果。

V_{REF} 是 A/D 转换的基准电压，该电压应单独用高精度电源供给，其电压的波动要小于 1LSB（使最低有效位产生变化的最小输入电压），不可与 V_{CC} 共用，这是保证转换精度的基本条件。

【例 11-5】单片机与 ADC0809 的连接如图 11.18 所示，试采用软件延时的方式分别对 8 路模拟信号轮流采样一次，并依次把结果转储到 data 开始的数据存储区的转换程序。

```
MAIN: MOV   R1, #data        ;置转换结果数据区首地址
      MOV   DPTR, #07FF8H    ;端口地址送 DPTR, P2.7=0, 且指向通道 IN0
      MOV   R7, #08H         ;置通道个数
NEXT: MOVX  @DPTR, A         ;锁存通道地址，启动 A/D 转换
DELAY: MOV  R6, #0AH         ;设置延时循环初值 10 次
LOOP: NOP                    ;循环体内有两条单周期指令和 1 条双周期指令
      NOP
      DJNZ  R6, LOOP         ;10 次循环共执行 40 个机器周期，产生 80 个 ALE 脉冲
      MOVX  A, @DPTR         ;转换结束，读取转换结果
      MOV   @R1, A           ;存储转换结果
      INC   DPTR             ;指向下一个通道
      INC   R1               ;修改结果数据区指针
      DJNZ  R7, NEXT         ;8 通道全部采样完？未完转 NEXT 采样下一通道
      ............           ;采样结束，执行其他程序
```

11.2.3 单片机与 12 位 A/D 转换器的接口

1. AD574 简介

AD574 是 12 位 A/D 转换器，其内部含有高精度的基准电压源和时钟电路，从而使 AD574 在不需要任何外加电路和时钟信号的情况下即可完成 A/D 转换。AD574A 和 AD674A 的内部结构和外部引脚完全相同，二者的唯一区别是 AD674A 的转换速度比 AD574A 的转换速度快，AD574A 的最快转换时间为 35μs，而 AD674A 的最快转换时间可达 15μs。图 11.19 是其引脚图，功能如下。

- ➤ 1 脚(V_L)：+5V 逻辑（数字）电源。
- ➤ 15 脚(DGND)：数字公共端，即数字地。
- ➤ 7 脚（V_{CC}）：正电源端，接+15V 电源。
- ➤ 9 脚（AC）：模拟公共端，即模拟地。
- ➤ 10 脚（REF IN）：外部基准电源电压输入端。

> ➤ 11 脚（V_{EE}）：负电源输入端，接−15V 电源。
> ➤ 8 脚（REF OUT）：+10V 基准电源电压输出端。
> ➤ 3 脚、6 脚（CE、$\overline{CS}$）：片选端。
> ➤ 5 脚（R/$\overline{C}$）：结果读出及启动转换控制端。
> ➤ 4 脚（A0）：转换字长和输出模数控制端。
> ➤ 2 脚（12/$\overline{8}$）：读出格式选择端。该端接 TTL 电平无效，需接 V_L 或数字地。
> ➤ 28 脚（STS）：工作状态指示端。STS=1 时，正在进行 A/D 转换，STS=0 时，转换结束。
> ➤ 12 脚 BIP OFF：双极性偏置设置端。
> ➤ 13 脚（$10V_{IN}$）：10V 量程模拟电压输入端。
> ➤ 14 脚（$20V_{IN}$）：20V 量程模拟电压输入端。
> ➤ 16～27 脚(DB0-DB11)：数据总线。

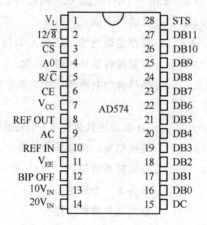

图 11.19　AD574 引脚图

AD574A 通过 CE、$\overline{CS}$、12/$\overline{8}$、R/$\overline{C}$ 和 A0 对其工作状态进行控制。AD574 片选有两条，当 CE=1、$\overline{CS}$=0 同时满足时才可访问。R/$\overline{C}$ 端为读出和启动模式控制端，当 R/$\overline{C}$=0 时启动 A/D 转换，R/$\overline{C}$=1 时读出转换结果。A0＝0 时将启动 12 位 A/D 转换；A0=1 时将启动 8 位 A/D 转换。R/$\overline{C}$=1 时，读出 A/D 转换结果，A0 和 12/$\overline{8}$配合控制读出数据的格式。当 12/$\overline{8}$=1 时，12 位转换结果经 12 位数据线同时输出；当 12/$\overline{8}$=0 时，数据以 8 位并行分两次输出，当 A0=0 时，输出转换数据的高 8 位，A0=1 时，输出 A/D 转换数据的低 4 位，这 4 位占一字节的高半字节，低半字节补零。其控制逻辑真值表如表 11.3 所示。

表 11.3　AD574 真值表

CE	$\overline{CS}$	R/$\overline{C}$	12/$\overline{8}$	A0	工 作 状 态
0	×	×	×	×	禁止

（续表）

CE	$\overline{CS}$	R/$\overline{C}$	12/$\overline{8}$	A0	工 作 状 态
×	1	×	×	×	禁止
1	0	0	×	0	启动 12 位 A/D 转换
1	0	0	×	1	启动 8 位 A/D 转换
1	0	1	1	×	12 位数据同时读出
1	0	1	0	0	高 8 位数据读出
1	0	1	0	1	低 4 位数据读出

2．AD574 与单片机的连接

图 11.20 是 AD574 与单片机 8051 的接口电路。AD574A 的数据总线 DB4～DB11 与单片机数据总线 AD0～AD8 相连，AD574 的 DB0～DB3 与单片机的 AD7～AD4 相连。图中 A15（P2.7）作为线选信号接至 574 片选端 $\overline{CS}$，而芯片使能端 CE 接至 $\overline{RD}$ 和 $\overline{WR}$ 信号的"与非"输出端，使得该端无论在单片机"读"还是"写"时都有效。

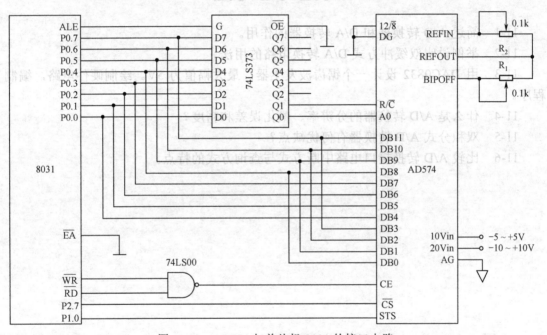

图 11.20 AD574 与单片机 8031 的接口电路

该电路采用双极性输入接法，可对 -5～+5V 或 -10～+10V 的模拟信号进行转换。AD574 的 STS 引脚接单片机的 P1.0，可以采用查询方式判断其工作状态。

当单片机执行外部数据存储器写指令，使 CE=1，$\overline{CS}$=0，R/$\overline{C}$=0，A0=0 时，启动 12 位 A/D 转换。之后，当查询到 P1.0 脚为低电平时，A/D 转换结束。单片机使 CE=1，$\overline{CS}$=0，R/$\overline{C}$=1，读取结果的高 8 位；之后再使 CE=1，$\overline{CS}$=0，R/$\overline{C}$=1，A0=1，读取结果的低 4 位。

【例 11-6】利用图 11.20 接口电路完成一次 A/D 转换的程序设计。要求采用查询方式。高 8 位结果存入 R2，低 4 位存入 R3。程序如下：

```
AD574:   MOV DPTR,#0H          ;端口地址送 DPTR,CS=0 ,A0=0,R/C=0
         MOVX    @DPTR,A       ;启动 12 位 A/D 转换
         SETB    P1.0          ;置位 P1.0,为读 STS 做准备
         JB      P1.0,$        ;等待转换结束
         INC     DPTR          ;转换结束
         INC     DPTR          ;使 R/C=1,A0=0,准备读取结果
         MOVX    A,@DPTR       ;读取高 8 位转换结果
         MOV R2,A              ;高 8 位转换结果存入 R2 中
         INC     DPTR          ;使 R/C=1,A0=1
         MOVX    A,@ DPTR      ;读低 4 位转换结果
         MOV R3, A             ;低 4 位转换结果存入 R3 中
         ........
```

习题与思考题

11-1　简述 A/D 转换器和 D/A 转换器的作用。

11-2　举例说明双缓冲方式 D/A 转换电路的用法。

11-3　用 DAC0832 设计一个锯齿波发生器,最大幅值为 5V。绘制硬件电路,编制程序。

11-4　什么是 A/D 转换器的分辨率、量化误差和精度?

11-5　双积分式 A/D 转换器有何优缺点?

11-6　比较 A/D 转换接口电路中断方式与查询方式的特点。

第 12 章　定时器及中断系统的应用

在控制系统中，定时和中断是提高系统性能和 CPU 利用率的有效手段。单片机内部定时器灵活的工作方式给用户带来极大方便，为诸如 PWM 等复杂的定时应用创造了方便的条件。中断系统是 CPU 高效运行的标志，它是提高系统反应速度和实时性能的必要手段，也为一个 CPU 管理多个任务奠定了基础。

12.1　定时器的应用

在单片机应用系统中，一般需要根据实际应用情况进行定时控制，如在单位时间内对旋转机械的脉冲信号进行计数以实现转速测量等。51 单片机有两个定时器/计数器 T0 和 T1，52 单片机还包括一个定时器/计数器 T2。当用作定时器时，输入脉冲来自内部时钟的发生器电路，其频率为晶振频率的 1/12。当用作外部计数器时，对外部事件计数，计数脉冲信号来自外部输入引脚 T0 和 T1。

【例 12-1】通过定时器实现频率计数功能。

为了实现上述功能，可利用 51 单片机 T0、T1 的定时器/计数器来完成输入。如图 12.1 所示，T0 工作在计数状态下，对输入的频率信号进行计数，在 12MHz 晶振频率下，T0 的最大计数频率为 500kHz。T1 工作在定时状态下使 T0 的计数时长为 1s，T0 的计数值即为信号频率。由于 T1 最大定时时间达不到 1s，所以 T0 定时 50ms=50000μs，计数初值为 65536−50000，中断后由软件扩展 20 次实现 1s 定时。硬件接线如图 12.1 所示，系统被测信号送入 P3.4/T0 端接入定时器/计数器 T0。8 位共阳数码管采用动态显示，P1 口和 P2 口分别用于锁存段码和位码。

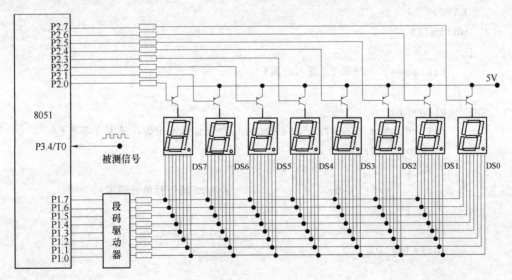

图 12.1　频率计电路原理图

　　系统软件通过 T0 计数器在 1s 内计脉冲输入个数，之后将计数器数值连同溢出的数一起转换成 BCD 码送入显示缓冲区之后显示。

```c
#include<reg51.h>
unsigned char code dispbit[]={0xfe,0xfd,0xfb,0xf7,0xef, 0xdf, 0xbf,
    0x7f};/*位码*/
unsigned char code dispseg[]={0xc0,0xf9,0xa4,
                    0xb0,0x99,0x92,0x82,0xf8,0x80,0x90};/*段码*/
unsigned char dispbuf[8]={0,0,0,0,0,0,10,10};              /*显示缓冲区，8 字节*/
unsigned char temp[8];
unsigned char dispcount;
unsigned char T0count=0;                    /*用于 T0 计数溢出的累加*/
unsigned char timecount=0;                  /*用于 50ms 扩展计数*/
bit flag=0;                                 /*1s 定时标志*/
unsigned long x;
void main(void)
{
  unsigned char i;
  TMOD=0x15;                                /*T1 定时方式，T0 计数方式*/
  TH0=0;
  TL0=0;                                    /*T0 计数方式，初值清零*/
  TH1=(65536-50000)/256;                    /*T1 计数初值高 8 位*/
  TL1=(65536-50000)%256;                    /*T1 计数初值低 8 位*/
  TR1=1;                                    /*启动定时器*/
  TR0=1;                                    /*允许计数*/
  ET0=1;                                    /*允许中断*/
  ET1=1;
  EA=1;
  while(1)
  {
     f(flag==1)  /*每 1s 进入一次*/
   {
    flag=0;
    x=T0count*65536+TH0*256+TL0;             /*累加脉冲个数，最大 3 字节*/
        for(i=0;i<=8;i++)
         {
           temp[i]=0;                        /*BCD 码暂存单元清零*/
         }
    i=0;
    while(x/10)
         {
         temp[i]=x%10;                        /*将 x 转换成 BCD 码存入 temp[i]*/
         x=x/10;
```

```
        i++;
            }
    temp[i]=x;                              /*BCD 码最高位*/
    for(i=0;i<=8;i++)
            {
            dispbuf[i]=temp[i];            /*BCD 码存入显示缓冲区*/
            }
            timecount=0;
        T0count=0;
    TH0=0;
    TL0=0;
    TR1=1;                                 /*重新启动定时器*/
    TR0=1;                                 /*重新启动脉冲计数*/
    }
  for(dispcount=0; dispcount<8;dispcount++)/*数码管动态显示*/
    {
    P1=dispseg[dispbuf[dispcount]];        /*锁存段码*/
    P2=dispbit[dispcount];                 /*锁存位码*/
    for(i=0;i<=100;i++){}                  /*显示延时*/
    }
 }
 }
void t0(void) interrupt 1 using 0
{
  T0count++;      /*被测信号计数,如果计数器溢出,则累加到 T0count 中*/
}
void t1(void) interrupt 3 using 0
{
  TH1=(65536-50000)/256;
  TL1=(65536-50000)%256;             /*初值重装*/
  timecount++;                       /*50ms 扩展计数,20 次时到 1s*/
  if(timecount==20)
    {
        TR1=0;                       /*1s 到,停止 T1 定时*/
    TR0=0;                           /*1s 到,停止 T0 计数*/
        timecount=0;
        flag=1;                      /*置位标志位*/
    }
 }
```

【例 12-2】从某种角度讲，脉冲宽度调制（PWM）可以理解为低精度的 D/A 转换，其平均值即是输出的模拟量结果。设系统晶振频率为 6MHz，PWM 周期（毫秒数）存放在 CYCLE0 单元中，高电平时间（毫秒数）存放在 DUTY0 单元中，脉冲经 P1.0 输出。试编制程序。

分析：PWM 是一种周期固定、占空比可调的矩形波。设 CYCLE1 和 DUTY1 为计数工作单元，F0 为 PWM 周期开始标志。利用 T0 产生 200μs 定时中断，经 5 次软件延时后产生 1ms 定时。

```
        DUTY0    DATA    30H              ;高电平时间初值单元
        DUTY1    DATA    31H              ;高电平计数单元
        CYCLE0   DATA    33H              ;周期初值
        CYCLE1   DATA    34H              ;周期计数单元
        US       DATA    32H              ;200μs 计数单元
                 ORG     0000H
            LJMP    MAIN
            ORG     0BH                    ; T0 的中断入口地址
            LJMP    TIMER0
;****************************************
;主程序
;****************************************
            ORG     30H
MAIN:       MOV     CYCLE0,#50             ;周期赋初值，即周期为 50ms
            MOV DUTY0,#10                  ;高电平时间赋初值
            SETB    F0                     ;设新周期开始标志
            CLR     P1.0                   ;设置 P1.0 初始值为 0
            MOV US,#5                      ;200μs 计数赋初值
            MOV     TMOD , #02H            ;T0 定时器方式 2，自动重装
            MOV     TH0 , #0156            ;设 200μs 时间基准初值
            MOV     TL0 , #0156
            SETB    EA                     ;总中断允许
            SETB    ET0                    ;T0 中断允许
            SETB    TR0                    ;启动计数器 T0
            SJMP    $
;****************************************
; 200 微秒时钟中断程序
;****************************************
TIMER0: DJNZ    US,RTN1                    ;不到 1ms，减 1 后直接返回
            MOV US,#5                      ;200μs 计数重新赋初值
            JNB     F0,IN                  ;判断是否为周期起始点
ST:     MOV CYCLE1,CYCLE0                  ;周期装入计数单元
            MOV DUTY1,DUTY0                ;高电平时间装入计数单元
            CLR     F0                     ;周期起始点，清新周期标志
IN:     MOV     A,DUTY1
            CJNE    A,#0,IN1               ;判断高电平时间是否结束
            CLR     P1.0                   ;高电平时间结束，输出清零
```

```
        SJMP    RTN0
IN1:    SETB    P1.0
        DEC DUTY1               ;高电平时间减 1
RTN0:   DJNZ    CYCLE1,RTN1    ;周期数减 1
        SETB    F0             ;周期结束，置位新周期开始标志 F0
RTN1:   RETI
        END
```

12.2　外部中断的应用

51 单片机提供两个外部中断请求端，可使 CPU 对外部事件做出及时响应，如打印机、键盘或 A/D、D/A 转换中断等，通常可通过外部中断$\overline{\text{INT0}}$和$\overline{\text{INT1}}$来完成响应。两个外部中断的入口地址分别为 0003H 和 0013H，在没有其他中断源存在时可使用默认的优先级，即$\overline{\text{INT0}}$的优先级高于$\overline{\text{INT1}}$。

微型针式打印机的中断控制

针式打印机是一种机电装置，通常采用并行或串行方式与主机相连。打印机接收到主机发来的字符（ASCII 码）时，打印机内部控制系统首先要在自带的字符库中找到该字符的字模（点阵），之后发出控制信号驱动电磁线圈使打印针动作。打印针的动作时间为毫秒级，比单片机指令的速度慢几个数量级。微型打印机内部一般没有缓冲区，所以如果主机采取查询方式对打印机进行控制则其大部分时间都将浪费在打印等待上。本节利用中断方式对打印机进行控制，可大大提高主机 CPU 的利用率。

打印机通常使用 36 线的 Centronics 接口。在微型打印机中只使用其中的 20 条线，即 8 条数据线和 4 条信号线，其余 8 条为地线。信号线包括选通信号$\overline{\text{STB}}$、忙信号 BUSY、应答信号$\overline{\text{ACK}}$和出错信号$\overline{\text{ERR}}$。主机将要打印的字符或命令送上数据线后向打印机选通信号发一低脉冲，数据线上的数据被送入打印机。之后打印机输出忙信号，表明打印机正在打印，不能接收数据。字符打印完成后忙信号撤销，并在应答信号端输出一负脉冲，告知主机打印完毕。打印机内部出错时，$\overline{\text{ERR}}$端给出 50ms 的负脉冲。Centronics 接口信号时序图如图 12.2 所示。

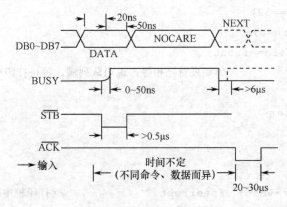

图 12.2　单片机与打印机接口

【例 12-3】 试用中断方式控制 Tp-μP 打印机。

为了简化线路，打印机直接与单片机端口相连，接线如图 12.3 所示。为了提高打印

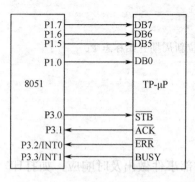

图 12.3　单片打印机接口

效率，打印机中断处理程序设置了一个环形打印缓冲区。环形缓冲设有头和尾两个指针（下标），并遵循如下原则：（1）缓冲区设有最大长度，当指针加 1 大于最大长度时，指针清零。（2）主机每存入一个数据，尾指针加 1。当尾指针加 1 等于头指针时，队列满。中断程序每向打印机送出一个数据，头指针加 1。当头指针加 1 等于尾指针时，队列空。主程序需要打印时，先将要打印数据存入缓冲区形成打印队列，之后启动打印机。打印机启动后由中断处理程序每次在打印队列中取出一个字符送入打印机打印。本例中仅利用 BUSY 信号。程序如下：

```c
#include<reg51.h>
unsigned char printque[32]={};          /*打印缓冲区*/
unsigned char string0[13]={'Good morning!'};
unsigned char rare=0,front=0;  /* front 为打印队列之首，rare 为打印队列之尾*/
sbit stb=P3^0;                          /*选通端*/
sbit printing=0;                        /*队列正在打印标志*/
unsigned char  i,j;
void main(void)
  {
  IT0=1;                  /*定义中断为下降沿触发*/
  IT1=1;
  EX0=1;                  /*开放外部中断*/
  EX1=1;
  EA=1;                   /*开放总中断*/
  for  (i=0,i<=13,i++)
     { printque[rare]=string0[i];
      rare++;
     if(rare==32)
         {rare=0;}
     while(rare==front)
         {}             /*如果首尾相等，说明队列满，等待打印*/
     }
  startprinter;
  while(1)
     {}
  }
void printer(void)  interrupt 2               /*打印机中断服务程序*/
  {
  if (front!=rare)                 /* front!=rare 说明队列不空*/
```

```
        {
        P1=printque[front ];              /*送字符*/
        strobe;                           /*发选通信号*/
        front ++;                         /*头指针加1*/
        if (front==32)                    /*如果指针位置到最大值,指针清零*/
           {front=0;}
        }
   else {printing=0;}
}
void strobe
        {stb=0;                           /*发选通信号*/
   stb=1;
        }
void startprinter(void)
        {P1=0;                            /*向打印机送空操作指令*/
        strobe;                           /*启动打印机*/
        printing=1;
        }
```

12.3　中断系统的扩展

51 单片机有 5 个中断源,定时器/计数器 T0、T1 溢出中断请求,串行口发送/接受中断请求,还有两个外部中断请求INT0和INT1。由于 51 单片机只提供两个外部中断请求输入端,实际系统中如果需要更多的外部中断源,则需要进行扩展。以下为扩展外部中断源的几种方法。

12.3.1　用定时器/计数器扩展外部中断源

51 单片机中有两个定时器/计数器,具有定时和计数功能。如果将定时器/计数器设为计数方式,并设置初值为最大值,则外部计数信号输入 1 个负脉冲时计数器即可溢出向 CPU 申请中断。

【例 12-4】试将定时器 T1 设置成工作方式 2,以扩展外部中断源。

设 TH1 和 TL1 的初始值为 0FFH,允许 T1 中断,CPU 开放中断。初始化程序如下:

```
    MOV    TMOD, #60H   ;主程序初始化
    MOV    TL1, #0FFH
    MOV    TH1, #0FFH
    SETB   TR1
    SETB   ET1
    SETB   EA
    ……
    ……
```

当连接在 T1 引脚上的外部中断源输入端发生负跳变时，TL1 计数加 1 并产生溢出，TF1=1，向 CPU 申请中断。之后，TH1 的内容 0FFH 重新装入 TL1，使 TL1 恢复为初值。中断入口在 001BH。

12.3.2 中断和查询相结合的外部中断源扩展

【例 12-5】试通过 INT0 扩展 4 个外部中断。

当外部中断较多时，可将多个外部中断源通过逻辑"与"的关系连接至 $\overline{INT0}$ 或者 $\overline{INT1}$，以保证多个中断源中的任何一个申请中断都会得到 CPU 的响应。硬件接线如图 12.4 所示。图中 4 个外部中断源的请求信号通过 OC 门构成"线与"的关系，当其中任何一个中断源请求中断时都将通过 $\overline{INT0}$ 向 CPU 发出申请。CPU 响应中断并进入中断处理程序后通过程序查询 P1.0～P1.3 的状态可查找出申请中断的中断源。注意，中断请求必须在响应后撤销。

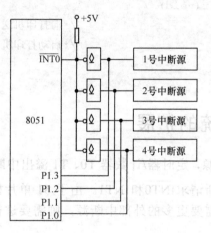

图 12.4 外部中断扩展电路

查询软件实现：

```
              ORG     0013H
              LJMP    INTRP
      INTRP:  PUSH    PSW
              PUSH    Acc
              JB      P1.3, SAV1        ;优先权由高到低依次查询
              JB      P1.2, SAV2
              JB      P1.1, SAV3
              JB      P1.0, SAV4
      EXIT:   POP     Acc
              POP     PSW
              RETI
      SAV1:   ····
              ····                      ;中断源 1 的中断服务程序
              LJMP    EXIT
```

```
        SAV2:      ····
                   ····                      ;中断源 2 的中断服务程序
                   LJMP      EXIT
        SAV3:      ····
                   ····                      ;中断源 3 的中断服务程序
                   LJMP      EXIT
        SAV4:      ···
                   ····                      ;中断源 4 的中断服务程序
                   LJMP      EXIT
```

习题与思考题

12-1　利用定时器/计数器 T0 产生定时时钟，由 P1 口控制 8 个指示灯。编一个程序，使 8 个指示灯依次一个一个闪动，闪动频率为 20 次/s（8 个指示灯依次亮一遍为一个周期）。

12-2　设计一个程序，要求当从外部中断引脚$\overline{\text{INT0}}$输入 6 个负脉冲信号后，自动点亮 P1.0 口上的 LED 灯，2s 后（软件延时）灯自动熄灭，系统开始重新等待脉冲，如此循环。

12-3　用按键控制输出，在外部中断引脚$\overline{\text{INT0}}$上接一个开关，每按一次开关，P1 口连接的 LED0～LED7 发光管（共阴极接法）左移 1 位，设初始状态为 00000001，试绘制接线图并编制程序。

12-4　用一个中断源实现系统的故障显示。当系统正常工作时，4 个故障源的输出均为低电平，显示灯全不亮，当有某部分出现故障时，相应的故障源输出为高电平，相应的 LED 显示灯点亮。试设计硬件电路图并编制程序。

第 13 章　串行通信应用

因为串行通信不需要分配地址，所以使用起来非常方便。本章从应用的角度出发，介绍串行点对点通信及多机通信，并举例说明 RS-485 单片机网络的软硬件设计，最后介绍 USB、CAN、SPI 和 I²C 等串行总线的基本特性和应用。本章旨在使读者对单片机串行通信应用技术有一个比较全面的认识。

13.1 单片机的点对点通信

在单片机测控系统中，利用单片机的串行通信接口可以实现单片机之间、单片机与 PC 之间，以及单片机与外设之间的点对点串行通信。在设计点对点通信接口时必须根据需要选择标准接口，并考虑传输介质、电平转换和接口芯片等问题。

在串行通信中，影响通信质量和可靠性的因素主要是通信环境，包括通信距离和外界干扰。根据通信双方的通信距离和抗干扰性等要求可选择 TTL / CMOS 电平接口、RS-232C 和 RS-485 串行接口等。

13.1.1　TTL/CMOS 电平接口

大多数单片机的通用串行接口都采用 TTL 电平或 CMOS 电平，这种电平电压低，易受干扰影响，不适合远距离通信。但如果是板级通信或者通信相距在 1m 以内，则可以采用此种电平接口。此种通信的优点是不需要电平转换，两个机器端口直接相连。

13.1.2　RS-232C 通信接口

RS-232C 信号线的电压均为负逻辑，逻辑"1"为-5～-15V，逻辑"0"为+5～+15V。噪声容限为 2V，即要求接收器能识别低至±3V 的信号作为逻辑"0"或"1"。

大多数微控制器接口都是 TTL 或 CMOS 电平标准，与 RS-232C 标准不兼容，所以需进行电平转换。实现电平转换的方法很多，可以使用分立元件和阻容元件构成的电平转换电路。更简单的可以采用电平转换集成芯片，常用的如美信公司的 MAX201、MAX232E，其他公司的 ICL232、AD232 等。图 13.1 为 MAX232E 芯片结构图。

图 13.2 为采用 MAX232E 芯片实现电平转换的接口电路。MAX232E 具有两路收发器，可实现两路发送和两路接收同时电平转换。使用时只需配置 4～5 个电容即可实现 TTL 到 RS-323 的电平转换。

RS-232 属单端信号传送，存在共地噪声和不能抑制共模干扰等问题，因此一般用于 20m 以内的通信。

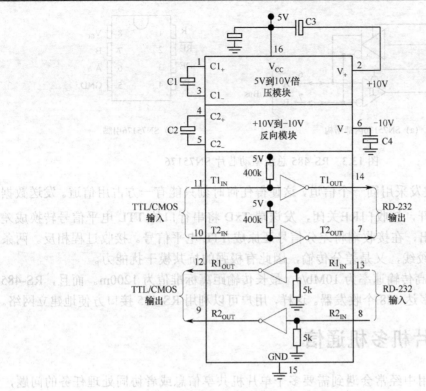

图 13.1　MAX232E 芯片结构

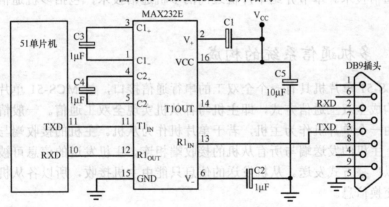

图 13.2　通信接口电路

13.1.3　RS-485 通信接口

由于 RS-232C 使用一根信号线构成共地的传输形式，易产生共模干扰，传输距离有限，传输速率较低。RS-485 标准采用平衡式发送、差分式接收的数据收发器来驱动总线，通信速率在 100kb/s 及以下时最长传输距离可达 1200m。RS-485 有两线制和四线制两种接线方式。由于四线制只能用于点对点通信，所以很少使用。

RS-485 采用平衡发送和差分接收方式来实现通信，需采用专用数据收发器来驱动总线。常用的 RS-485 总线驱动芯片有 MAX485、MAX3080、MAX3088、SN75176，它们都有一个发送器和一个接收器，非常适合作为 RS-485 总线驱动芯片。图 13.3 为 RS-485 收发器 SN75176 的内部结构和引脚图。

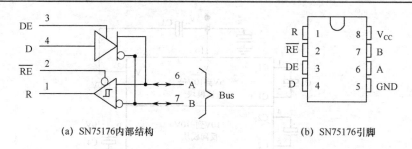

图 13.3　RS-485 总线驱动芯片 SN75176

由于 RS-485 收发采用同一个信道，这使得任何时刻只能有一方占用信道。发送数据时，发送门 DE 打开，接收门 $\overline{RE}$ 关闭，发送端 TxD 将串行口的 TTL 电平信号转换成差分信号经 A、B 输出，在接收端将差分信号还原成 TTL 电平信号。接收过程相反。两条传输线通常使用双绞线，又是差分传输，因此有极强的抗共模干扰能力。

RS-485 接口最高传输速率为 10Mb/s，最长传输距离标准值为 1200m。而且，RS-485 接口总线允许连接多达 128 个收发器。这样，用户可以利用 RS-485 接口方便地建立网络。

13.2　单片机多机通信

在实际工程应用中经常会遇到需要多个单片机共享信息或者协同处理任务的问题，这涉及多机通信技术。本节介绍单片机之间的多机通信技术，包括多机通信原理及其软硬件设计。

13.2.1　多机通信系统的构成

由于 MCS-51 单片机具有一个全双工的串行通信接口，故 MCS-51 单片机的多机通信系统经常构成全双工通信方式，即主机与各从机实现全双工通信。一般情况下，多机通信系统中由一个单片机作为主机，若干单片机作为从机。主机的接收端与所有从机的发送端相连；主机的发送端与所有从机的接收端相连。主机发送的信息可被所有从机接收，即主机以广播方式发送。从机发送的信息只能由主机接收，所以各从机之间必须通过主机进行交换信息。

由于多机通信系统大多用于距离较远的分布式系统，所以系统多采用 RS-485 通信接口，以保证较远的传输距离和较高的可靠性。

13.2.2　多机通信过程

51 单片机专门设计有多机通信功能，其 SM2 是多机通信控制位，利用它可以较为方便地实现多机通信。串行口工作在方式 2 或方式 3 时，每帧信息为 11 位，其中包括 9 位数据位及起始位和停止位。其中，第 9 数据位为数据/地址标志位，用于区别发送或接收的是地址帧还是数据帧。通常规定第 9 位为 1 时为地址帧，第 9 位为 0 时为数据帧。主机通过对 TB8 位赋值 0 或 1 来实现对第 9 位的编程。若从机的 SM2=1，则表示从机等待主机呼叫，此时只接收地址帧（TB8=1）。当地址帧接收完毕后，地址代码装入 SBUF 并置 RI=1 向 CPU 发出中断请求。如果接收的是数据帧（TB8=0），则不会向 CPU 申请中断，接收信息被忽略。若 SM2=0，则无论是地址帧还是数据帧都产生中断，数据装入 SBUF。有关接收逻辑参见图 7.8。多机通信具体通信过程如下：

（1）使所有从机的 SM2 位置 1，使其处于只接收地址帧的状态。

（2）主机发送地址信息，其中包括 8 位地址，第 9 位为 1。

（3）所有从机收到地址帧后将接收到的地址与本机的地址相比较，如果接收到的地址与本机地址相符，说明主机在呼叫本机，则该从机使 SM2 清零，以接收主机随后发来的信息。如果接收的地址与本机不相符，则保持 SM2 为 1 的状态，对主机随后发来的数据信息不予理睬，直至下一次主机呼叫从机。

（4）主机发送数据或控制信息时，第 9 位应置 0，则只有 SM2 为 0 的从机可以接收，而对于 SM2 为 1 的从机，此数据信息无法接收。

（5）当主机改变通信对象时可再次发送新的地址帧，之后重复上述过程。

13.3 简易 485 网络举例

工业中通常利用多个单片机系统构成网络来实现分布式信息采集和控制系统。本节以 RS-485 接口为例说明单片机网络的软硬件设计。

13.3.1 单片机网络的构成

RS-485 支持半双工模式。网络拓扑一般采用终端匹配的总线型结构，不支持环形或星形网络。在由单片机构成的多机串行通信系统中一般采用主从式结构，即从机不主动发送命令或数据，一切都由主机控制。由 RS-485 构成的多机通信框图如图 13.4 所示，图中的总线驱动器为 SN75176。

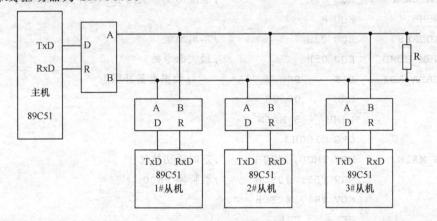

图 13.4 RS-485 多机通信框图

13.3.2 通信协议

为了完成主机和从机之间的信息交换及控制，系统必须拥有一套严格完整的通信协议。目前，有很多考虑非常完善的网络协议，但这些协议通常庞大而复杂。如果系统功能要求简单，开发者可以根据实际情况自行设计通信协议。这里假设单片机系统为一个居民小区温度采集系统，各个从机设置在居民家中采集温度。系统功能要求：主机定时将各从机采集到的温度数据进行收集，并可以对从机的时钟进行设置。完成上述功能的协议如下。

（1）系统中从机容量为 255 台，其地址分别为 01H～FFH。

（2）地址 00H 是对所有从机的统一控制命令，称为"全体复位"命令，此命令使所有从机程序从 0000H 开始执行。

主机先发送地址帧后，被寻址的从机返回本机地址给主机，主机判断地址是否相符，若相符，主机给被寻址的从机发送控制命令，之后主机开始发送或接收数据。如果从机地址与主机发送的不相符，则主机再发送一次地址信息。

（3）命令代码编码。

00H：从机复位命令。从机收到此命令后，该从机的程序从 0000H 开始执行程序。

01H：当前温度查询命令。要求从机将当前温度送主机，共 1 字节。

02H：时钟校正命令。主机向从机发送小时（第一个字节）和分钟（第二个字节）数据，共 2 字节。

03H：数据收集命令。要求从机发送所采集的温度数据，每次发送 6 字节。设采样间隔为 10min。

04H：结束命令。使从机 SM2=1，重新进入等待状态。

13.3.3　多机通信软件编程

为便于理解，本例中串口通信采用查询方式。在实际使用中，串行通信都带有数据校验，但为了简化程序，将此部分内容略去。从机程序流程图如图 13.5 所示，程序如下：

```
           TMP         EQU 30h            ;当前温度值
           TMPSAMP     EQU 31H            ;温度历史，头两字节采样为起始时间
           NUMB        EQU 8
           ADDRES      EQU 03H            ;本机地址
           NUM_COMD    EQU 05H            ;最大命令数
           DATA_RDY    BIT     PSW.5       ;数据准备好标志
                       ORG     0000H
                       LJMP    S_MAIN
                       ORG 0100H
S_MAIN:     MOV TMOD, #20H                 ;定时器初始化
            MOV TL1, #0FDH                 ;波特率 9600
            MOV TH1, #0FDH
            SETB    TR1
            MOV PCON, #80H                 ;串口初始化
            MOV SCON, #0F0H                ;方式 3，SM2=1，允许接收
SL0:        JBC     RI, SL1               ;接收地址，等待主机联络
            SJMP    SL0
SL1:        MOV A, SBUF
            CJNE    A,#0, SL11            ;判断是否为置位 SM2 命令
            SETB    SM2                    ;是，置位 SM2
```

```
                SJMP    SL0
SL11:           XRL A, ADDRES                   ;是否为本机地址
                JNZ     SL0                     ;不是，继续等待
                CLR     SM2                     ;是本机地址，准备接收命令（数据）
                MOV SBUF, ADDRES                ;向主机回复本机地址
SL2:            JBC     RI, SL3                 ;等待主机命令
                SJMP    SL2
SL3:            JNB     RB8, SL4                ;是否为命令，RB8 为 1，非命令
                AJMP    SL1
SL4:            MOV A, SBUF                     ;接收主机命令
                CJNE    A, NUM_COMD, SL41       ;判断是否在有效命令内
SL41:           JC      SL5                     ;小于最大值
                MOV SBUF, #80H                  ;非法命令，ERR=1
                SJMP    SL2                     ;等待新命令
SL5:            MOV DPTR, #COMD_TAB             ;查询命令表
                RL      A
                JMP     @A+DPTR
                                                ;命令散转表转去复位入口
COMD_TAB:       AJMP    COMD0
                AJMP    COMD1                   ;转去发送即时温度
                AJMP    COMD2                   ;转去接收时间设定值
                AJMP    COMD3                   ;转去发送温度采样值
COMD0:          LJMP    0000                    ;复位命令处理，转去复位地址
COMD1:          MOV     SBUF,TMP                ;发送从机当前温度
COMD10:         JBC     TI, COMD11
                SJMP    COMD10
COMD11:         AJMP    SL2                     ;转去等待新命令
COMD2:          JBC     RI,COMD21               ;接收主机发来的时间值
                SJMP    COMD2
COMD21:         MOV HOUR,SBUF,                  ;将小时存入小时单元
COMD22:         JBC     RI,COMD23               ;接收主机发来的时间值
                SJMP    COMD2
COMD23:         MOV MINUT,SBUF,                 ;将小时存入小时单元
                LCALL   TIMESET                 ;设定时间，程序略
                AJMP    SL2                     ;转去等待新命令
COMD3:          MOV     R0, # TMPSAMP           ;采样数据首地址
                MOV     R7, #NUMB               ;采样个数
COMD30          MOV SBUF,@R0                    ;发送数据
COMD31:         JBC     TI, COMD32
                SJMP    COMD31
COMD32:         INC     R0
```

```
            DJNZ    R7,COMD30      ;转去发送下一个
            AJMP    SL2            ;转去等待新命令
    COMD4:  SETB    SM2            ;置位 SM2
            AJMP    SL0            ;转去接收地址
```

一般情况下，从机作为下位机只接受网络命令，没有人工操作，系统功能相对简单。但是，主机作为上位机功能要比下位机多很多。主机除根据协议对从机实施控制外还将包括数据收集、数据处理、超限报警、数据显示和打印及出错处理等。主机对从机的控制一般采取定时控制或者通过键盘进行手动控制。考虑到主机程序设计较为复杂，这里从略。

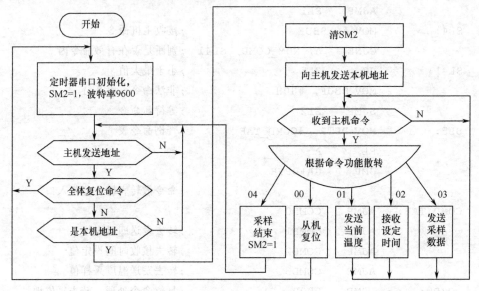

图 13.5　从机程序流程图

13.4　其他串行通信方式

单片机系统的通信方式主要有串行和并行两种，其中串行通信方式所需硬件少，无须地址译码，从而被广泛应用。随着电子技术的迅速发展，出现了很多新型的串行数据传输总线，如 USB 通用串行总线、CAN 总线、SPI 总线和 I²C 总线等，本节对这些新型串行总线做一介绍，以开拓初学者的思路。

13.4.1　SPI 总线

SPI（Serial Peripheral Interface，串行外设接口）总线系统是由摩托罗拉公司推出的一种同步串行外设接口，它可以使 MCU 与各种外围设备以串行的方式进行通信。

（1）SPI 总线标准

标准的 SPI 总线使用 4 条线，即串行时钟线（SCK）、主机输入/从机输出数据线（MISO）、主机输出/从机输入数据线（MOST）和从机选择线（$\overline{SS}$）。在某些特殊应用场合，有些没有用的信号线被省略。SPI 总线以主从方式工作。这种工作方式有一个主设备和几个从设备。

SPI 总线的主要特点如下。

① 高速全双工同步串行数据传输。

② 4 种工作方式。

③ 可编程数据传输速率。

④ 总线竞争保护。

SPI 通信系统接线直接将同名端相连，如图 13.6 所示。

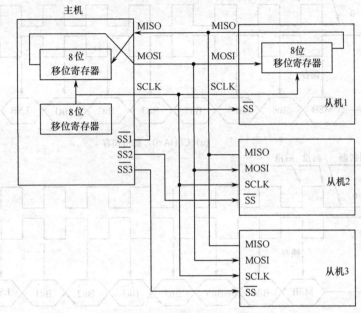

图 13.6 SPI 总线拓扑

当主机与几个从机相连时需要使用从机选择端 $\overline{SS}$ 来选择与主机通信的设备。当单片机作为主机时，可通过 I/O 端口实现从机的选择。只有 $\overline{SS}$ 端为低的从机，SCLK 脉冲才能把数据移入或移出芯片。$\overline{SS}$ 端为高电平时，该从机的 MISO 端为高阻状态，且 SCLK 脉冲对芯片无影响。

（2）SPI 总线时序

通过对 SPI 系统的时钟极性（CPOL）位和时钟相位（CPHA）位进行设置，可以设置系统的输出及采样模式。当 CPOL=0 时，同步时钟的空闲状态为低电平；当 CPOL=1 时，同步时钟的空闲状态为高电平。时钟相位（CPHA）的设置用于选择两种不同的锁存时刻：如果 CPHA=0，在同步时钟的前沿数据被锁存（CPOL=0 时，前沿为上升沿，CPOL=1 时，前沿为下降沿）；如果 CPHA=1，在同步时钟的后沿数据被锁存。SPI 总线时序如图 13.7 所示。

13.4.2 I²C 总线

I²C（Inter Integrated Circuit）总线是由 PHILIPS 公司开发的两线式串行总线，用于连接微控制器及其外围设备。I²C 总线最初为音频和视频设备开发，现已扩展到 AD/DA 转换器、传感器、时钟芯片等领域。目前，世界上支持 I²C 总线的器件多达几百种。

1. I²C 总线的电气标准

I²C 总线是由数据线 SDA 和时钟 SCL 构成的二线制同步串行总线，二者都是双向传输线。标准 I^2C 模式下数据传输速率可达 100kb/s，高速模式下可达 400kb/s。总线采用漏极开路工艺，数据线 SDA 和时钟线 SCL 必须加上拉电阻，总线的状态为总线上各器件输出的"线与"。图 13.8 为 I^2C 总线接口结构。

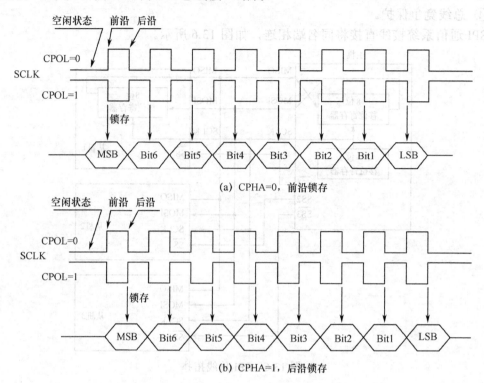

(a) CPHA=0，前沿锁存

(b) CPHA=1，后沿锁存

图 13.7 SPI 总线时序

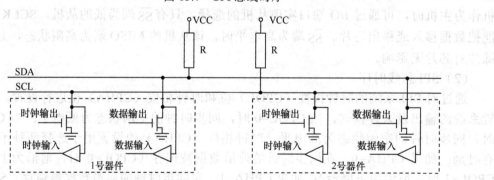

图 13.8 I^2C 总线结构

2. I^2C 总线的信号及时序

I^2C 总线上所有器件的地位都是相同的。总线上任何一个器件可以在任何时刻向总线发送数据，或者从总线接收数据。器件向总线发送数据时称为发送器，器件从总线接收数据时称为接收器。I^2C 总线上的器件在数据传送过程中可以看成主机或从机。但 I^2C 总线为多主结构，即总线上可以有多个主机，用于完成数据传送过程中的总线初始化（产生起始信号和停止信号），向总线发送时钟信号并寻址数据接收端的器件被认为是主机，而被寻址的器件被认为是从机。主机和从机的地位不是一成不变的，这取决于数据的传

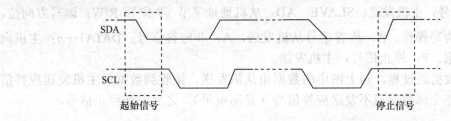

送过程。

I²C 总线数据传送的起始信号定义为：时钟信号 SCL 处于高电平时，数据信号 SDA 从高到低跳变。停止信号定义为：在时钟线保持高电平期间，数据线出现由低电平向高电平的跳变。起始和停止时序如图 13.9 所示。

图 13.9 I²C 总线的起始、停止时序

在数据传送过程中，数据线 SDA 的状态在时钟的高电平周期保持稳定，其状态的改变只发生在 SCL 为低电平期间。而 SCL 为高电平期间 SDA 状态的改变被用来表示起始和停止信号。位传输时序如图 13.10 所示。

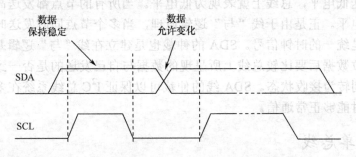

图 13.10 位传输时序

3. 数据传输格式

I²C 总线数据传输由起始信号表示数据传输的开始，其后为寻址字节，该字节的高 7 位为被寻址的从机地址，最低 1 位为读/写方向位。方向位表示主机与从机间的数据传输方向，为"0"时表示主机对从机的写操作，为"1"时，表示主机对从机的读操作。寻址字节后是要传输的数据和应答位。从机每接收 8 位数据，需发送一个应答位。所谓应答位即是从机在主机发送第 9 个时钟时将 SDA 线上拉成低电平信号。如果第 9 个时钟时从机输出高电平，则为非应答信号。数据传输完毕后，主机发出停止信号。数据传输时序如图 13.11 所示。

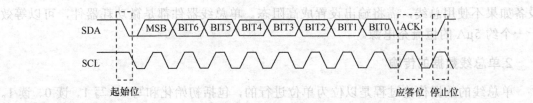

图 13.11 数据传输时序

图 13.12 给出了主机向从机发送 n 个字节数据的过程示意图。

| S | SLAVE AD | R/W (0) | A (0) | DATA1 | A (0) | ··· | DATAn | $\overline{A}$ (1) | P |

图 13.12　I²C 写操作数据格式

图中各字段的含义如下。

S：起始信号，主机发送；SLAVE　AD：从机地址字节（7 位）；R/W：读写方向位，主机发送，0 为写操作；A：应答信号从机发送，$\overline{A}$：非应答信号；DATA1～n：主机向从机发送的数据。P：停止信号，主机发送。

如果是读数据的过程，则上图中的数据由从机发送，接收到数据后主机发送应答信号。主机接收完全部数据后不发送应答信号（发高电平），之后发送停止信号。

4．I²C 总线的竞争与仲裁

由于总线上的所有器件地位相同，所以在发送数据时可能产生数据冲突。为了避免冲突，I²C 总线专门设有一套冲突仲裁系统。I²C 总线的仲裁分为两部分，分别是 SCL 线的同步和 SDA 线的仲裁。SCL 同步是根据总线的线"与"逻辑功能实现的，即只要有一个节点发送低电平，总线上就表现为低电平。当所有的节点都发送高电平时，总线才能表现为高电平。正是由于线"与"逻辑原理，当多个节点同时发送时钟信号时，在总线上表现的是统一的时钟信号。SDA 的仲裁也是建立在线"与"逻辑基础上的。某一节点在发送 1 位数据后要比较总线上所呈现的数据与自己发送的是否一致。如果一致则继续发送，否则转为接收状态。SDA 线的仲裁可以保证 I²C 总线系统在多个主节点同时企图控制总线时能够正常通信。

13.4.3　单总线

单总线（1-Wire BUS）是美国 Dallas Semiconductor 公司推出的利用一条线为系统供电和信息的双向通信总线。总线使用 48 位系列号（地址），使得所有器件具有全球唯一的识别码。单总线器件一般不需要外接电源，而通过"总线窃电"技术从总线获取电源。单总线器件具有引脚少、功耗小等特点，使其在 PCB 上布线极为方便，因此在设备的电源监控、温度监控及安全密码等方面得到广泛应用。目前，Dallas Semiconductor 公司生产的单总线芯片系列已经有 30 多个品种，并且逐年推出新品。

1．单总线硬件结构

单总线上的主机或从机以漏极开路的形式或三态端口连接到数据线上，总线的状态为连接到总线上所有设备的"线与"，其内部等效电路如图 13.13 所示。带有三态输出的设备如果不使用总线，需将输出设置成高阻态。单总线器件都是微功耗器件，可以等效于一个约 5μA 的恒流充电源。

2.单总线数据的传输

单总线的数据传输过程是以位为单位进行的，包括初始化和写 0、写 1、读 0、读 1。每位数据的传送都以总线初始化开始，之后是数据的读写。单总线数据传送对每个脉冲宽度有精准的要求，如果无法满足这一要求将导致传送失败，所以在用软件模拟单总线传送时，必须对高低电平的时间和采样时刻进行精确的计算。

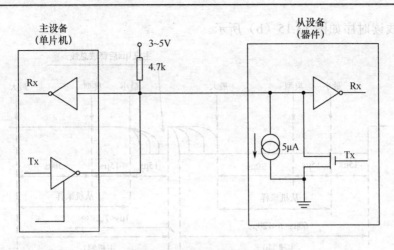

图 13.13　单总线硬件结构

（1）初始化时序

总线的所有操作都是从初始化开始的。初始化包括主设备发送的复位脉冲和从设备返回的应答脉冲。初始化首先由主机将总线拉低 480～960μs，之后释放总线，并等待 15～60μs。从机收到主机发出的初始化脉冲后再将总线拉低 60～240μs 作为从机的应答信号，以通知主机从机已经收到初始化信号。初始化时序如图 13.14 所示。

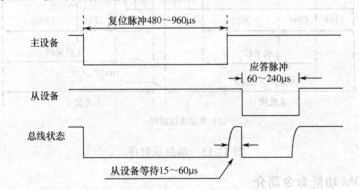

13.14　单总线初始化时序

事实上，主从设备的输出端都是连接到总线上的，所以总线的状态是所有设备输出"线与"的结果。在图 13.14 中，总线的下跳是由主机或从机的驱动门所驱动的，而总线的上跳是由于总线所有设备对总线的释放引起的。上跳过程由漏极电源经上拉电阻驱动，所以略有延迟。

（2）写时序

写时序指主机向从机写 1 或 0 的过程。写时序从主机将总线拉低开始，经过一定的时间（15μs、30μs 或 60μs）从机对总线进行采样，并将采样值写入芯片。两次写操作之间最少要有 1μs 的间隔。单总线写时序如图 13.15（a）所示。

（3）读时序

读时序从主机将总线拉低开始，低电平维持 1μs 后主机将总线释放。之后的总线状态交由从机控制。如果从机读出的是 0，则总线维持低电平状态；如果从机输出 1，则从机不控制总线，其状态由上拉电阻拉成高电平。之后，主机采样总线，将总线状态读入主机。单总线读时序如图 13.15（b）所示。

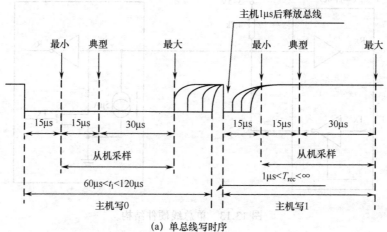

(a) 单总线写时序

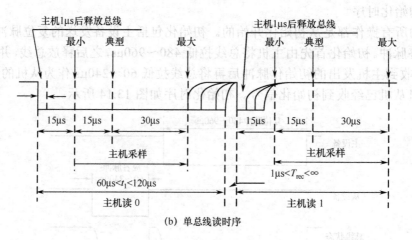

(b) 单总线读时序

图 13.15　单总线时序

3．基本 ROM 功能命令简介

ROM 功能命令是单总线芯片管理通信协议。通信协议中可分为基本功能命令和器件操作命令。下面仅就基本功能命令进行简单介绍。

（1）搜索 ROM（F0H）

此命令采用基于二叉树结构的搜索算法对总线上所有器件的 ID 进行搜索，以查找出在线器件的 ID 值。

（2）读 ROM（33H）

此命令允许总线主机读从机的 8 位产品系列编码、唯一的 48 位序列号及 8 位 CRC。此命令只能在总线上仅有一个从机（器件）的情况下使用。如果总线上存在多于一个的从属器件，那么将发生数据冲突。

（3）匹配 ROM（55H）

此命令后跟随 64 位器件 ID，主机对总线上多个从机中特定的从机寻址。只有与 64 位 ID 相符的从机才能对后序命令做出响应。所有与 64 位 ROM 序列不符的从机将等待复位脉冲。此命令在总线上有单个或多个器件的情况下均可使用。

（4）直访 ROM（CCH）

主机能够采用该命令同时访问总线上的所有从机设备而无须发出任何 ROM 代码信息。该命令的后续命令将使总线上所有器件进行同一动作。例如，开始 A/D 转换等。这一命令可大大节省主机的时间。注意，当总线上有多个器件时，此命令后不能跟随读命令，否则将由于多个节点都响应而引起数据冲突。

对于功能不同的各种器件，其操作命令有所不同，如时钟芯片、存储器芯片及温度传感器等，其操作命令是不一样的。在使用时可参考相关器件的操作说明进行编程。

习题与思考题

11-1　单片机串口与 PC 串口可否直接相连，为什么？

11-2　简述 RS-232 和 RS-485 两种接口标准的特点，哪一种接口抗干扰能力强，适合长线传输和组成网络？

11-3　SPI 总线、I²C 总线、单总线都是由哪些公司推出的，各自都有哪些特点？

第14章 51单片机其他接口电路

由于较高的可靠性和灵活性及低廉的成本，使单片机在工业测控、智能仪器仪表、家用电器等领域得到广泛的应用。在实际应用系统中，除了需要连接键盘、显示器、打印机、A/D 和 D/A 转换器等常规部件外，还经常需要完成现场的参量测量、信号转换及时间和日期的记录等。此时，可能需要各种各样的外围电路来实现系统功能。本章将介绍单片机常用外围电路芯片和传感器的工作原理及它们的接口电路。

14.1 时钟电路芯片

在以单片机为核心的智能仪表中，除了要求具有数据采集、数据处理和显示打印功能以外，往往还要求给出准确的时间和日期，从而进行事件的记录或科学的生产管理。本节将介绍常用的两种时钟芯片 DS1302 和 DS12887。

14.1.1 DS1302 的原理与应用

DS1302 是美国 DALLAS 公司推出的一款高性能、低功耗、带 RAM 的实时时钟芯片。该芯片可以在微小电流（300nA）情况下继续计时，对于微功耗电路设计具有重要意义。

1. 内部结构及引脚说明

DS1302 的 DIP 封装引脚图如图 14.1 所示。图中 V_{CC2} 为主电源，V_{CC1} 接备份电源（电池），由较高者供电。X1、X2 外接 32.768kHz 晶振。I/O 和 SCLK 分别为串行数据线和串行时钟。$\overline{RST}$ 和 GND 为复位引脚和地。

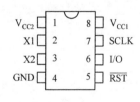

图 14.1　DS1302 引脚

DS1302 内部包括移位寄存器、控制逻辑、振荡器、实时时钟及 31 字节的 RAM 等，内部结构如图 14.2 所示。移位寄存器在通信时将数据进行串并转换，内部 RAM 主要用来存储时间信息。实时时钟具有实时时钟和日历功能，可实现小于 31 天的月末日期自动调整和闰年校正。时钟的运行可以采用 24 小时制或带 AM/PM 格式的 12 小时制。

2. DS1302 的命令字及寄存器

DS1302 的命令字格式如表 14.1 所示。控制字的最高有效位 MSB 必须是逻辑 1；如果为 0，则禁止把数据写到 DS1302 中。第 6 位如果为 0，则表示访问日历时钟数据；若为 1 则表示访问 RAM 数据。位 5~1（A4~A0）指示操作单元的地址。最低有效位 LSB 如果为 0 则表示要进行写操作；为 1 表示要进行读操作。控制字总是从最低位开始传送的。

DS1302 有 7 个寄存器与日历、时钟有关，存放的数据为 BCD 码形式。其中奇数为读操作，偶数为写操作，如表 14.2 所示。

表 14.1 DS1302 的命令字

位	7	6	5	4	3	2	1	0
功 能	1	RAM/CK	A4	A3	A2	A1	A0	RD/WR

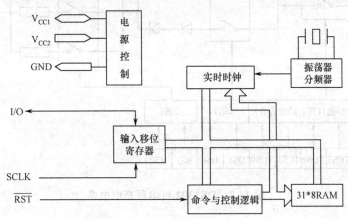

图 14.2 DS1302 内部结构

表 14.2 DS1302 的寄存器表

寄 存 器 名	读写命令字		数 值 范 围	各 位 内 容							
	写	读		7	6	5	4	3	2	1	0
秒	80H	81H	00～59	CH		十位			个位		
分	82H	83H	00～59	0		十位			个位		
时	84H	85H	01～12	12/24	0	AM/PM	十位		个位		
日	86H	87H	01～28	0	0		十位		个位		
月	88H	89H	01～12	0	0	0		十位	个位		
星期	8AH	8BH	01～07	0	0	0	0	0		星期	
年	8CH	8DH	00～99			十位			个位		
写保护	8EH	8FH	——	WP	0	0	0	0	0	0	0
充电控制	90H	91H	——	TCS3	TCS2	TCS1	TCS0	DS1	DS0	RS1	RS1

　　秒寄存器的位 7 定义为时钟暂停位（CH）。当此位为 1 时，时钟振荡器停止，当把此位写成 0 时，时钟启动。小时寄存器的位 7 定义为 12 或 24 小时方式选择位，为 1 时选择 12 小时方式。此时，位 5 是 AM/PM 位，此位为 0 表示 AM，为 1 表示 PM。在 24 小时方式下，位 5 和位 4 是小时的十位，位 3～0 为小时的个位。WP 是写保护位，该位为 0 方可进行 DS1302 写操作，为 1 时禁止写操作。此位上电后状态不定，所以在写操作前应先清除该位。

　　DS1302 带有后备电池充电控制电路，其充电控制电路结构如图 14.3 所示，其中 V_{CC2} 接工作电源，V_{CC1} 接后备电池。为了防止偶然因素使之工作，TCS3～0 位只有状态为 1010 时才能使充电器工作。DS1302 上电时充电器被禁止。二极管选择 DS 位是用来选择连接在 V_{CC2} 和 V_{CC1} 之间的二极管个数（一个二极管还是两个二极管）。如果 DS1 为 01，则选择一个二极管；如果 DS 为 10，则选择两个二极管。当 DS1～0 为 00 和 11 时，充电器被禁止。RS 位选择连接在 V_{CC2} 和 V_{CC1} 之间的电阻。电阻选择 RS1RS0 分别为 01、10、11 时，对应充电电阻为 2kΩ、4kΩ、8kΩ。如果上述两位为 00，则禁止充电。

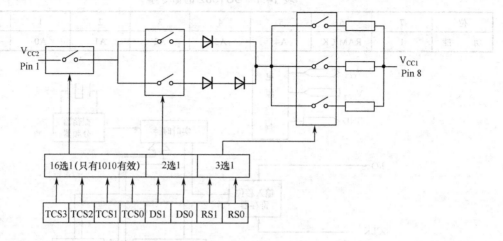

图 14.3　DS1302 可编程充电电路

静态 RAM 占用 31 个连续的地址空间，其读写方式与时钟寄存器的读写方式类似，但命令字的第 6 位为 1。

3．DS1302 的读写过程

DS1302 接口采用三线同步串行传送模式。向 1302 写入数据时在时钟信号 SCLK 的上升沿锁存，所以 SCLK 的上升沿锁到来时数据必须准备好。从 1302 读出数据时，在时钟信号 SCLK 的下降沿使数据有效，而高电平期间无数据输出。如果 $\overline{RST}$ 为低电平，那么所有的数据传送中止，且 I/O 引脚变为高阻抗状态。数据读写期间，$\overline{RST}$ 必须保持高电平。$\overline{RST}$ 输入有两种功能。首先，$\overline{RST}$ 接通控制逻辑，允许地址/命令序列送入移位寄存器。其次，$\overline{RST}$ 提供了中止单字节或多字节数据传送的手段。上电时，在 $V_{CC} \geqslant 2.5V$ 之前，$\overline{RST}$ 必须为逻辑 0。此外，当把 $\overline{RST}$ 驱动至逻辑 1 的状态时，SCLK 必须为逻辑 0。数据从 DS1302 读出时，跟随在输入读命令字节的 8 个 SCLK 周期之后，在下 8 个 SCLK 周期的下降沿输出数据字节。注意，被传送的第一个数据位发生在写命令字节的最后一位之后的第一个下降沿。只要 $\overline{RST}$ 保持为高电平，如果有额外的 SCLK 周期，它们将重新发送数据字节。这一操作使之具有连续的多字节方式的读能力。数据从位 0 开始输出。1302 读写时序如图 14.4 所示。

4．DS1302 的硬件连接

由于 DS1302 只有 $\overline{RST}$、SCLK 和 I/O 三条引线，接线相对简单。1302 与单片机的通信通常利用普通的 I/O 口通过软件进行通信，但通信过程中必须严格遵循时序要求。此外，DS1302 的 $\overline{RST}$ 与单片机的 $\overline{RST}$ 定义不同，所以二者不能直接相连。一般情况下，DS1302 的 $\overline{RST}$ 引脚也是通过单片机的 I/O 口进行控制的。

5．DS1302 程序设计例举

本例中，DS1302 串行时钟 SCLK 接单片机的 P1.0，数据 I/O 端接单片机的 P1.1，复

位端 $\overline{RST}$ 接单片机的 **P1.2**。源程序如下：

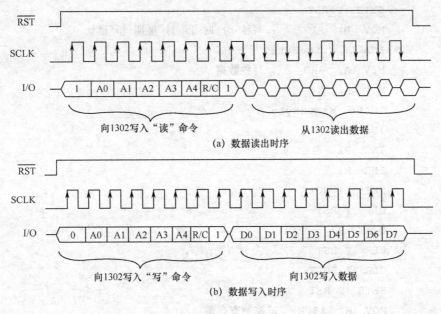

(a) 数据读出时序

(b) 数据写入时序

图 14.4　DS1302 的读写时序

```
T_SCLK   Bit P1.0    ; 实时时钟时钟线引脚
T_IO     Bit P1.1    ; 实时时钟数据线引脚
T_RST    Bit P1.2    ; 实时时钟复位线引脚
;**************************************************
; 子程序名：SET1302
; 功能：设置 DS1302 初始时间，并启动计时。
; 初始时间在：Second, Minute, Hour, Day, Month, Week.Year (地址连续)
;**************************************************
SET1302:CLR   T_RST
        CLR   T_SCLK
        SETB  T_RST
        MOV   B, #8EH   ; 控制寄存器
        LCALL WriteByte
        MOV   B, #00H   ; 写操作前 WP=0
        LCALL WriteByte
        MOV   B, #0A5H
        LCALL WriteByte
        SETB  T_SCLK
        CLR   T_RST
        MOV   R0, #Second;
        MOV   R7, #7    ; 秒 分 时 日 月 星期 年
        MOV   R1, #80H  ; 秒写地址
SET1:   CLR   T_RST
```

```
        CLR  T_SCLK
        SETB T_RST
        MOV  B, R1      ; 写秒 分 时 日 月 星期 年 地址
        LCALL WriteByte
        MOV  A, @R0     ; 写秒数据
        MOV  B, A
        LCALL WriteByte
        INC  R0
        INC  R1
        INC  R1
        SETB T_SCLK
        CLR  T_RST
        DJNZ R7, SET1
        CLR  T_RST
        CLR  T_SCLK
        SETB T_RST
        MOV  B, #8EH    ; 控制寄存器
        LCALL WriteByte
        MOV  B, #80H    ; 控制，WP=1，写保护
        LCALL WriteByte
        SETB T_SCLK
        CLR  T_RST
        RET
; ************************************************************
; 子程序名：GET1302
; 功能：从 DS1302 读时间
; 时间保存在:Second, Minute, Hour, Day, Month, Week.Year
; ************************************************************
GET1302:MOV  R0, #SECOND
        MOV  R7, #7
        MOV  R1, #81H        ; 秒地址
GET1:   CLR  T_RST
        CLR  T_SCLK
        SETB T_RST
        MOV  B, R1
        LCALL WriteByte
        LCALL ReadByte
        MOV  @R0, A          ; 秒
        INC  R0
        INC  R1
        INC  R1
```

```
            SETB   T_SCLK
            CLR    T_RST
            DJNZ   R7, GET1
            RET
; **********************************************************
; 功能：向 DS1302 写入一字节，将寄存器 B 中的内容写入 DS1302
; **********************************************************
WriteByte:  MOV    R7, #8
LOOP2:      MOV    A, B
            RRC    A
            MOV    B, A
            MOV    T_IO, C
            SETB   T_SCLK
            CLR    T_SCLK
            DJNZ   R7, LOOP2
            RET
; **********************************************************
; 功能：从 DS1302 读一字节，读入的数据存于累加器 A 中
; **********************************************************
ReadByte:   MOV    R7, #8
LOOP1:      MOV    C, T_IO
            RRC    A
            SETB   T_SCLK
            CLR    T_SCLK
            DJNZ   R7, LOOP1
            RET
```

14.1.2　DS12887 的原理与应用

DS12887 是一个 24 脚双列直插封装的加厚集成电路模块，模块内含有晶体振荡器、振荡电路、充电电路和锂电池等。模块外部加电时，其充电电路便自动对内部电池充电。充足一次电可供芯片时钟运行半年。

1. DS12887 引脚

DS12887 的 DIP 封装引脚图如图 14.5 所示，引脚功能如下。

V_{CC}：直流电源+5V 电压。当 V_{CC} 低于 4.25V 时，读写被禁止，计时功能仍继续；当 V_{CC} 下降到 3V 以下时，RAM 和计时器被切换到内部锂电池。

MOT：总线模式选择端。接 V_{CC} 时，选择 MOTOROLA 时序，接 GND 或不接时，选择 INTEL 时序。

SQW：方波信号输出，SQW 引脚能从实时时钟内部 15 级分频器的 13 个抽头中选择一个作为输出信号，其输出频率可通过对寄存器 A 进行编程改变。当 V_{CC} 低于 4.25V 时没有作用。

图 14.5 DS12887 封装图

AD0～AD7：地址/数据线，可与 MOTOROLA 微机系列或和 INTEL 微机系列接口。

AS：地址选通端，用于实现信号分离，在 ALE 的下降沿把地址锁存到 DS12887。

DS：数据选通端，操作模式取决于工作模式。使用 MOTOROLA 时序时，DS 是一正脉冲，出现在总线周期的后段，称为数据选通；在读周期，DS 指示 DS12887 对总线进行读取操作，在写周期，DS 的后沿使 DS12887 锁存写数据。选择 INTEL 时序时，DS 称作 RD，RD 与存储器输出允许 OE 信号的定义相同。

R/$\overline{W}$：读/写端，有两种操作模式。选 MOTOROLA 模式时，R/$\overline{W}$ 为电平信号，指示当前周期是读或写周期。DS 为高电平时，R/$\overline{W}$ 高电平为读周期，低电平为写周期。选择 INTEL 时序时，R/$\overline{W}$ 引脚与通用 RAM 的写允许 WE 信号的含义相同。

$\overline{CS}$：片选端，访问 DS12887 时必须保持为低。当 Vcc 低于 4.25V 时，DS12887 从内部禁止对外部 $\overline{CS}$ 的操作。此时，时钟和 RAM 都被保护起来。

$\overline{IRQ}$：中断申请端，低电平有效。4 个中断源将通过此线向 CPU 申请中断，当中断状态位和对应的中断允许位有效时，$\overline{IRQ}$ 的输出为低。复位和读 C 寄存器都将清除 $\overline{IRQ}$ 请求。$\overline{IRQ}$ 线是漏极开路输出，要求外接上拉电阻。没有中断时，$\overline{IRQ}$ 为高阻态，其他中断源可以挂接到中断总线上。

$\overline{RESET}$：复位端，该脚低电平维持 200ms 将使 DS12887 复位。

2. DS12887 的功能

（1）地址分配

DS12887 拥有 128 字节的 RAM 区，其中 10 字节用于存放实时时钟时间、日历、定闹，4 字节用于控制和状态。其余 114 字节为用户 RAM 区（非易失）。寄存器 A、B、C、D 为 4 个控制寄存器，其中 C、D 为只读寄存器，A 寄存器的第 7 位为只读。秒字节的高位为只读。地址分配如图 14.6 所示。

（2）时间、日历和定闹单元

时间和日历的初始值可以通过写内存字节来设置，当前信息可以通过读内存字节来获取。这 10 字节内容可以是二进制形式的，也可以是 BCD 形式

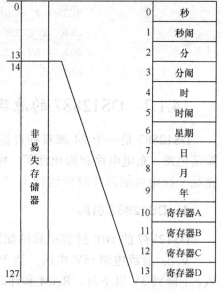

图 14.6 DS12887 地址分配

的，可以通过对寄存器 B 的 DM 位来进行设置，所有 10 字节都具有相同的数据形式。在对这 10 字节进行操作之前，寄存器 B 的 SET 位应设置为逻辑"1"，从而阻止时间的更新。另外，时间可选择 12 小时制或 24 小时制，当选择 12 小时制时，小时字节高位为

逻辑"1"代表PM。时间、日历和定闹字节是双缓冲的，总是可访问的。当数据模式位允许实时时钟更新时间和日历内存时，SET位应该被清零。每秒钟这10字节走时1秒，检查一次定闹条件。如在更新时读时间和日历可能引起错误。三个定闹字节有两种使用方法，一种是当定闹时间写入相应定闹单元后，在定闹允许的条件下，中断每天准时启动一次。第二种是在三个定闹字节中写入不关心码。所谓不关心码意味着中断与本字节无关，是从C0到FF的任意值。当小时字节为不关心码时，每小时产生一次定闹中断；如果小时和分钟为不关码时，则每分钟产生一次定闹中断；当三个字节都置不关心位时，则每秒产生一次定闹中断。

（3）非易失RAM

在DS12887中，114字节通用非易失RAM不专用于任何特殊功能，它们可被处理器程序用作非易失内存。在更新周期也可访问。

（4）中断

DS12887提供3个独立的中断源，即定闹中断、周期性中断和更新结束中断。周期性中断的发生频率可在500ms～122μs之间选择。更新结束中断表示更新周期完成。中断控制和状态位在寄存器B和C中。

（5）晶振控制位

DS12887出厂时其内部晶振被关掉，以防止锂电池在芯片装入系统前被消耗。寄存器A的BIT4～BIT6为010时打开晶振，分频链复位，BIT4～BIT6的其他组合都是使晶振关闭的。

（6）方波输出选择

选择分频器抽头的目的是在SQW引脚产生一个方波信号，其频率由寄存器A的RS0～RS3位设置。SQW频率选择与周期中断发生器共用15选1选择器，一旦频率选择好，通过用程序控制方波输出允许位SWQE来控制SQW引脚输出的开关。

3．DS12887状态控制寄存器

DS12887有A、B、C、D 4个控制寄存器，它们在任何时间都可访问，即使更新周期也不例外。

（1）寄存器A

BIT7	BIT6	BIT5	BIT4	BIT3	BIT2	BIT1	BIT0
UIP	DV2	DV1	DV0	RS3	RS2	RS1	RS0

UIP：更新周期正在进行位。当UIP为1时更新转换将很快发生；当UIP为0时更新转换至少在244μs内不会发生。

DV0、DV1、DV2：用于开关晶振和复位分频链。这些位的010唯一组合将打开晶振开始计时。

表14.3列出了所有周期中断率和方波频率。

RS3、RS2、RS1、RS0：频率选择位，从15级频率器13个抽头中选择一个，或禁止分频器输入，选择好的抽头用于产生方波输出和周期中断。

表 14.3　周期中断率和方波频率

寄存器 A 中的控制位				P1　周期中断周期	SQW 输出频率
RS3	RS2	RS1	RS0		
0	0	0	0	无	无
0	0	0	1	3.90625ms	256Hz
0	0	1	0	7.8125ms	128Hz
0	0	1	1	122.070μs	8.192kHz
0	1	0	0	244.141μs	4.096kHz
0	1	0	1	488.281μs	2.048kHz
0	1	1	0	976.5625μs	1.024kHz
0	1	1	1	1.953125ms	512Hz
1	0	0	0	3.90625ms	256Hz
1	0	0	1	7.8125ms	128Hz
1	0	1	0	15.625ms	64Hz
1	0	1	1	31.25ms	32Hz
1	1	0	0	62.5ms	16Hz
1	1	0	1	125ms	8Hz
1	1	1	0	250ms	4Hz
1	1	1	1	500ms	2Hz

（2）寄存器 B

BIT7	BIT6	BIT5	BIT4	BIT3	BIT2	BIT1	BIT0
SET	PIE	AIE	UIE	SQWE	DM	24/12	DSE

SET：SET 为 0 时时间更新正常进行；SET 位为 1 时时间更新被禁止，可初始化时间和日历内存。

PIE：周期中断禁止位。PIE 为 1，则允许以选定的频率拉低 IRQ 引脚，允许中断到 IRQ；PIE 为 0，则禁止中断。

AIE：定闹中断允许位。AIE 为 1，允许中断，否则禁止中断。

UIE：当 UIE=0 时禁止更新结束中断输出到 IRQ；当 UIE=1 时允许更新结束中断输出到 IRQ。此位在复位或设置 SET 为高时清零。

SQWE：方波允许位。置 1 选定频率方波从 SQW 脚输出；为 0 时，SQW 脚为低。

DM：数据模式位。为 1 是 BCD 码为数据，为 0 为二进制。

24/12：小时格式位。为 1 表示 24 小时制，为 0 表示 12 小时制。

DSE：夏令时允许位，当 DSE 置 1 时允许两个特殊的更新，在四月份的第一时期日、时间从 1:59:59AM 时改变为 1:00:00AM，当 DSE 位为 0 时这种特殊修正不发生。

（3）寄存器 C

BIT7	BIT6	BIT5	BIT4	BIT3	BIT2	BIT1	BIT0
IRQF	PF	AF	VF	0	0	0	0

IRQF：中断申请标志位。当下列表达式中一个或多个为真时，置 1。

PF=PIE=1；AF=AIE=1；UF=UIE=1。

即 IRQF=PF·PIE+AF·AIE+UF·UIE

只要 IRQF 为 1，则 IRQ 引脚输出低，程序读寄存器 C 以后或 RESET 引脚为低后所有标志位被清零。

AF：定闹中断标志位，只读，AF 为 1 表明现在时间与定闹时间匹配。

VF：更新周期结束标志位。VF 为 1 表明更新周期结束。

BIT0～BIT3：未用状态位，读出总为 0，不能写入。

（4）寄存器 D

BIT7	BIT6	BIT5	BIT4	BIT3	BIT2	BIT1	BIT0
VRT	0	0	0	0	0	0	0

VRT：内部锂电池状态位。平时应总读出 1，如出现 0，则表明内部锂电池耗尽。

BIT0～BIT6：未用状态位。读出总为 0，不能写入。

4．DS12887 的应用

（1）DS12887 的硬件连接

DS12887 时钟芯片和 51 单片机的接口电路如图 14.7 所示。图中选择 INTEL 时序，引脚 MOT 接地。DS12887 片选 $\overline{CS}$ 接至单片机的 P2.7，高 8 位地址为 7FH，低 8 位地址则由芯片内部各单元的地址来决定。DS12887 的中断输出端 $\overline{IRQ}$ 与 51 单片机的 $\overline{INT0}$ 相连向单片机申请中断。

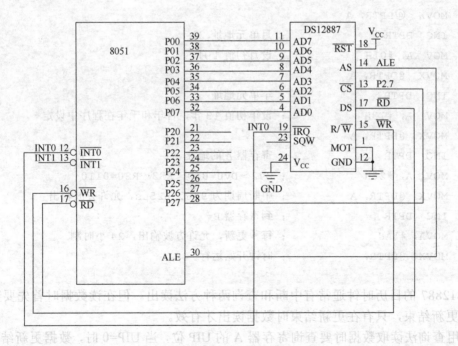

图 14.7　DS12887 与单片机的连接

（2）DS12887 的软件编程

设采用非夏令时 24 小时制，数据格式为 BCD 码，初始化时间为 2013 年 1 月 1 日 9

时 00 分 00 秒，1kHz 方波输出。时钟芯片每一秒向单片机申请一次中断，一方面让单片机修改一次时钟显示，另一方面也给单片微机系统提供时间基准。

初始化程序如下：

```
        MOV  DPTR, #7F0AH      ; 寄存器 A 的地址
        MOV  A, #70H           ; DV2~DV0= 111，停止计时
        MOVX  @ DPTR, A
        INC  DPTR             ; 寄存器 B 的地址
        MOV  A, #8AH          ; 停止更新，允许更新中断，选 BCD 码，24 小时制
        MOVX  @DPRT, A
        MOV  DPL, #00H        ; 秒单元地址
        CLR  A               ; 设秒初值 00 秒
        MOVX  @DPTR, A
        MOV  DPL, #02H        ; 分钟单元地址
        CLR  A               ; 设分钟初值 00 分
        MOVX  @DPTR, A
        MOV  DPL, #04H        ; 小时单元地址
        MOV  A, #09H          ; 设小时初值 9 时
        MOVX  @DPTR, A
        MOV  DPL, #07H        ; 日单元地址
        MOV  A, #01H          ; 设日初值 1 日
        MOVX  @DPTR, A
        INC  DPTR            ; 月单元地址
        MOV  A, #01H          ; 设月初值 1 月
        MOVX  @DPTR, A
        INC  DPTR            ; 年单元地址
        MOV  A, #13H          ; 设年初值 13 年，百年和千年在程序中设定
        MOVX  @DPTR, A
        INC  DPTR           ; 寄存器 A 的地址
        MOV  A, #26H          ; DV2~DV0=010  RS3~RS0=0110
        MOVX  @DPTR, A        ; 中断周期为 976.5625μs，允许方波输出
        INC  DPTR           ; 到寄存器 B
        MOVA, #1AH            ; 每秒更新，允许方波输出，24 小时制
        MOVX  @DPTR, A       ; 时钟开始运行
        ……
```

DS12887 的日历时钟通常有中断和查询两种方法读出。但在读数据时首先要判断数据是否更新结束，只有在更新结束时数据读出才有效。

采用查询法读取数据时要查询寄存器 A 的 UIP 位，当 UIP=0 时，数据更新结束，可以读出。以下是采用查询方法将秒至年单元中的数据读出后存入单片机内部的 RAM30~35H 单元中，程序如下：

```
        MOV  DPTR, #7F0AH     ; 寄存器 A 地址
    WAIT:  MOVX  A, @DPTR
```

```
JB   ACC, 7, WAIT        ;UIP=1 则等待更新完毕
MOV  DPL, #00H           ;秒地址
MOV  R0, #30H            ;取目标首地址
MOVX A, @DPTR            ;取秒数据
MOV  @R0, A              ;送入单片机内部 RAM 缓冲区
INC  DPTR               ;移指针
INC  R0
……
```

采用中断法读取数据：当 DS12887 发出中断请求时，单片机可以响应中断而读取日历数据。对于更新结束中断，中断时更新结束，数据有效，可以直接读取日历数据；对于闹钟中断和周期中断也需查询寄存器 A 的 UIP 位，当 UIP=0 时，数据更新结束，再读出日历时钟，具体指令这里不再列出。

14.2　超声波检测接口

超声波传感器是一种以超声波作为检测手段的新型传感器。利用超声波的各种特性可以做成各种超声波传感器，再配上不同的测量电路制成各种超声波仪器及装置。超声波传感器可用于灰尘、雾或蒸汽等影响电感或光电传感器的场合，是进行非接触式位置和距离测量的理想产品。在不考虑颜色或形状的情况下，不同材料的物体可以通过毫米的精度被检测出来。由于超声波传感器的稳定性和精确性，可广泛用于木材、家具工业、建筑材料、农业设备和液位控制场合。

14.2.1　超声波检测的基本原理

声波是指人耳能感受到的一种纵波，其频率范围为 16Hz～2kHz。当声波的频率低于16Hz 时叫做次声波，高于 2kHz 则为超声波。一般把频率在 2kHz 到 25MHz 范围的声波叫做超声波。声波是由机械振动源在弹性介质中激发的一种机械振动波，其实质是以应力波的形式传递振动能量，其必要条件是要有振动源和能传递机械振动的弹性介质。实际上，几乎所有的气体、液体和固体都可以作为弹性介质。

压电晶片既可以发射超声波，也可以接收超声波。当一定频率的电压作用于压电陶瓷时就会随电压频率的变化产生机械变形，从而发出振动波。如果压电陶瓷受外力振动时，则会在两端产生电荷。利用压电陶瓷的这一原理，可以将压电陶瓷做成超声波发生器或传感器。当外加电压频率或者振动频率和晶体自身的共振频率相等时，输出的能量最大，灵敏度也最高。这个频率称之为压电晶体的工作频率。

14.2.2　超声波测距系统的设计

1. 测距原理

简单地讲，超声波测距根据超声波的速度和测量从发射到反射的往返时间来计算发射点到反射点之间的距离。声音在空气中的传播速度为 C=340m/s，如果反射时间为 t，则从发射点到反射点之间的距离为：

$$s=Ct/2$$

图 14.8 所示为超声波测距原理示意图。

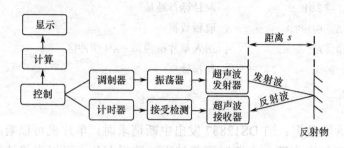

图 14.8   超声波测距原理示意图

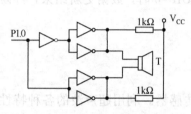

图 14.9   超声波测距发射电路

2. 超声波测距硬件电路

超声波测距发射电路如图 14.9 所示。单片机 P1.0 脚输出 40kHz 的方波信号送给由 5 个反相器（可采用 74LS04）构成的差分式功率放大电路。为了提高输出驱动能力，将两个反相器并联构成输出级送给超声波发射换能器 T。

超声波接收电路采用了由索尼公司生产的 CX20106A 红外接收芯片，该芯片是一款红外线检波接收专用芯片，常用于电视机红外遥控接收器。因为红外遥控所使用的载波频率为 38kHz，与测距超声波频率 40kHz 较为接近，所以可以利用它作为超声波检测电路。CX20106A 内部结构如图 14.10 所示。

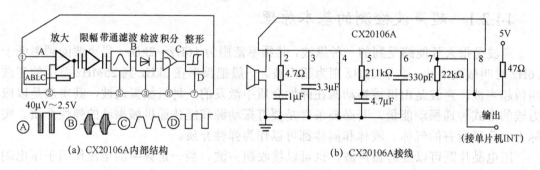

(a) CX20106A内部结构   (b) CX20106A接线

图 14.10   CX20106A 内部结构及接线图

CX20106A 总的放大增益通常设置为 80dB，使得在 1 脚输入的微弱信号得以充分放大，再经过滤波、检波及整形后在 7 脚输出 3.5～5V 的波形。

3. 超声波测距软件设计

设超声波发射电路如图 14.9 所示，由单片机产生的 40kHz 脉冲经 P1.0 脚输出，接至发射驱动电路。超声波接收电路如图 14.10（b）所示，CX20106A 的输出引脚 7 接至单片机的中断请求端 P3.2。程序如下：

```
        ORG   0000H
        JMP   START
```

```
                    ORG    0003H
                    LJMP   PINT0
; * * * * * * * * * * * 主程序* * * * * * * * * * * * *
        START:  MOV    P3,#0FFH
                MOV    P0,#0FFH
                MOV    P1,#0FFH
                MOV    P2,#0FFH
                MOV    TMOD,#01H       ; T0 方式 1
                SETB   EA
                CLR    IT0             ; 外部中断 0 低电平触发
        SETB    EX0                    ; 中断
        LOOP:   MOV    TH0,#00H
                MOV    TL0,#00H        ; T0 设初值 0
                MOV    R4,#10          ; 产生 5 个周期的振动波
        SETB    TR0                    ; 启动定时器 0，开始计时
        SEND:   CPL    P1.0            ; 发送 40kHz 信号，信号周期为 25μs
                NOP
                NOP
                NOP
                NOP
                NOP
                NOP
                NOP
                NOP
                NOP                    ; 设晶振频率为 12MHz，一次循环时间为 12μs
                DJNZ   R4, SEND
                                       ; 循环两次为 1 个周期，可产生近似 25μs 的方波
                                       ; 循环 4 次总共发射两个周期的超声波
                ......                 ; 以下数据处理及显示等略
                ......
                ......
                LJMP   LOOP
; * * * * * * * * * * * * 中断处理程序* * * * * * * * * * * * * *
        PINT0:  CLR    TR0             ; 停止定时器 0 计时
                MOV    30H,TL0         ; 取出计数值
                MOV    31H,TH0
                RETI
```

理论上讲，若能收到回波即可利用超声波测量距离。但在实际应用中，能否收到回波受到发射波幅度、反射物质地、入射和反射波之间夹角及接收器灵敏度等因素的影响，使超声波测距范围受到限制。此外，由于超声波属于声波范围，其传播速度与介质温度有关。所以，在超声波测距装置中往往加入温度的修正算法以提高测距精度。

14.3　温度测量接口 DS18B20

温度是表征物体冷热程度的物理量，它与人类生活、工农业生产和科学研究有着密切关系。温度测量方法很多，传感器多种多样，原理及特点也各不相同。DS18B20 是 DALLAS 公司生产的具有单总线接口的数字温度传感器。该器件具有接线简单、功耗低、体积小等特点，测温范围为 $-55 \sim 125℃$，在 $-10 \sim 85℃$ 范围内测量误差为 $\pm 0.5℃$。12 位分辨率时，最多 750ms 完成温度值的数字转换，温度分辨率为 0.0625。

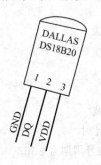

图 14.11　DS18B20 TO-92 封装图

14.3.1　DS18B20 的结构及工作原理

DS18B20 的封装如图 14.11 所示。该器件只有三个引脚：数据输入/输出引脚及电源和地。DS18B20 内部有三个主要部件：64 位 ROM、温度传感器和报警触发器。该器件可由外部 5V 电源 VDD 供电，也可从单总线上取得电源。总线供电时，在总线为高电平期间，来自总线的电能一部分供给负载，另一部分将能量储存在器件内部的寄生电容 C 中，当总线为低电平时由寄生电容供电。

DS18B20 的内部结构如图 14.12 所示。

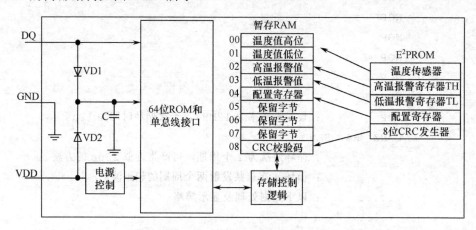

图 14.12　DS18B20 的内部结构

DS18B20 内部包括一个暂存 RAM 和一个电擦除存储器 E^2PROM。暂存 RAM 中地址如下分配：00 和 01 单元存放温度转换值；02 和 03 单元存放报警上下限，每一次上电复位时，将 E^2PROM 中的报警值写入；04 单元为配置单元，上电复位时同样从 E^2PROM 配置字节写入；09 单元为循环冗余校验（CRC）字节，由 CRC 发生器存入。

05 单元是器件的配置字节，各位的定义如图 14.13 所示。

bit 7	bit 6	bit 5	bit 4	bit 3	bit 2	bit 1	bit 0
0	R1	R0	1	1	1	1	1

图 14.13　DS18B20 配置字节

R0、R1 两位用于设置温度转换分辨率，它们的取值为 00、01、10、11 时分别对应温度转换 9、10、11、12 位的分辨率，对应的转换时间分别为 93.75ms、187.5 ms、375ms 和 750ms。

14.3.2　DS18B20 的寄存器及命令集

DS18B20 的通信协议为单总线协议，有关单总线的协议内容请参见 13.4.3 节。DS18B20 寄存器操作代码如表 14.4 所示。

表 14.4　对寄存器操作的代码表

指　　令	代　码	功　　　能
温度变换	44H	启动温度转换，结果存入内部 RAM 中
读暂存器	0BEH	读内部 RAM 中的内容
写暂存器	4EH	读内部 RAM 的第 3、4 字节写上/下限温度数据命令，紧跟该命令之后的是传送两个字节的数据
复制暂存器	48H	将 RAM 中第 3、4 字节内容复制到 E^2PROM
重调 E^2PROM	0B8H	将 E^2PROM 中的报警值复制到 RAM 中的第 3、4 字节
读供电方式	0B4H	读 DS18B20 的供电模式，寄生供电时 DS18B20 发送"0"，外接电源供电时 DS18B20 发送"1"

由于 18B20 在进行温度转换时需要较大的功率供给，所以在温度转换时 I/O 线上必须提供足够的功率。此问题有两种解决办法，一是利用 MOS 管在 I/O 线上提供强上拉，二是将 VDD 引脚连接到外部电源。

14.3.3　DS18B20 的温度计算

DS18B20 中的温度用 16 位符号扩展的二进制补码读数形式提供，数据格式如图 14.14 所示，图中 S 为符号位。温度寄存器的复位值是+85℃。

Bit15	Bit14	Bit13	Bit12	Bit11	Bit10	Bit9	Bit8	Bit7	Bit6	Bit5	Bit4	Bit3	Bit2	Bit1	Bit0
S	S	S	S	S	2^6	2^5	2^4	2^3	2^2	2^1	2^0	2^{-1}	2^{-2}	2^{-3}	2^{-4}

图 14.14　DS18B20 数据格式

14.3.4　应用程序设计

本程序根据单总线协议的相关要求用 C 语言进行编写，并假设系统晶振为 11.0592MHz。由于单总线协议对延时要求比较严格，因此如果使用其他的晶振频率，必须修改延时参数，否则 DS18B20 可能无法操作。

```
程序功能：实现对 DS18B20 的读取
//#include<reg51.h>
sbit DQ =P1^4;    //定义通信端口，假设 18B20 的 DQ 端接至 51 单片机的 P1.4 引脚
//延时函数
void delay(unsigned int i)
{
    while(i--);
}
```

```
//初始化函数
Init_DS18B20(void)
{
unsigned char x=0;
DQ = 1;                  //DQ 复位
delay(8);                //稍做延时
DQ = 0;                  //单片机将 DQ 拉低
delay(80);               //精确延时大于 480μs
DQ = 1;                  //拉高总线
delay(14);
x=DQ;                    //稍做延时后如果 x=0 则初始化成功,如果 x=1 则初始化失败
delay(20);
}
//读一个字节
ReadOneChar(void)
{
unsigned char i=0;
unsigned char dat = 0;
for (i=8;i>0;i--)
    {
        DQ = 0;        //给脉冲信号
        dat>>=1;
        DQ = 1;        //给脉冲信号
        if(DQ)
        dat|=0x80;
        delay(4);
    }
return(dat);
}
//写一个字节
WriteOneChar(unsigned char dat)
{
unsigned char i=0;
for (i=8; i>0; i--)
    {
        DQ = 0;
        DQ = dat&0x01;
        delay(5);
        DQ = 1;
        dat>>=1;
    }
```

```
delay(4);
}
//读取温度
ReadTemperature(void)
{
unsigned char a=0;
unsigned char b=0;
unsigned int t=0;
float tt=0;
Init_DS18B20();
WriteOneChar(0xCC); //跳过读序列号的操作
WriteOneChar(0x44); //启动温度转换
Init_DS18B20();
WriteOneChar(0xCC); //跳过读序列号的操作
WriteOneChar(0xBE); //读取温度寄存器等（共可读 9 个寄存器），前两个就是温度
a=ReadOneChar();
b=ReadOneChar();
t=b;
t<<=8;
t=t|a;
tt=t*0.0625;
return(t);
}
main()
{
unsigned char i=0;
    while(1)
        {
        i=ReadTemperature();//读温度
        }
}
```

14.4 红外线检测接口

14.4.1 红外遥控的基本原理

1. 红外线遥控的特点

红外线又称为红外光，它的波长介于可见光和微波之间，0.77～3μm 为近红外区，3～30μm 为中红外区，30～1000μm 为远红外区。红外线在通过云雾等充满悬浮粒子的物质时有较强的穿透能力，不易发生散射，另外还具有抗干扰能力强，易于产生，对环境影响小，不会干扰邻近无线电设备等特点，因而被广泛应用于遥控装置。

目前红外发射器件采用红外发光二极管，它所发出的是峰值波长为 0.88～0.94μm 之间的近红外光。红外接收器件采用光敏二极管或光敏三极管，其受光峰值波长为 0.88～0.94μm 之间，恰好与红外发光二极管的光峰值波长相匹配。所以，在红外线遥控系统中采用波长为 0.76～1.5μm 之间的近红外线作为传递控制信息的遥控光源，这样可获得较高的传播效率及较好的抗干扰性能。

红外线遥控是近距离遥控，它不具有像无线电遥控那样穿过遮挡物去控制被控对象的能力，红外线遥控的遥控距离一般为几米到几十米，多用于室内遥控。采用 38～40kHz 频率调制红外线可以避免阳光和电灯等光线中红外线成分的干扰，使遥控传导易于分离和区别。

2．红外线遥控的结构及种类

图 14.15 是红外线遥控系统的原理框图，它由发射与接收两部分构成。图 14.15（a）为发射系统，它由指令键盘、指令信号产生电路、调制电路、驱动电路及红外线发射器件组成。图 14.15（b）为接收系统，它由红外线接收器、前置放大电路、解调电路、指令信号检出电路、驱动电路、执行电路组成。

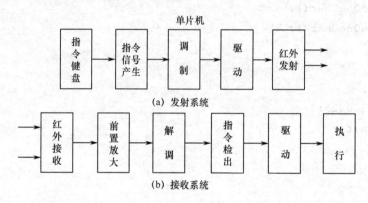

图 14.15　红外线遥控系统原理框图

红外线遥控系统主要有频分制和码分制两种形式。频分制红外线遥控就是以不同频率的信号代表不同的控制指令。在接收系统中，指令信号检出电路是不同号频率的选择电路，称为选频电路。每一个控制指令有一个对应的选频电路以检出相应指令。码分制红外遥控电路以不同的脉冲编码代表不同的指令。发射系统根据不同的指令信号产生不同的脉冲编码，经调制后变为编码脉冲调制信号，再驱动红外发射器件发射红外线信号。接收器将接收到的红外信号经过前置放大、解调后由指令信号检出电路检出指令信号。此处指令信号检出电路为译码电路，译码输出指明不同的指令。

14.4.2　红外器件及其应用电路

1．红外发光二极管

红外发光二极管伏安特性与普通二极管类似，其正向压降 U_F 与材料及正向电流有关，砷化镓红外发光二极管的 U_F 在 1～2V 之间。小功率管 U_F 在 1～1.3V 之间；中功率管 U_F 在 1.6～1.8V 之间；大功率管 $U_F \leqslant 2V$。红外发光二极管的反向击穿电压 U_R 较低，为 5～30V，因此使用中要注意其反向电压不得超过 5 V，否则器件将损坏。红外发光二极管的伏安特性如图 14.16 所示。

2．红外光敏二极管

半导体具有光电效应，当用光照射半导体时，半导体的电阻会发生变化。利用半导体的光电效应可以制成光敏二极管。不同的半导体材料对不同波长入射光的响应不同。图 14.17 是光敏二极管的伏安特性曲线。图中画出了三条特性曲线。曲线 1 为无光照时的特性，曲线 2 为中等光照时的特性，曲线 3 为强光照时的特性。

无光照时光敏二极管的特性与普通二极管一样。有光照时光敏二极管的反向电流增大，特性曲线沿电流轴向下平移。光照越强，下移越大，下移幅度与光照强度成正比。由图还可看出，如果入射光强不变，当二极管两端电压在反向击穿电压和正向导通电压之间变化时，光敏二极管的反向电流基本不变（变化非常小），特性曲线几乎与电压轴平行。

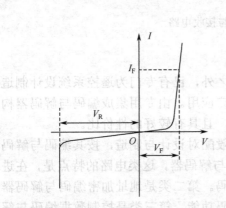

图 14.16　红外发光二极管的伏安特性

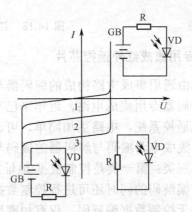

图 14.17　光敏二极管的伏安特性

3．红外光敏三极管

光敏二极管的光电流仅为微安级，光敏灵敏度较低。光敏三极管的光电流可达毫安级，具有较高的灵敏度。光敏三极管的内部结构与普通晶体三极管结构类似，具有两个 PN 结，但 bc 结是光敏二极管。无光照时，只有很小的集电极-基极漏电流。有光照时，集电极-基极的反向电流会因光照增大很多。当三极管的电流放大系数为 β 时，光敏三极管的光电流要比相应光敏二极管的光电流大 β 倍。

光敏二极管的光电流较小，但输出特性线性度好，响应速度快。光敏三极管光电流大，但输出特性线性度差，响应速度慢。在工作频率不高、要求灵敏度高的电路中可选用光敏三极管，如用于各种遥控电路；在工作频率高，要求光电流与入射光强呈线性关系时则采用光敏二极管，如用于采用模拟调制与解调的简单红外光通信电路。当然，光敏二极管也可用于各种遥控电路。

4．红外传感器基本应用电路

红外线发射与接收电路如图 14.18 所示，电路中用红外发光二极管 LED 产生脉冲光信号，不受周围干扰光信号的影响。接收元件采用对很多波长都灵敏的光敏二极管

S2386，可以接收范围较宽的波长的光信号。电路中振荡器采用 555，其振荡频率为：

$$f = \frac{1.44}{(R_1 + 2R_2)C_1}$$

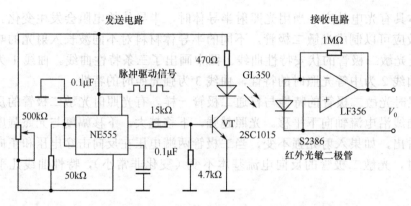

图 14.18　红外线发射与接收电路

5. 专用集成红外遥控芯片

　　除了由通用集成电路构成的编码器与解码器之外，已有专门为遥控系统设计制造的编码与解码器专用集成电路，近年来已在国内推广应用。由专用集成编码与解码器构成的红外线遥控系统，电路更加简单，可读性更高，且具有较好的性价比。

　　专用集成电路编码与解码器的编码与解码一般配对设计与制造，按其编码与解码功能可分为三类：第一类是控制数据/地址加密编码与解码器，这类电路的特点是，在进行地址加密编解码的同时还可进行控制数据的编解码。第二类是地址加密编码与解码器，这类电路无控制数据编解码，仅有加密地址编解码功能。第三类是控制数据编码与解码器，这类电路无加密地址编解码，仅有控制数据编解码。

14.5　声光检测

14.5.1　声音传感器的原理与应用

1. 声音传感器的分类及性能

　　将声信号转换为电信号的装置称为声传感器，又称传声器。根据工作原理，声传感器可分为声压式和压差式两类，而在实际使用中有声压式、压差式和两者的组合式；在使用上也常根据指向特性分为无指向性、双向性和单向性等；根据信号的转换方式又可分为电动式、电容式、压电式等。

　　声传感器的主要特性有灵敏度、频率特性和指向性。灵敏度指的是声传感器的灵敏度是传感器膜片上受到 1Pa 声压时在负载阻抗上产生的电压(V/Pa)。频率特性是传感器输出能级和频率的关系，用一定频带内频率特性的不均匀度来表述，也可以用传感器灵敏度与频率的关系来表述。指向性是当声波以 θ 角入射时，传感器灵敏度 K_θ 与轴向（$\theta=0$）入射时灵敏度 K_0 的比值。

2．电动式话筒

电动式话筒又称动圈式传声器、动圈式换能器。电动式话筒的敏感元件为一个球顶形振动膜，振动膜后面粘有一个音圈（线圈），音圈置于由永久磁体形成的均匀磁场中。当声波作用到振动膜上时，振动膜产生相应的振动，从而带动音圈做切割磁力线运动，音圈内便产生感应电流，该电流与声波的频率相同。动圈式话筒的结构示意图如图 14.19 所示。

3．电容式话筒

电容式话筒又称电容式声传感器、电容式传声器。电容式话筒具有较宽的频率范围和较高的灵敏度及较好的输出稳定性。

电容式声传感器由一个薄金属（或用塑料薄膜镀一层金属）与紧靠膜片的金属基板组成，薄膜和基板构成电容器的两个极板，两极板之间的距离一般为 20～50μm，形成一个以空气做介质的电容器，其静态电容值通常为 50～200pF。当声波作用在膜片上时膜片产生振动，从而改变两极板之间的距离使得电容器的电容量发生变化，进而使电信号也发生变化。电容式声传感器结构如图 14.20 所示。

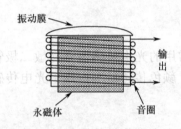

图 14.19　电动式话筒结构

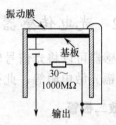

图 14.20　电容式声传感器结构

4．驻极体话筒

物质放在电场中时会被极化，但多数物质在外电场消失后极化现象也随之消失。有一些物质在受到强电场作用后其极化现象不随外电场的去除而完全消失，出现极化电荷"永久"存在于电介质表面和体内。这种在极化后能"永久"保持极化状态的物质称为驻极体。驻极体可以只带有单一电荷，也可以带有等量的异号电荷。

驻极体话筒是用事先已注入电荷而被极化的驻极体代替极化电源的电容传声器。驻极体传声器有两种类型，一种是用驻极体高分子薄膜材料做振膜（振模式），此时振膜同时担负着声波接收和极化电压双重任务；另一种是用驻极体材料做后极板（背极式），这时它仅起着极化电压的作用。当驻极体膜由于振动使两极板间的距离改变时，电容 C 会因此改变。又因电量 Q 不变，因而会引起极板两端电压变化。该电压变化反映了外界声压的强弱和频率，这就是驻极体话筒的工作原理。由于驻极体膜片本身的输出阻抗很高，所以驻极体话筒内部接有一只结型场效应三极管进行阻抗变换。此外，场效应管的源极和栅极之间接有一个二极管，目的是在场效应管受强信号冲击时起保护作用。驻极体话筒分两端式和三端式两种，其内部结构如图 14.21 所示。驻极体话筒中的场效应管有漏极输出和源极输出两种接法，漏极输出灵敏度高，动态范围小；源极输出灵敏度低，但动态范围大。常见的接法如图 14.22 所示。

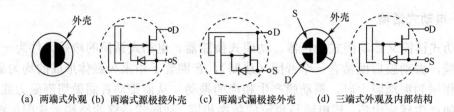

(a) 两端式外观 (b) 两端式源极接外壳　(c) 两端式漏极接外壳　　(d) 三端式外观及内部结构

图 14.21　驻极体话筒外观及内部结构

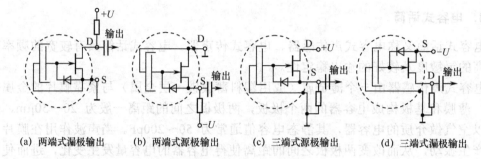

(a) 两端式漏极输出　　(b) 两端式源极输出　　(c) 三端式源极输出　　(d) 三端式漏极输出

图 14.22　驻极体话筒接法

14.5.2　光电传感器

　　光电传感器可以将光信号转换成电信号。常用的光电传感器有光敏二极管、光敏晶体管和硫化镉光敏电阻等。此外，图像传感器、颜色传感器等也属于光电传感器。

1. 光敏二极管

　　光敏二极管也叫光电二极管，它是将光信号变成电信号的半导体器件。和普通二极管相比，光敏二极管的 PN 结面积比较大，目的是为了使 PN 结接收更多的入射光线。光敏二极管是在反向电压作用下工作的，当没有光照时，反向电流很小，此时的电流称为暗电流。当有光线照射时，携带能量的光子进入 PN 结将能量传给共价键上的束缚电子，使其挣脱共价键变成载流子。这些载流子在反向电压作用下参加漂移运动，使反向电流增大。有光照时的反向电流称为光电流。入射光的光通量与输出电流之间有良好的线性关系，且其响应速度快，输出偏差小，温度漂移小。光敏二极管的测试电路及伏安特性如图 14.23 所示。

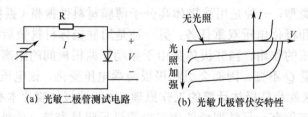

(a) 光敏二极管测试电路　　　　(b) 光敏儿极管伏安特性

图 14.23　光敏二极管测试电路及伏安特性

　　由图 14.23 可以看出，光敏二极管的暗电流非常小，其光电流随着光照的加强而增大。由图中还可以看出，无论是暗电流还是光电流，其大小受 PN 结两端电压影响非常小。光敏二极管输出电流一般为微安级，所以需要经过放大电路后方能得到一个较高的输出电压。图 14.24 给出了两个经三极管放大的简单应用电路。

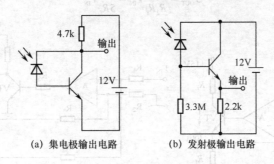

(a) 集电极输出电路 (b) 发射极输出电路

图 14.24 光敏三极管应用电路

2. 光敏三极管

光敏三极管用 N 型硅单晶做成 N—P—N 结构，其基区面积较大，发射区面积较小，入射光线主要被基区吸收。入射光在基区中激发出电子与空穴，在基区漂移场的作用下电子被拉向集电区，而空穴被积聚在靠近发射区的一边。由于空穴的积累而引起发射区势垒的降低，其结果相当于在发射区两端加上一个正向电压，从而引起了 $\beta+1$ 倍的电子注入，这就是光敏三极管的工作原理。光敏三极管有电流放大作用，它的集电极电流不受基极电流的控制，而受照射到基区的光通量的控制，大小与光通量成比例。光敏三极管的灵敏度比光敏二极管高，是光敏二极管的数十倍，故输出电流要比光敏二极管大得多，一般为毫安级。但其他特性不如光敏二极管好，在较强的光照下，光电流与照度不成线性关系，频率特性和温度特性也变差，故光敏三极管多用作光电开关或光电逻辑元件。

光敏三极管的基极通常不引出，但有些光敏三极管的基极有引出，用于温度补偿和附加控制等。

14.6 信号转换（V/I、V/F）

14.6.1 V/I 转换接口电路

由于以电压形式进行信号的远距离传送容易引入干扰，所以工业现场经常以电流形式进行信号的远距离传送。但是，大多数器件或者传感器模块的输出为电压信号，因此必须经过电压/电流（V/I）转换电路将电压信号转换为电流信号。

1. V/I 转换电路

图 14.25 给出了两种 V/I 转换电路。图 14.25（a）是一种简单的同相输入 V/I 转换电路，采用电流串联负反馈达到恒流的目的。输出电流 I_{OUT} 和输入电压 V_{IN} 的关系为 $I_{OUT}=V_{IN}/R_f$，与负载电阻 R_L 无关。三极管 VT 的作用是加大电流驱动能力。该电路结构简单，但输出端无公共接地点。图 14.25（b）为反相输入，电流并联负反馈式 V/I 转换电路。该电路不仅具有良好的恒流性能和较强的驱动能力，而且负载接公共端。设 $R_1=R_2=100\text{k}\Omega$，$R_3=R_4=20\ \text{k}\Omega$，且 R_f、R_L 的阻值远远小于 R_3，则电路输出与输入的关系为：

$$I_{OUT} = \frac{R_3}{R_2 R_f} V_{IN} = \frac{1}{5R_f} V_{IN}$$

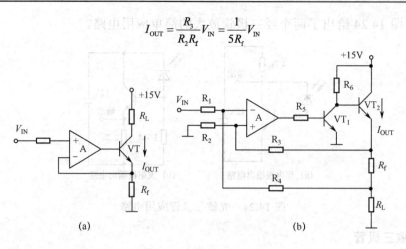

(a)　　　　　　　　　　　　　　　　(b)

图 14.25　V/I 转换电路

2. 集成 V/I 转换电路

目前市场上有较多种类的集成电压/电流转换芯片，具有使用方便，负载能力强等特点。下面以 AD 公司的 AD694 为例来分析这类电路的使用。AD694 是一种单片电压/电流转换芯片，其输入电压范围为 0～2V 或 0～10V，输出范围为 4～20mA 或 0～20mA。该芯片转换精度高，抗干扰能力强，被广泛用于过程控制领域。

从 AD694 的内部结构可见（图 14.26），该芯片包含三个部分：输入放大器、电压电流转换器及 4mA 偏置电流发生器。输入放大器可作为单位增益的缓冲器，也可通过调整增益放大输入信号，还可作为电流输出方式的 AD 转换器的输出运放使用。为了满足不同的应用场合，该芯片可通过 4、8、9 三个引脚对芯片进行设置，以调整输入放大器的放大倍数，使其适应不同的输入电压范围。具体设置方法参见表 14.5，表中的 5 脚为地，7 脚为芯片的 10V 参考电源输出。4mA 偏置电流发生器为满足 4mA 起始点设计，该电流可以通过 9 脚的电平状态进行开与关的选择，而且还可以通过 6 脚所接电位器在 2～4.8mA 之间进行调整。

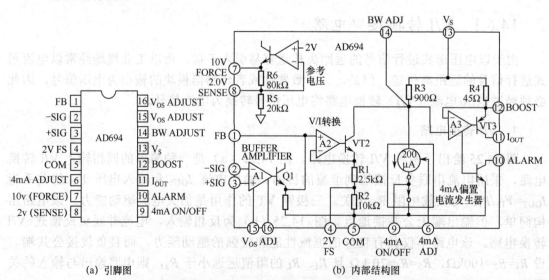

(a) 引脚图　　　　　　　　　　　　　(b) 内部结构图

图 14.26　AD694 引脚及内部结构图

表 14.5　AD694 设置接线表

输入电压	输出电压	参考电压	电源电压最小值	9 脚	4 脚	8 脚
0～2V	4～20mA	2V	4.5V	5 脚	5 脚	7 脚
0～10V	4～20mA	2V	12.5V	5 脚	悬空	7 脚
0～2.5V	0～20mA	2V	5.0V	≥3V	5 脚	7 脚
0～12.5V	0～20mA	2V	15.0V	≥3V	悬空	7 脚
0～2V	4～20mA	10V	12.5V	5 脚	5 脚	悬空
0～10V	4～20mA	10V	12.5V	5 脚	悬空	悬空
0～2.5V	0～20mA	10V	12.5V	≥3V	5 脚	悬空
0～12.5V	0～20mA	10V	12.5V	≥3V	悬空	悬空

AD694 的使用较为简单，对于 0～10V 输入、4～20mA 输出、电源电压大于 12.5V 的情况可参考图 14.27 的基本接法，在这种情况下，输出能驱动的最大负载为：

$$R_L = (V_S - 2)/20$$

如当电源电压为 12.5V 时，其最大负载电阻为 525Ω。

其他的 V/I 转换器还有许多，在此不做详细介绍，有兴趣的读者可参考有关资料。

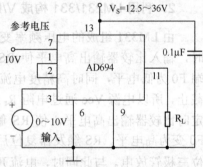

图 14.27　AD694 的基本应用

14.6.2　V/F 转换和 F/V 转换及其接口

V/F 转换是将电压成比例地转换为频率，F/V 转换是将频率成比例地转换为电压。这种转换电路在某种意义上实现了 A/D 和 D/A 的转换功能。目前实现 V/F 转换和 F/V 转换的方法很多，常见的是通过专用集成芯片完成的，这类芯片接口简单，调试方便。此类集成电路芯片的种类很多，AD 公司、NS 公司、BB 公司等都有生产。下面介绍几种常用的集成转换器。

1．LM231/331 芯片简介

LM231/331 是美国国家半导体公司生产的一种廉价的、频率范围在 1~100kHz 的通用 V/F 和 F/V 变换器。两种芯片在结构上完全相同，但 LM231 比 LM331 的工作温度范围略宽。LM231/331 的结构与 NE555 非常相似，其内部有一个 RS 触发器，其 R 端和 S 端分别接至两个比较器的输出端，这两个比较器称为时间比较器和输入比较器。时间比较器的反相输入端被固定在 2/3Vcc 上，同相输入端设有一个复位三极管，用于该引脚外接电容的放电。芯片内部设有一个高精度电流源，其电流的大小可以由连接在 2 号引脚上的电阻调整。电流源输出可由电流开关 S 进行导向，当内部触发器为高电平时电流源输出接至 1 号引脚，低电平时电流源输出直接接地。LM231/331 内部结构如图 14.28 所示。

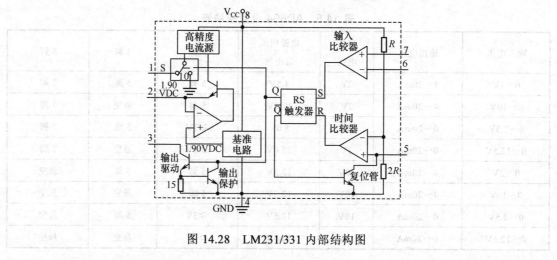

图 14.28　LM231/331 内部结构图

2. 利用 LM231/331 构成 V/F 转换器

由 LM331 组成的电压频率变换器电路如图 14.29 所示。当输入端 V_{IN} 输入一正电压时，输入比较器输出高电平使 RS 触发器置位，Q 输出高电平，输出驱动管导通，输出端 F0 为低电平，同时高精度电流源经电子开关对电容 C_L 充电。此时，由于复位三极管截止，所以电源 Vcc 通过电阻 R_t 对电容 C_t 充电。当电容 C_t 两端电压大于 Vcc 的 2/3 时，定时比较器输出高电平，使 RS 触发器复位，Q 输出低电平，输出驱动管截止，输出端 F0 变为高电平。RS 触发器复位后，$\overline{Q}$ 输出高电平，使复位三极管导通，电容 C_t 通过复位三极管放电。与此同时，电流开关打向左边，电容 C_L 经电阻 R_L 放电。当电容 C_L 的放电电压低于输入电压 V_{IN} 时，输入比较器再次输出高电平，使 RS 触发器再次置位，如此循环构成自激振荡。图 14.30 所示为电容 C_t、C_L 充放电和输出脉冲 F0 的波形。

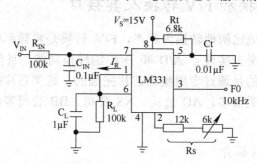

图 14.29　由 LM331 组成的电压频率变换器

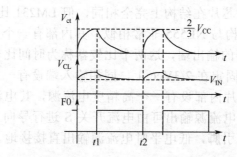

图 14.30　LM331 外围电容充放电波形图

设电容 C_L 的充电时间为 t_1，放电时间为 t_2-t_1。由于电容 C_L 上充电和放电的电荷相等，故有：

$$\int_0^{t_1}\left(I_R-\frac{V_{CL}}{R_L}\right)\mathrm{d}t=\int_{t_1}^{t_2}\frac{V_{CL}}{R_L}\mathrm{d}t$$

由于 V_{CL} 在 V_{IN} 附近波动只有 10mV，所以可以认为 $V_{CL}\approx V_{IN}$，整理上式，得

$$\int_0^{t_1}I_R\mathrm{d}t=\int_0^{t_2}\frac{V_{CL}}{R_L}\mathrm{d}t=t_2\cdot\frac{V_{IN}}{R_L}$$

式中，I_R 由内部基准电压源供给的 1.90V 参考电压和外接电阻 R_s 决定，即 $I_R=1.9/R_s$，改变 R_s 的值可调节电路的转换增益。将 $I_R=1.9/R_s$ 带入并整理得：

$$t_2=t_1\cdot\frac{1.9R_L}{V_{IN}R_S}$$

上式说明，LM331 芯片 3 号引脚输出信号的周期 t_2 与输入电压 V_{IN} 成反比：

$$t_2=t_1\cdot\frac{1.9R_L}{V_{IN}R_S}$$

所以，该信号的频率与输入电压成正比，即

$$f_0=\frac{1}{t_2}=\frac{R_S}{1.9t_1R_L}V_{IN}$$

式中，t_1 为电源 V_{CC} 经电阻 R_t 对电容 C_t 积分使其电压上升到 V_{CC} 的 2/3 的时间，此时间可以近似表示为 $t_1=1.1R_tC_t$，带入上式，得

$$f_0=\frac{1}{t_2}=\frac{R_s}{2.09R_tC_tR_L}V_{IN}$$

3. 利用 LM231/331 构成 F/V 转换器

由 LM331 组成的频率电压变换器电路如图14.31所示。图中可以看出，LM331输入比较器的同相输入端通过电阻分压固定在略低于 V_{CC} 的电压上，而反相输入端通过470pF电容接至输入脉冲端，并接有10kΩ的上拉电阻。当 V_{IN} 为高电平，电容充满电时，6脚电平=V_{CC}，高于7脚电平，输入比较器输出低电平。当输入负脉冲到达时，6脚电平被 V_{IN} 拉低，使其低于7脚电平，比较器输出高电平而使 RS 触发器置位，$\overline{Q}=0$，复位三极管截止，V_{CC} 经 R_t 向 C_t 充电。同时，电流开关 S 使电流源与1脚接通，使 C_L 充电，V_{CL} 升高。经过 $1.1R_tC_t$ 的时间，V_{Ct} 增大到 $2V_{CC}/3$，时间比较器输出高电平，使内部触发器复位，$\overline{Q}=1$，于是复位三极管导通，C_t 通过 T 迅速放电，电流源输出同时接地，从而 C_L 通过 R_L 放电，V_{CL} 减小。下一个输入负脉冲到达时重复上述过程。于是在1脚上得到一个平均直流电压 V_o。F/V 转换器波形图如图14.32所示。

由于 C_L 的平均充电电流为 $I_R(1.1R_tC_t)f_i$，平均放电电流为 V_o/R_L，当 C_L 充放电平均电流平衡时，有

$$V_o=I_R(1.1R_tC_t)f_iR_L$$

式中，I 是恒流源电源 $I_R=1.9/R_s$。

$$V_o=\frac{2.09R_LR_tC_t}{R_s}f_i$$

可见，当 R_s、R_t、C_t、R_L 一定时，V_o 正比于 f_i。

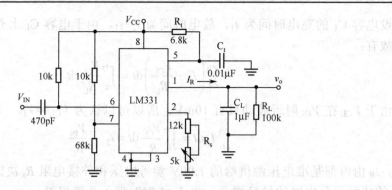

图 14.31 由 LM331 构成的 F/V 转换器

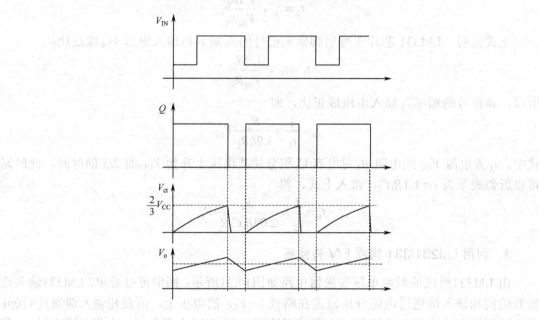

图 14.32 F/V 转换器波形图

习题与思考题

14-1 DS1302 和 DS12887 这两种芯片各有何特点？

14-2 超声波在空气中的传播速度是多少，传播速度是否变化？超声波接收到的信号大小受到哪些因素的影响？

14-3 DS18B20 的测温范围是多少？其接口协议采用的是哪种协议？

14-4 什么是暗电流，什么是光电流？利用红外线传送信息有何特点？

14-5 使用 LM331 做 V/F 转换时，其外围哪些元件的参数会影响转换精度？

第 15 章　单片机抗干扰技术

单片机在工业测控中的应用越来越广泛，单片机系统的可靠性也随之成为人们关注的一个重要课题，而影响可靠性的主要因素就是各种各样的干扰。因此，在可靠性要求比较高的场合，抗干扰设计是电子应用系统中不可忽视的一个重要环节。抗干扰技术涉及电子学和电磁学等理论，内容宽泛而复杂，本章仅从软件和硬件两个方面介绍几种简单而实用的单片机系统抗干扰技术。

15.1　单片机硬件抗干扰技术

单片机应用系统的工作环境通常是十分复杂的。保证系统可靠运行是单片机系统设计的基本要求。实践表明，通过合理的硬件电路设计可以削弱或抑制大部分干扰，可以有效提高系统的可靠性。

15.1.1　电源抗干扰

根据工程统计分析，单片机系统的干扰信号有 70% 是通过电源耦合进来的。因此，提高电源系统的供电质量对确保系统的安全可靠运行是非常重要的。电源抗干扰的基本途径有以下几点。

（1）采用交流稳压器。当电网电压波动范围较大时，应使用交流稳压器。若采用磁饱和式交流稳压器，对来自电源的噪声干扰也有很好的抑制作用。

（2）采用电源滤波器。交流电源引线上的滤波器可以抑制输入端的瞬态干扰。直流电源的输出也接入电容滤波器，以使输出电压的纹波限制在一定范围内，并能抑制数字信号产生的脉冲干扰。

（3）在每块印制电路板的电源与地之间并接 5～10μF 和 0.01～0.1μF 的去耦电容，可以消除电源线和地线之间的脉冲电流干扰。

（4）采用分立式供电。整个系统不是由统一的变压、滤波、稳压后供各单元电路使用的，而是变压后分别送给各单元电路整流、滤波和稳压，这样可以有效地消除各单元电路电源线、地线间的耦合干扰。

15.1.2　隔离技术

由于干扰源多来自于现场，信号隔离是利用光或磁将现场信号和系统隔离开来，使系统与现场保持非电联系，不直接发生电的联系，从而切断干扰信号的来源。

以一般应用的单片机系统为例，它既包括弱电控制部分又包括强电控制部分。为了使两者既保持信号联系又要隔开电气方面的影响，需实行弱电和强电隔离。此方式是保证系统工作稳定及保障操作人员与设备安全的重要措施。

1．光电隔离

光电耦合器是以光为媒介传输信号的器件，它具有很高的电气隔离和抗干扰能力。光电耦合器内部结构如图 15.1 所示。光电耦合器之所以具有很强的抗干扰能力主要有以下几个方面的原因：

图 15.1　光电耦合器的内部结构

（1）光电耦合器的输入阻抗很低，而干扰源内阻一般都很大。按分压比原理，传送到光电耦合器输入端的干扰电压就变得很小了。

（2）由于一般干扰噪声源的内阻都很大，虽然也能提供给较大的干扰电压，但可供出的能量却很小，只能形成很微弱的电流。而光电耦合器的发光二极管只有通过一定的电流才能发光，因此即使电压幅值很高的干扰，由于没有足够的能量，也不能使二极管发光，显然干扰被抑制掉了。

（3）光电耦合器输入/输出间的电容很小，绝缘电阻又非常大，因而被控设备的各种干扰很难进入到系统中去。

（4）光电耦合器的光电耦合部分是在一个密封的管壳内进行的，因而不会受到外界光线的干扰。

2．继电器隔离

继电器的线圈和触点之间没有电气上的联系，因此可利用继电器的线圈接收电气信号，利用触点的动作来反映信号，从而避免强电和弱电信号之间的直接接触，实现了隔离。

3．变压器隔离

脉冲变压器可实现数字信号的隔离。脉冲变压器的匝数很少，而且一次和二次绕组分别缠绕在铁氧体磁芯的两侧，分布电容很小，所以可作为脉冲信号的隔离器件。脉冲变压器隔离法传递脉冲输入/输出信号时不能传递直流分量。单片机使用的数字量信号输入/输出的控制设备不要求传递直流分量，所以脉冲变压器隔离法在单片机测控系统中得到广泛应用。对于一般的交流信号，在保证精度的前提下，可以用普通变压器实现隔离。

4．布线

单片机控制系统的布线设计除了力求美观、经济、便于维修等要求外，还应满足抗干扰技术的要求进行合理布线。最基本的要求是信号线路必须和强电控制线路、电源线路分开走线，相互间保持一定距离，将交流线、直流稳压线、数字信号线、模拟信号线、感性负载驱动线等分区布置。配线间隔越大，离地面越近，配线越短，则噪声影响越小。

15.1.3　接地技术

地线有安全地和信号地两种。前者是为了保证人身安全、设备安全而设置的地线，一般接大地，后者是为了保证电路正确工作所设置的系统参考点，也称为工作地。电路中各元器件合理的接地形式是抑制干扰的主要方法，接地应该注意避免各电路电流经公共地线阻抗时所产生的噪声电压，且不能形成地线环路，以避免磁场的影响。

信号地又可根据其参考信号的性质分为模拟地和数字地。但最后一个系统中所有的"地"都要归于一点，建立系统的统一参考点，该点称为系统地。下面简要介绍接地的方法。

1．单点接地和多点接地

单点接地可分为串联单点接地和并联单点接地。两个或两个以上的电路共用一段地线的接地方法称为串联单点接地，其等效电路如图 15.2 所示，其中 R_1、R_2、R_3 为地线的等效电阻。因为电流在流经地线等效电阻时会产生压降，所以三个电路与地线的连接点对地的连接点的电位会受到任何一个电路电流变化的影响，从而使其电路输出发生改变，这就是由公共地线电阻耦合造成的干扰。距离系统地越远的电路受到的干扰就越大。这种方法布线最简单，常用来连接地电流较小的低频电路。

并联单点接地如图 15.3 所示，各个电路的地线只在一点（系统地）汇合，各电路的对地信号只与本电路的地电流及接地电阻有关，没有公共地线电阻的耦合干扰。这种接地方式的缺点在于所用地线太多。

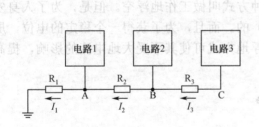

图 15.2　串联单点接地方式

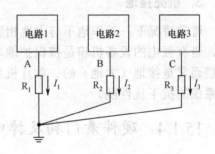

图 15.3　并联单点接地方式

这两种单点接地方式主要用在低频系统中，接地一般采用串联和并联相结合的单点接地方式。

高频系统通常采用多点接地（见图 15.4）。各个电路或元件的地线以最短的距离就近接到地线（汇流排或地线层）上。因地线很短，所以地线阻抗很小，各路之间没有公共地线阻抗引起的干扰。

在印制电路板内接地的基本原则是低频电路需一点接地，高频电路应就近多点接地。因为在低频电路中，布线和元件间的分布电容和线路阻抗不大，而公共阻抗耦合干扰较大，因此常采用一点接地。在高频电路中，

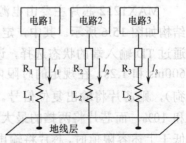

图 15.4　多点接地方式

线间电容耦合加大，地线阻抗加大，从而导致地线干扰增加，因此高频电路多采用多点就近接地。通常电路频率在 10MHz 以下时用一点接地，在 10MHz 以上时采用多点接地。

2．数字地和模拟地

单片机系统的电路板上经常既包含模拟电路，又包含数字电路。因为数字信号波形具有陡峭的边缘，电流呈现脉冲变化。如果模拟电路和数字电路共用一根地线，数字电路地电流通过公共地阻抗的耦合将给模拟电路引入干扰，特别是电流大、频率高的脉冲信号干扰更大，所以两种形式的系统地应该分开连接，即分别接到仪器中的模拟地和数字地上，最后汇集到一点，即与系统地相连。正确的接地方法如图 15.5 所示。

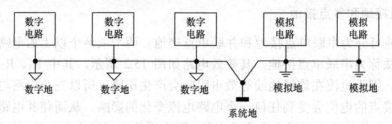

图 15.5　模拟地和数字地的正确接法

另外，有的单片机系统带有功率接口驱动耗电大的功率设备。对于大电流电路的地线一定要和信号线分开走线。

3．机壳接地

通常情况下，工作地不与大地相连，这种方式叫做工作地浮空。但是，为了人身安全，带有强电的设备机箱是接保护地（大地）的。而且，为了获得一个稳定的电位，屏蔽层通常是接地（大地）的。单片机系统的浮地方式可使其不受大地电流的影响，提高了系统的抗干扰性能。

15.1.4　硬件看门狗及掉电保护

单片机系统常常采用看门狗（WATCHDOG）和电源监控（掉电检测及保护）等方法来监视系统的运行状况，在系统出现异常时使系统复位或者进入中断处理。这些方法可用单片机监控芯片 MAX1232 来实现。

MAX1232 芯片主要由电源监视电路、看门狗定时电路及复位发生电路构成。其内部结构如图 15.6 所示。其中，定时器的时限和电源监视的容差是可选择的。定时器时限可通过 TD 输入端的状态选择，该端接地、悬空和接 V$_{CC}$ 可将定时时限分别选择为 150ms、600ms 和 1.2s。在规定的时限内，如果系统没有通过芯片的 $\overline{\text{ST}}$ 端使定时器复位（俗称喂狗），则芯片将输出复位信号。电源监视有两挡可选，分别为标准工作电压（+5V）5% 和 10%，而芯片将两挡的最大容限值分别设为 4.62V 和 4.37V，也就是说，当供电电压低于上述容限值时，芯片将输出复位信号。两种容限可通过 TOL 端的状态进行选择，TOL 端接地时选择 5%容限；TOL 端接 V$_{CC}$ 时选择 10%容限。当 V$_{CC}$ 恢复到容许极限内后，复位输出信号至少保持 250ms 的宽度。此外，该芯片设有手动复位输入端 $\overline{\text{PBRST}}$，当该端低电平保持 20ms 以上时将输出复位信号。复位输出端有同相和反相两种输出，为不同电平的复位系统提供方便。

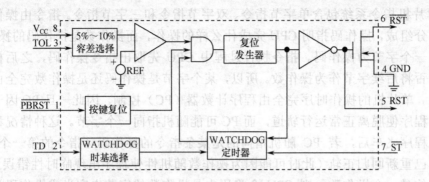

图 15.6　MAX1232 内部结构框图

图 15.7 给出了一个 MAX1232 的应用实例。其中，MAX1232 的 $\overline{\text{ST}}$ 接到了单片机的 I/O 口，这样单片机可以通过控制该端口来复位定时器（喂狗）。触发 $\overline{\text{ST}}$ 的程序是非常关键的，这个代码必须始终在循环执行，并且其循环周期至少要比定时器的设定时限要短。如果系统由于软件或者硬件故障而没有在规定的时间内复位定时器，则当时间超过定时时限时系统将被复位。

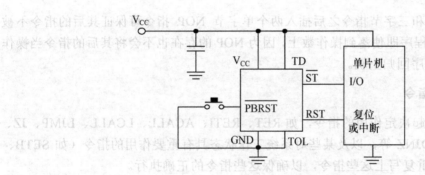

图 15.7　MAX1232 应用电路

如果利用 MAX1232 芯片监视电源并进行掉电保护处理，则应将复位输出接至单片机的最高级中断请求端，在电源电压下降到容限值以下时执行掉电保护处理程序对现场数据进行保存，并设置掉电处理标记。再次上电后，系统应根据掉电处理标记决定是从初始化开始执行还是从掉电保护处继续执行程序。

15.2　单片机软件抗干扰技术

工业现场的干扰源虽然不会造成单片机硬件系统的破坏，但却常常会破坏硬件系统的时序，更改单片机寄存器的内容，导致程序"跑飞"或进入死循环。因此，在提高硬件可靠性的基础上，还应在程序设计中采取措施提高软件的可靠性，减少软件错误的发生，或者在发生软件错误的情况下能使系统重新恢复正常运行。

（接电平低于 20ms 以下将保留及稳态……；复位端出现错误时和反向输出等，如本标准电路符合之实际化方案。

15.2.1　指令冗余技术

51 单片机指令系统包含单字节指令、双字节指令和三字节指令。指令由操作码和操作数两部分组成，操作码指明 CPU 完成什么样的操作，而操作数是操作码的操作对象。指令的第一个字节为操作码。指令执行过程中 CPU 先取出指令操作码，之后根据操作码决定是否将后续字节作为操作数。所以，某个字节是操作码还是操作数完全由取指令顺序决定。单片机的操作时序完全由程序计数器（PC）控制，因此一旦 PC 因干扰而出现错误，程序便脱离正常运行轨道，而 PC 可能随机指向一个字节。这种情况称为飞车或飞跑。程序飞车后，若 PC 随机指向的是某条指令的操作码（指令的第一个字节），则程序自己重新回归正轨（此时可能因为操作数随机性使程序出现临时性错误）；若 PC 随机指向的是一个操作数，则 CPU 会将原本是操作数的字节内容当成操作码放入指令译码器执行，这种情况更为严重，因为我们无法知道此代码将如何执行。如果程序中三字节指令较多，飞车时误将操作数当作操作码的出错概率将会加大，因为它们有两个字节为操作数。所以，为了使飞车的程序增加回归的概率，应该多用单字节指令，并在关键地方人为地插入一些单字节指令 NOP，或将有效单字节指令重写。此种做法称为指令冗余。

1．NOP 的使用

在双字节指令和三字节指令之后插入两个单字节 NOP 指令可保证其后的指令不被拆散。因为飞车的程序即使落到操作数上，因为 NOP 的存在也不会将其后的指令当操作数执行，从而使程序回归正轨。

2．重要冗余指令

对于程序流向起决定作用的指令，如 RET、RETI、ACALL、LCALL、LJMP、JZ、JNZ、JC、JNC、DJNZ 等，以及某些对系统工作状态具有重要作用的指令（如 SETB、EA 等）的后面可重复写上这些指令，以确保这些指令的正确执行。

由以上可看出，采用冗余技术使 PC 回归正确轨道的条件是：乱飞的 PC 必须指向程序运行区，并且必须执行到冗余指令。

15.2.2　软件陷阱技术

当程序飞车后 PC 随机指向非程序区，如 EPROM 未使用的空间或表格区，采用冗余指令的方法无法使程序回归正确轨道。此时，可以用软件陷阱拦截飞车程序，将其引向一个指定位置。

1．未使用的 ROM 区

软件陷阱就是用引导指令强行将捕获到的乱飞程序引向复位入口 0000H。事实上，软件陷阱即是一条转移指令，该指令最终转向复位入口。软件陷阱可采用两种形式，如表 15.1 所示。

表 15.1　软件陷阱的形式

形　式	软件陷阱形式	对应入口形式
形式 1	NOP NOP LJMP 0000H	0000H：LJMP MAIN；运行主程序 ⋮
形式 2	LJMP 0202H LJMP 0000H	0000H：LJMP MAIN；运行主程序 ⋮ 0202H：LJMP 0000H ⋮

事实上，因为 NOP 和 LJMP 指令操作码为 00 和 02，所以将没有使用的 ROM 区域内填满 00 或者 02，则在该区域便形成了 NOP 或 LJMP 0202H 的指令区。之后再在 NOP 指令区的末尾处或者 0202H 单元处安排一条转移指令 LJMP 0000H。如果飞车程序飞到此处，则可使其重新转到复位入口。

2．未使用的中断区

对于未使用的中断因干扰而进入的情况可以在对应的中断服务程序中设置软件陷阱，以捕捉错误中断。在中断服务程序中要注意：返回指令用 RETI，也可用 LJMP。中断服务程序为：

```
        NOP
        NOP
        POP     direct1         ；将出错时的断点弹出堆栈区
        POP     direct2
        LJMP    0000H           ；转到 0000H 处
```

也可为下面形式：

```
        NOP
        NOP
        POP     direct1         ；将出错时的断点弹出堆栈区
        POP     direct2
        PUSH    00H             ；压入返回地址
        PUSH    00H
        RETI                    ；将压入的地址弹入 PC
                                ；direct1、direct2 为主程序中未使用的单元
```

3．表格区

单片机程序设计中一般会遇到两种表格：一类是数据表格，供 "MOV A，@A+PC" 指令或 "MOVC A，@A+DPTR" 指令使用，其内容是指令；另一类是散转表格，供 "JMP @A+DPTR" 指令使用，其内容是一系列 3 字节的指令 LJMP 或 2 字节的指令 AJMP。由于表格的内容与检索值是一一对应关系，在表格中安排陷阱会破坏表格的连续性和对应关系，因此只能在表格的最后安排陷阱。如果表格区较长，则安排的陷阱不能保证一定能够捕获到 "跑飞" 的程序，这时只能借助于别的软件陷阱或冗余指令来使程序恢复正常。

4．运行程序区

前面曾指出，飞跑的程序在用户程序内部跳转时可用指令冗余技术加以解决，也可以设置一些软件陷阱更有效地抑制程序乱飞，使程序运行更加可靠。程序设计时常采用模块化设计，按照程序的要求一个模块一个模块地执行。可以将陷阱指令组分散放置在用户程序各模块之间空余的单元里。在正常程序中不执行这些陷阱指令，保证用户程序的正常执行。当程序乱飞一旦落入这些陷阱区时马上将乱飞的程序拉到正确轨道。这个方法很有效，陷阱的多少一般依据用户程序的大小而定，一般每 KB 设置几个陷阱。

5．中断服务程序判断飞车

设用户主程序运行区间为 ADD1～ADD2，程序飞跑后落入上述区间以外。如果此时有中断产生，可在中断服务程序中判定断点地址 ADDX。若 ADDX 在主程序运行区间，说明程序没有飞跑，如果 ADDX 在主程序区间以外，则说明程序飞车后进入中断，此时应使程序返回到复位入口地址 0000H。

15.2.3　软件看门狗技术

各种硬件形式的"看门狗"技术在实际应用中被证明是切实有效的。但有时，干扰会破坏中断方式控制字，导致看门狗中断关闭，"看门狗"将失去作用。这时，可采用软件"看门狗"予以配合。

以下介绍一种利用软硬件三个环节形成环形监视的"看门狗"结构，具有较高的可靠性。

（1）定时器 0 监视主程序的运行时间。在主程序中设置一个标志变量 SIGN，主程序开始时将 SIGN 清零，在主程序结束时将 SIGN 赋非零值 OVER。主程序开始启动定时器 0，并在中断处理程序中设置中断次数计数器 COUNTER0，每次中断使 COUNTER0 加 1。假设中断 TIME 次后主程序执行结束。这样，可以在 COUNTER0 等于 TIME 时读取标志变量 SIGN，若 SIGN 值等于 OVER，则表示主程序运行正常，否则主程序飞跑。如果主程序发生飞跑，则将程序直接转移至主程序入口处。

（2）定时器 1 监视定时器 0 的运行。将定时器 1 的定时时间设定为与定时器 0 相同。定时器 1 在中断服务程序中查看定时器 0 的中断次数计数器 COUNTER 是否等于上次的计数值加上一个常量，以此确认定时器 0 是否正常工作。若发现不正常，则将程序直接转移至主程序入口处。

（3）主程序监视计数器 1。

同样，为定时器 1 设置中断次数计数器 COUNTER1，在主程序开始处将该变量清零。在主程序结束时，在主程序中查看 COUNTER1 的值是否等于 TIME，以此判断定时器 1 是否工作正常。若发现不正常，则将程序直接转移至主程序入口处。

15.2.4　故障自动恢复处理程序

失控的程序计数器回到主程序的起点 0000H 处，而系统在上电启动时程序计数器也指向此处。这两种情况在实际应用中有着不同的要求。系统若上电复位，则主程序开始要进行寄存器的初始化及相关硬件的控制字初始化，然后正式进入测控过程。若是系统因为干扰故障而回到 0000H，由于系统已经进入测控状态，因此就没有必要重新进行状态的准备而直接回到原来失控的程序模块即可。当然，对于后一种情况，保持数据的正确无误是程序跳转后正确执行的前提，因此程序要进行故障后的恢复处理。

1. 启动方式判别

启动方式判别根据某些信息来确定是以何种方式进入 0000H 入口的，是上电启动还是故障重启，这项工作通常可通过判断上电标志来完成。上电标志是在 RAM 中设置的标志字节。在上电初始化前该字节为随机状态，初始化完成后将该标志设成已知状态。对于故障重启的情况这些字节的内容不会改变。因此在程序开始处检测这些标志字节，若为非已知状态，即是上电复位，否则是故障重启。

2. RAM 中数据冗余保护与纠错

CPU 受到干扰而造成程序乱飞时有可能破坏 RAM 中的数据。因此，系统复位后首先要检测 RAM 中的内容是否出错，并将被破坏的内容重新恢复。工程实践表明，干扰仅使 RAM 中的个别数据丢失，并不会冲毁整个 RAM 区，这就是用数据冗余的思想保护 RAM 中数据的依据。所谓数据冗余是将系统中的重要参数实行备份保留。系统复位后立即利用备份 RAM 对重要参数进行自我检验和恢复，从而保护了 RAM 中的数据。

3. 中断优先级状态触发器的处理

51 单片机系统响应中断后会自动将相应级别的中断优先级状态触发器置位，以阻止同级别中断响应。该触发器在中断返回时即执行 RETI 指令后被清除。当系统在执行中断服务时飞跑，此时就无法执行 RETI 指令，也就无法清除中断优先级状态触发器。由于此时中断优先级状态触发器已经被置位，而系统在以陷阱方式执行故障重启后，相应级别中断的请求将不予响应。所以，由软件陷阱使系统重启时必须考虑清除中断优先级状态触发器。中断优先级状态触发器的清除可以通过执行 RETI 指令的方式完成，程序如下：

```
ERR:    CLR     EA              ；关中断
        MOV     DPTR, #ERR1     ；转到 ERR1
        PUSH    DPL
        PUSH    DPH
        RETI                    ；中断优先级状态触发器复位
EER1:   MOV     DPTR, #0000H    ；转到主程序入口
        PUSH    DPL
        PUSH    DPH
        RETI                    ；低级中断优先级状态触发器复位
```

4. 多模块程序飞跑后的入口选择

在一些生产过程或自动化控制系统中，生产工艺有严格的逻辑顺序性，当程序失控后不希望，甚至不允许控制程序从头执行，而应从失控的程序模块恢复运行。

事实上，如果主程序由若干功能模块组成，则可在内存中设置一个标志字节用于标明当前所运行的程序模块号。当运行某个模块时可从模块入口将本模块的编号写入该字

节。系统故障复位后可根据标志字节的编号选择进入相应的功能模块。为了防止程序失控后破坏相应的 RAM 单元，可以采用数据冗余保护和纠错方法。系统故障复位后在出错处理程序中首先检查和恢复 RAM 中的数据，之后再根据标志字节确定进入相应的模块入口。

习题与思考题

15-1 硬件干扰抑制方法有哪些？

15-2 软件干扰抑制方法有哪些？

15-3 接地设计时应注意什么问题？

15-4 MAX1232 有哪些主要功能？

15-5 什么是软件陷阱？

15-6 利用软件陷阱恢复程序运行时如何处理中断优先级状态触发器？

附录 A　Keil C51 软件的使用

　　Keil C51 是美国 Keil Software 公司出品的 51 系列兼容单片机 C 语言软件开发系统，是众多单片机应用开发中的优秀软件之一，它集编辑、编译、仿真于一体，支持汇编、PLM 语言和 C 语言的程序设计，界面友好，易学易用。与汇编语言相比，C 语言在功能、结构性、可读性、可维护性上有明显优势，易学易用。用过汇编语言后再使用 C 语言来开发体会更加深刻。

　　Keil C51 软件提供丰富的库函数和功能强大的集成开发调试工具，全 Windows 界面。另外重要的一点是，只要看一下编译后生成的汇编代码就能体会到 Keil C51 生成的目标代码效率非常高，多数语句生成的汇编代码很紧凑，容易理解。在开发大型软件时更能体现高级语言的优势。

　　下面详细介绍 Keil C51 开发系统各部分的功能和使用。

　　进入 Keil C51 后，屏幕如图 A.1 所示。几秒钟后出现编辑界面，如图 A.2 所示。

图 A.1　启动 Keil C51 时的屏幕

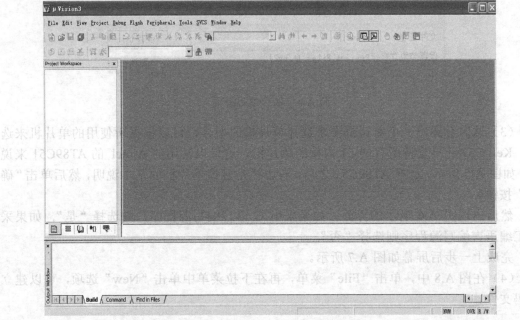

图 A.2　进入 Keil C51 后的编辑界面

A.1 简单程序的调试

学习程序设计语言及某种程序软件最好的方法是直接操作实践。下面通过简单的编程、调试，引导大家学习 Keil C51 软件的基本使用方法和调试技巧。

（1）建立一个新工程

单击"Project"菜单，在弹出的下拉菜单中选中"New Project"选项，如图 A.3 所示。

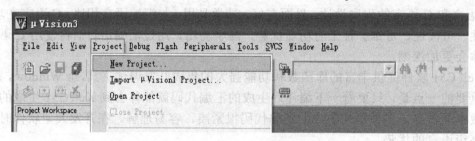

图 A.3　新建工程编辑界面

（2）然后选择要保存的路径，输入工程文件的名字，如保存到 E：\C51 目录里，工程文件的名字为 lianxi，如图 A.4 所示，然后单击"保存"按钮。

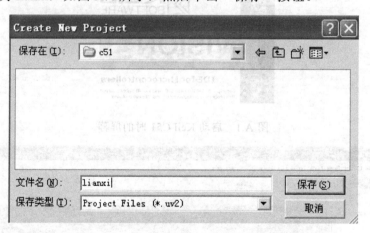

图 A.4　保存项目界面

（3）这时会弹出一个对话框要求选择单片机的型号，可以根据所使用的单片机来选择，Keil C51 几乎支持所有的 51 内核的单片机，这里以常用的 Atmel 的 AT89C51 来说明，如图 A.5 所示。选择 AT89C51 之后，右边栏是对该单片机的基本说明，然后单击"确定"按钮。

然后出现图 A.6 所示的界面。如果采用 C 语言编写源程序，则选择"是"，如果采用汇编语言编写源程序则选择"否"。

完成上一步后屏幕如图 A.7 所示。

（4）在图 A.8 中，单击"File"菜单，再在下拉菜单中单击"New"选项，可以建立代码文件。

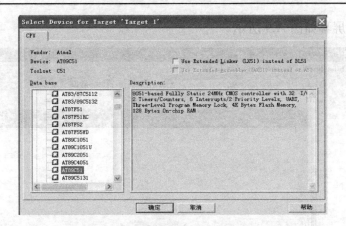

图 A.5　选择单片机型号（1）

图 A.6　选择单片机型号（2）

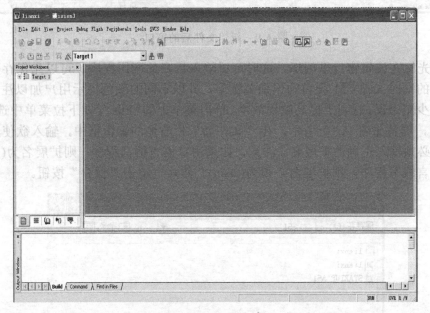

图 A.7　项目建立后的界面（1）

图 A.8　项目建立后的界面（2）

新建文件后屏幕如图 A.9 所示。

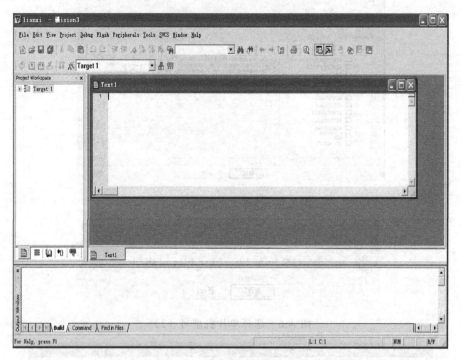

图 A.9　新建文件后的窗口

　　此时光标在编辑窗口里闪烁，这时可以输入用户的应用程序。可以先保存文件，在输入程序的同时 Keil C51 会自动识别关键字，并以不同的颜色提示用户加以注意，这样会使用户少犯错误，有利于提高编程效率。单击菜单上的"File"，在下拉菜单中选中"Save As"选项，屏幕如图 A.10 所示，在"文件名"栏右侧的编辑框中，输入欲使用的文件名，同时必须输入正确的扩展名。注意，如果用 C 语言编写程序，则扩展名为(.c)；如果用汇编语言编写程序，则扩展名必须为(.asm)。然后，单击"保存"按钮。

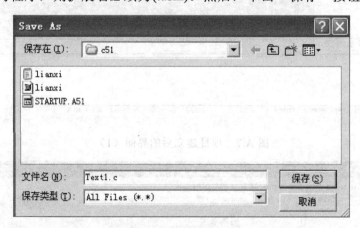

图 A.10　保存代码界面

　　（5）回到编辑界面后单击"Target 1"前面的"＋"号，然后在"Source Group 1"上单击右键，弹出菜单如图 A.11 所示。

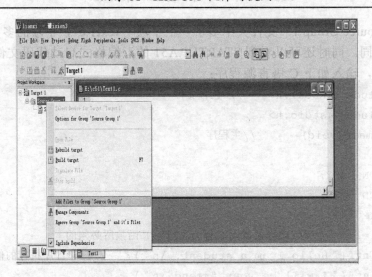

图 A.11　加入文件到工程的界面

然后单击"Add Files to Group 'Source Group 1'"，屏幕如图 A.12 所示。

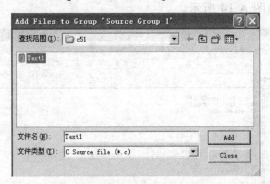

图 A.12　选择文件的界面

选中 Text1.c，然后单击"Add"按钮，最后单击"Close"按钮，出现如图 A.13 所示的窗口。

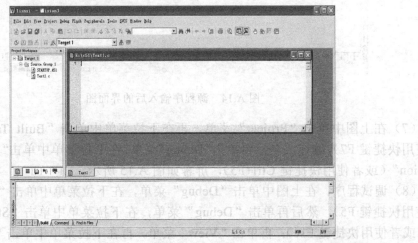

图 A.13　选择文件后的窗口

此时，"Source Group 1" 文件夹中多了一个子项 "Text1.c"，子项的多少与所增加源程序的多少相同。同时还可以看到 STARTUP.A51 的汇编格式启动代码文件。

（6）现在，输入如下 C 语言源程序：

```c
#include  <REG51.H>     // 包含文件
#include  <stdio.h>
void main(void)         //主程序
  {
  SCON=0x52;
  TMOD=0x20;
  TH1=0xf3;
  TR1=1;          //此行及以上 3 行为 PRINTF 函数所必须的
  printf("Hello I am a student. \n");   //打印程序执行的信息
  printf("I will be your friend.\n") ;
  while(1) ;
  }
```

程序输入完毕后如图 A.14 所示。

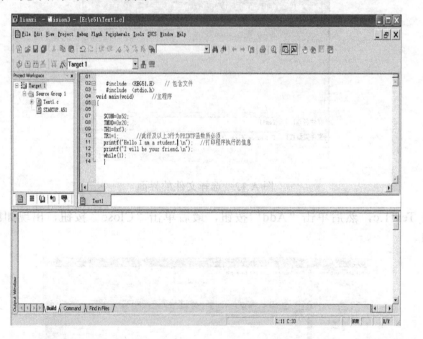

图 A.14　源程序输入后的界面图

（7）在上图中单击 "Project" 菜单，再在下拉菜单中单击 "Built Target" 选项（或者使用快捷键 F7），编译成功后再单击"Debug"菜单，在下拉菜单中单击"Start/Stop Debug Session"（或者使用快捷键 Ctrl+F5），屏幕如图 A.15 所示。

（8）调试程序：在上图中单击 "Debug" 菜单，在下拉菜单中单击 "Go" 选项，（或者使用快捷键 F5），然后再单击 "Debug" 菜单，在下拉菜单中单击 "Stop Running" 选项（或者使用快捷键 Esc）；再单击 "View" 菜单，再在下拉菜单中单击 "Serial Windows #1" 选项就可以看到程序运行后的结果，其结果如图 A.16 所示。

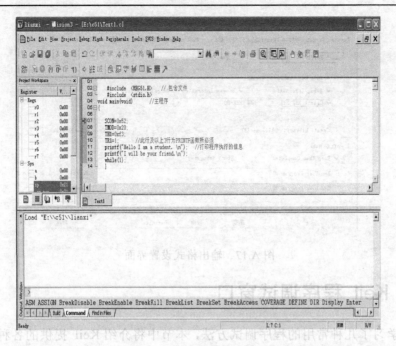

图 A.15　源程序输入后的界面图

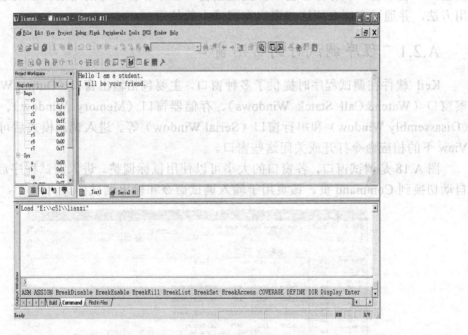

图 A.16　程序运行结果界面

至此，在 Keil C51 上做了一个完整工程的全过程。

（9）但这只是纯软件的开发过程，如何使用程序下载器看一看程序运行的结果呢？单击"Project"菜单，再在下拉菜单中单击"Options for Target 'Target 1'"。在图 A.17 中单击"Output"菜单，在选项栏中选择"Create HEX File"选项，使程序编译后产生 HEX 代码供下载器软件使用。根据不同的单片机型号选择不同的下载器和下载软件把程序下载到 51 单片机中，从而查看运行结果。

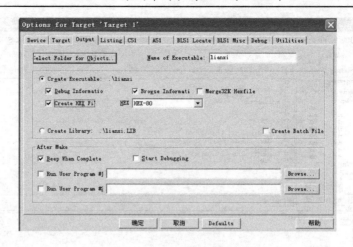

图 A.17　输出格式设置界面

A.2　Keil 程序调试窗口

上节中学习了几种常用的程序调试方法，本节中将介绍 Keil 提供的各种窗口，如输出窗口、观察窗口、存储器窗口、反汇编窗口、串行窗口等的用途，以及这些窗口的使用方法，并通过实例介绍这些窗口在调试中的使用。

A.2.1　程序调试时的常用窗口

Keil 软件在调试程序时提供了多种窗口，主要包括输出窗口（Output Windows）、观察窗口（Watch&Call Statck Windows）、存储器窗口（Memory Window）、反汇编窗口（Disassembly Window）和串行窗口（Serial Window）等。进入调试模式后可以通过菜单 View 下的相应命令打开或关闭这些窗口。

图 A.18 是调试窗口，各窗口的大小可以使用鼠标调整。进入调试程序后，输出窗口自动切换到 Command 页。该页用于输入调试命令和输出调试信息。

图 A.18　输出格式设置界面

1. 存储器窗口

存储器窗口可以通过单击菜单栏上的按钮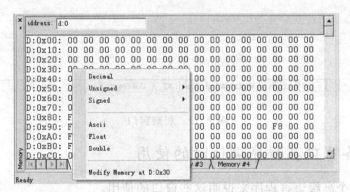打开或关闭，此窗口可以显示系统中各种内存中的值，通过在 Address 后的编辑框内输入"字母：数字"即可显示相应的内存值，其中字母可以是 C、D、I、X，分别代表代码存储空间、直接寻址的片内存储空间、间接寻址的片内存储空间、扩展的外部 RAM 空间，数字代表想要查看的地址。例如，输入 D：0 即可观察到地址 0 开始的片内 RAM 单元值（见图 A.19），输入 C：0 即可显示从 0 开始的 ROM 单元中的值，即查看程序的二进制代码。该窗口的显示值可以以各种形式显示，如十进制、十六进制、字符型等，改变显示方式的方法是单击鼠标右键，在弹出的快捷菜单中选择，该菜单用分隔条分成三部分，其中第一部分与第二部分的三个选项为同一级别，选中第一部分的任一选项，内容将以整数形式显示，而选中第二部分的 ASCII 项则将以字符形式显示，选中 Float 项将相邻四字节组成浮点数形式显示，选中 Double 项则将相邻 8 字节组成双精度形式显示。第一部分又有多个选择项，其中 Decimal 项是一个开关，如果选中该项，则窗口中的值将以十进制的形式显示，否则按默认的十六进制方式显示。Unsigned 和 Signed 后分别有三个选项：Char、Int、Long，分别代表以单字节方式显示、将相邻双字节组成整型数方式显示、将相邻四字节组成长整型方式显示，而 Unsigned 和 Signed 则分别代表无符号形式和有符号形式，究竟从哪一个单元开始的相邻单元则与设置有关，以整型为例，如果输入的是 I：0，那么 00H 和 01H 单元的内容将会组成一个整型数，而如果输入的是 I：1，01H 和 02H 单元的内容组成一个整型数，以此类推。有关数据格式与 C 语言规定相同，请参考 C 语言相关书籍，默认以无符号单字节方式显示。第三部分的 Modify Memory at X：xx 用于更改鼠标处的内存单元值，选中该项即出现如图 A.20 所示的对话框，可以在对话框内输入要修改的内容。

图 A.19　存储器窗口显示 RAM 的内容

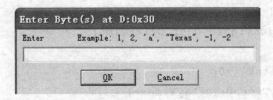

图 A.20　修改存储器的内容

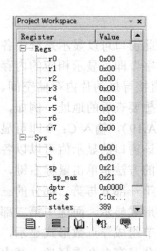

图 A.21　工程窗口寄存器内容

2. 工程窗口寄存器页

图 A.21 是工程窗口寄存器页的内容，寄存器页包括了当前的工作寄存器组和系统寄存器组，系统寄存器组有一些是实际存在的寄存器，如 A、B、DPTR、SP、PSW 等，有一些是实际中并不存在或虽然存在却不能对其操作的，如 PC、Status 等。每当程序中执行到对某寄存器的操作时，该寄存器会以反色（蓝底白字）显示，用鼠标单击然后按下 F2 键即可修改该值。

3. 观察窗口

观察窗口是很重要的一个窗口，如图 A.22 所示。工程窗口中仅可以观察到工作寄存器和有限的寄存器，如 A、B、DPTR 等，如果需要观察其他寄存器的值或者在高级语言编程时需要直接观察变量，则要借助于观察窗口了。

单击菜单栏上的 按钮则可以打开或关闭观察窗口。一般情况下仅在单步执行时才对变量值的变化感兴趣，全速运行时，变量的值是不变的，只有在程序停下来之后才会将这些值最新的变化反映出来，但是在一些特殊场合也可能需要在全速运行时观察变量的变化，此时可以单击 View→Periodic Window Updata（周期更新窗口）确认该项处于被选中状态，即可在全速运行时动态地观察有关值的变化。但是，选中该项将会使程序模拟执行的速度变慢。

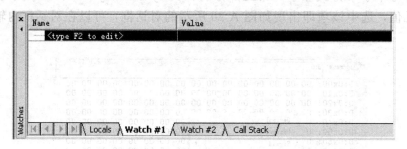

图 A.22　观察窗口

A.2.2　各窗口在程序调试时的使用

以下通过一个高级语言程序来说明这些窗口的使用。

```
#include " reg51.h"
sbit P1_0=P1^0;  //定义 P1.0
void mDelay(unsigned char DelayTime)
{
    unsigned int j=0;
    for(; DelayTime>0; DelayTime--)
    {
    for(j=0; j<125; j++) {;}
```

```
    }
}
void main()
{
    unsigned int i;
    for(;; )
{ mDelay(10);  // 延时
i++;
    if(i==10)
    { P1_0=!P1_0;
      i=0;  }
    }
}
```

这个程序的工作过程是：不断调用延时程序，每次延时 10ms，然后将变量 i 加 1，随后对变量 i 进行判断，如果 i 的值等于 10，那么将 P1.0 取反，并将 i 清零，最终的执行效果是 P1.0 每 0.1s 取反一次。

按照上一节的方法建立工程，并经行编译、连接、调试，按 F10 键单步执行。注意观察窗口，其中有一个标签页为 Locals，这一页会自动显示当前模块中的变量名及变量值，可以看到窗口中有名为 i 的变量，其值随着执行的次数而逐渐加大，如果在执行到 mDelay（10）行时按 F11 键跟踪到 mDelay 函数内部，该窗口的变量自动变为 DelayTime 和 j。另外两个标签页 Watch #1 和 Watch #2 可以加入自定义的观察变量，单击"type F2 to edit"，然后再按 F2 键即可输入变量，试着在 Watch #1 中输入 i，观察它的变化。在程序较复杂、变量很多的场合，这两个自定义观察窗口可以筛选出感兴趣的变量加以观察。观察窗口中变量的值不仅可以观察而且可以修改。

以该程序为例，i 须加 10 次才能到 10，为快速验证是否可以正确执行到 P1_0=!P1_0 行，单击 i 后面的值，再按 F2 键，该值即可修改，将 i 的值改到 9，再次按 F10 键单步执行，即可以很快执行到 P1_0=!P1_0 程序行。该窗口显示的变量值可以以十进制或十六进制形式显示，方法是在显示窗口单击右键，在快捷菜单中的选择如图 A.23 所示。

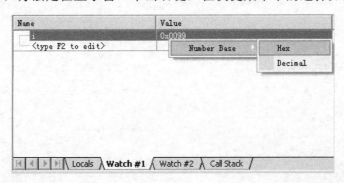

图 A.23 改变观察变量的显示方式

单击 View→Disassembly Window 可以打开反汇编窗口，该窗口可以显示反汇编后的代码、源程序和相应反汇编代码的混合代码，可以在该窗口进行在线汇编，利用该窗口跟踪已执行的代码，在该窗口按汇编代码的方式单步执行，这也是一个重要的窗口。打开反汇编窗口，单击鼠标右键，出现快捷菜单，如图 A.24 所示，其中 Mixed Mode 以混合方式显示，Assembly Mode 以反汇编码方式显示。

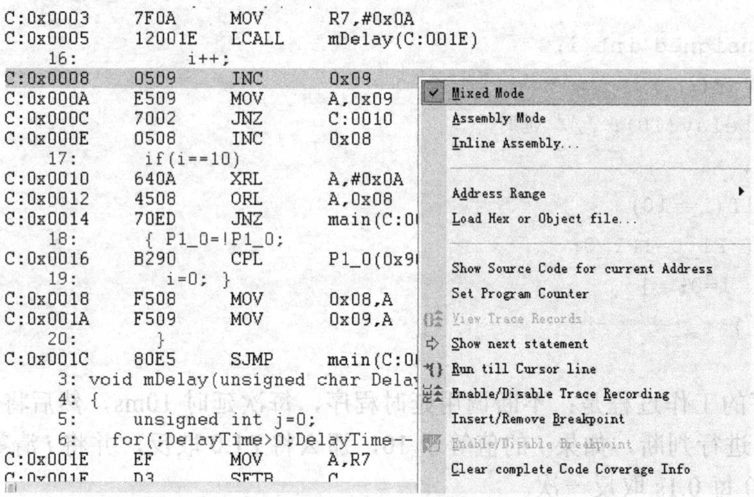

```
C:0x0003  7F0A    MOV    R7,#0x0A
C:0x0005  12001E  LCALL  mDelay(C:001E)
     16:        i++;
C:0x0008  0509    INC    0x09        ✓ Mixed Mode
C:0x000A  E509    MOV    A,0x09        Assembly Mode
C:0x000C  7002    JNZ    C:0010        Inline Assembly...
C:0x000E  0508    INC    0x08
     17:        if(i==10)             Address Range           ▶
C:0x0010  640A    XRL    A,#0x0A       Load Hex or Object file...
C:0x0012  4508    ORL    A,0x08
C:0x0014  70ED    JNZ    main(C:0(     Show Source Code for current Address
     18:        { P1_0=!P1_0;         Set Program Counter
C:0x0016  B290    CPL    P1_0(0x9(
     19:        i=0; }                View Trace Records
C:0x0018  F508    MOV    0x08,A      ⇒ Show next statement
C:0x001A  F509    MOV    0x09,A        Run till Cursor line
     20:        }                     Enable/Disable Trace Recording
C:0x001C  80E5    SJMP   main(C:(     Insert/Remove Breakpoint
      3: void mDelay(unsigned char Dela   Enable/Disable Breakpoint
      4: {                            Clear complete Code Coverage Info
      5:    unsigned int j=0;
      6:    for(;DelayTime>0;DelayTime--
C:0x001E  EF      MOV    A,R7
C:0x001F  D3      SETB   C
```

图 A.24　反汇编窗口

利用工程窗口可以观察程序执行的时间，下面观察该例中延时程序的延时时间是否满足要求，即是否确实延时 10ms，展开工程窗口 Regs 页中的 Sys 目录树，其中的 Sec 项记录了从程序开始执行到当前程序流逝的秒数。单击 RST 按钮以复位程序，Sec 的值回零，按下 F10 键，程序窗口中的黄色箭头指向 mDelay（10）行，此时记录下 Sec 的值为 0.00038900，然后再按 F10 键执行完这段程序，再次查看 Sec 的值为 0.01050900，两者相减大约是 0.01s，所以延时时间大致是正确的。读者可以试着将延时程序中的 unsigned int 改为 unsigned char，试试看时间是否仍正确。注意，使用这一功能的前提是在项目设置中正确设置晶振频率。

附录 B　51 单片机指令汇总

序号	助 记 符		功　　能	字节数	振荡周期
			数据传送类指令		
1	MOV	A,Rn	寄存器内容送入累加器	1	12
2	MOV	A,direct	直接地址单元中的数据送入累加器	2	12
3	MOV	A,@Ri	间接 RAM 中的数据送入累加器	1	12
4	MOV	A,#data	立即数送入累加器	2	12
5	MOV	Rn,A	累加器内容送入寄存器	1	12
6	MOV	Rn,direct	直接地址单元中的数据送入寄存器	2	24
7	MOV	Rn,#data	立即数送入寄存器	2	12
8	MOV	direct,A	累加器内容送入直接地址单元	2	12
9	MOV	direct,Rn	寄存器内容送入直接地址单元	2	24
10	MOV	direct,direct	直接地址单元中的数据送入另一个直接地址单元	3	24
11	MOV	direct,@Ri	间接 RAM 中的数据送入直接地址单元	2	24
12	MOV	direct,#data	立即数送入直接地址单元	3	24
13	MOV	@Ri,A	累加器内容送入间接 RAM 单元	1	12
14	MOV	@Ri,direct	直接地址单元数据送入间接 RAM 单元	2	24
15	MOV	@Ri,#data	立即数送入间接 RAM 单元	2	12
16	MOV	DRTR,#dat16	16 位立即数送入地址寄存器	3	24
17	MOVC	A,@A+DPTR	以 DPTR 为基地址变址寻址单元中的数据送入累加器	1	24
18	MOVC	A,@A+PC	以 PC 为基地址变址寻址单元中的数据送入累加器	1	24
19	MOVX	A,@Ri	外部 RAM（8 位地址）送入累加器	1	24
20	MOVX	A,@DPTR	外部 RAM（16 位地址）送入累加器	1	24
21	MOVX	@Ri,A	累计器送外部 RAM（8 位地址）	1	24
22	MOVX	@DPTR,A	累计器送外部 RAM（16 位地址）	1	24
23	PUSH	direct	直接地址单元中的数据压入堆栈	2	24
24	POP	direct	弹栈送直接地址单元	2	24
25	XCH	A,Rn	寄存器与累加器交换	1	12
26	XCH	A,direct	直接地址单元与累加器交换	2	12
27	XCH	A,@Ri	间接 RAM 与累加器交换	1	12
28	XCHD	A,@Ri	间接 RAM 中的低半字节与累加器交换	1	12

（续表）

布尔变量操作类指令				
序号	助 记 符		功 能	字 节 数	振荡周期
1	CLR	C	清进位位	1	12
2	CLR	bit	清直接地址位	2	12
3	SETB	C	置进位位	1	12
4	SETB	bit	置直接地址位	2	12
5	CPL	C	进位位求反	1	12
6	CPL	bit	置直接地址位求反	2	12
7	ANL	C,bit	进位位和直接地址位相"与"	2	24
8	ANL	C,bit	进位位和直接地址位的反码相"与"	2	24
9	ORL	C,bit	进位位和直接地址位相"或"	2	24
10	ORL	C,bit	进位位和直接地址位的反码相"或"	2	24
11	MOV	C,bit	直接地址位送入进位位	2	12
12	MOV	bit,C	进位位送入直接地址位	2	24
13	JC	rel	进位位为 1 则转移	2	24
14	JNC	rel	进位位为 0 则转移	2	24
15	JB	bit,rel	直接地址位为 1 则转移	3	24
16	JNB	bit,rel	直接地址位为 0 则转移	3	24
17	JBC	bit,rel	直接地址位为 1 则转移，该位清零	3	24

逻辑操作数指令				
序号	助 记 符		功 能	字 节 数	振荡周期
1	ANL	A,Rn	累加器与寄存器相"与"	1	12
2	ANL	A,direct	累加器与直接地址单元相"与"	2	12
3	ANL	A,@Ri	累加器与间接 RAM 单元相"与"	1	12
4	ANL	A,#data	累加器与立即数相"与"	2	12
5	ANL	direct,A	直接地址单元与累加器相"与"	2	12
6	ANL	direct,#data	直接地址单元与立即数相"与"	3	24
7	ORL	A,Rn	累加器与寄存器相"或"	1	12
8	ORL	A,direct	累加器与直接地址单元相"或"	2	12
9	ORL	A,@Ri	累加器与间接 RAM 单元相"或"	1	12
10	ORL	A,#data	累加器与立即数相"或"	2	12
11	ORL	direct,A	直接地址单元与累加器相"或"	2	12
12	ORL	direct,#data	直接地址单元与立即数相"或"	3	24
13	XRL	A,Rn	累加器与寄存器相"异或"	1	12
14	XRL	A,direct	累加器与直接地址单元相"异或"	2	12
15	XRL	A,@Ri	累加器与间接 RAM 单元相"异或"	1	12
16	XRL	A,#data	累加器与立即数相"异或"	2	12
17	XRL	direct,A	直接地址单元与累加器相"异或"	2	12
18	XRL	direct,#data	直接地址单元与立即数相"异或"	3	24
19	CLR	A	累加器清"0"	1	12
20	CPL	A	累加器求反	1	12

（续表）

逻辑操作数指令				
序号	助 记 符		功 能	字 节 数	振 荡 周 期
21	RL	A	累加器循环左移	1	12
22	RLC	A	累加器带进位位循环左移	1	12
23	RR	A	累加器循环右移	1	12
24	RRC	A	累加器带进位位循环右移	1	12
25	SWAP	A	累加器半字节交换	1	12

控制转移类指令				
序号	助 记 符		功 能	字节数	振荡周期
1	ACALL	addr11	绝对（短）调用子程序	2	24
2	LCALL	addr16	长调用子程序	3	24
3	RET		子程序返回	1	24
4	RETI		中数返回	1	24
5	AJMP	addr11	绝对（短）转移	2	24
6	LJMP	addr16	长转移	3	24
7	SJMP	rel	相对转移	2	24
8	JMP	@A+DPTR	相对于 DPTR 的间接转移	1	24
9	JZ	rel	累加器为零转移	2	24
10	JNZ	rel	累加器非零转移	2	24
11	CJNE	A,direct,rel	累加器与直接地址单元比较，不相等则转移	3	24
12	CJNE	A,#data,rel	累加器与立即数比较，不相等则转移	3	24
13	CJNE	Rn,#data,rel	寄存器与立即数比较，不相等则转移	3	24
14	CJNE	@Ri,#data,rel	间接 RAM 单元与立即数比较，不相等则转移	3	24
15	DJNZ	Rn,rel	寄存器减 1，非零转移	3	24
16	DJNZ	direct,erl	直接地址单元减 1，非零转移	3	24
17	NOP		空操作	1	12

算术操作类指令				
序号	助 记 符		功 能	字节数	振荡周期
1	ADD	A,Rn	寄存器内容加到累加器	1	12
2	ADD	A,direct	直接地址单元的内容加到累加器	2	12
3	ADD	A,@Ri	间接 ROM 的内容加到累加器	1	12
4	ADD	A,#data	立即数加到累加器	2	12
5	ADDC	A,Rn	寄存器内容带进位加到累加器	1	12
6	ADDC	A,direct	直接地址单元的内容带进位加到累加器	2	12
7	ADDC	A,@Ri	间接 ROM 的内容带进位加到累加器	1	12
8	ADDC	A,#data	立即数带进位加到累加器	2	12
9	SUBB	A,Rn	累加器带借位减寄存器内容	1	12
10	SUBB	A,direct	累加器带借位减直接地址单元的内容	2	12
11	SUBB	A,@Ri	累加器带借位减间接 RAM 中的内容	1	12

（续表）

控制转移类指令				
序号	助 记 符		功 能	字 节 数	振 荡 周 期
12	SUBB	A,#data	累加器带借位减立即数	2	12
13	INC	A	累加器加 1	1	12
14	INC	Rn	寄存器加 1	1	12
15	INC	direct	直接地址单元加 1	2	12
16	INC	@Ri	间接 RAM 单元加 1	1	12
17	DEC	A	累加器减 1	1	12
18	DEC	Rn	寄存器减 1	1	12
19	DEC	direct	直接地址单元减 1	2	12
20	DEC	@Rj	间接 RAM 单元减 1	1	12
21	INC	DPTR	地址寄存器 DPTR 加 1	1	24
22	MUL	AB	A 乘以 B	1	48
23	DIV	AB	A 除以 B	1	48
24	DA	A	累加器十进制调整	1	12

参 考 文 献

[1] 余永泉，汪明慧. 世界流行单片机技术手册——欧亚系列. 北京：北京航空航天大学出版社，2004.

[2] 邵贝贝，龚光华等著. 单片机认识与实践. 北京：北京航空航天大学出版社，2006.

[3] 何宏. 单片机原理与接口技术. 北京：国防工业出版社，2006.

[4] 李全利，迟荣强. 单片机原理及接口技术. 北京：高等教育出版社，2004.

[5] 宋浩，田丰. 单片机原理及应用. 北京：清华大学出版社，2005.

[6] 李鸿. 单片机原理及应用. 长沙：湖南大学出版社，2004.

[7] 严天峰. 单片机应用系统设计与仿真调试. 北京：北京航空航天大学出版社，2005.

[8] 孙安青. AT89S51单片机实验及实践教程. 桂林电子科技大学，2007.

[9] 江力，蔡骏，王艳春等. 单片机原理与应用技术. 北京：清华大学出版社，2006.

[10] 陈忠平，曹巧媛，曹琳琳，等. 单片机原理及接口. 北京：清华大学出版社，2007.

[11] 李全利，仲伟峰，徐军. 单片机原理及应用. 北京：清华大学出版社，2006.

[12] 公茂法，黄鹤松，杨学蔚. 单片机原理与实践. 北京：北京航空航天大学出版社，2009.

[13] 郭建江，高峰胡，圣晓. 单片机技术与应用. 南京：东南大学出版社，2008.

[14] 徐爱钧，彭秀华. Keil Cx51 V7. 0单片机高级语言编程与μVersion2. 北京：电子工业出版社，2008.

[15] 杨清德，康娅 LED及其工程应用. 北京：人民邮电出版社，2007.

[16] 夏路易. 单片机技术基础教程与实践. 北京：电子工业出版社，2008.

[17] DS1302 Trickle Charge Timekeeping Chip. www.maxim-ic.com.

[18] DS12887A Real Time Clock. www.maxim-ic.com.

[19] DS18B20 Programmable Resolution 1-Wire Digital Thermometer. www.maxim-ic.com.

[20] 徐维祥，刘旭敏. 单片微型机原理及应用. 大连：大连理工大学出版社，2006.

[21] 刘光斌，刘冬，姚志成. 单片机系统实用抗干扰技术. 北京：人民邮电出版社，2004.

[22] 王幸之，王雷，钟爱琴，等. 单片机应用系统电磁干扰与抗干扰技术. 北京：北京航空航天大学出版社，2006.